ECOLOGICAL ENVIRONMENT
MONITORING

STYLE RECORD

生态环境监测 2021 年度
风采录

中国环境监测总站　编

中国环境出版集团・北京

图书在版编目（CIP）数据

生态环境监测2021年度风采录 / 中国环境监测总站编. — 北京 ：中国环境出版集团，2022.8
ISBN 978-7-5111-5263-3

Ⅰ. ①生… Ⅱ. ①中… Ⅲ. ①生态环境－环境监测－成就－中国－2021 Ⅳ. ①X835

中国版本图书馆CIP数据核字（2022）第148963号

出 版 人　武德凯
责任编辑　曲　婷
责任校对　薄军霞
装帧设计　王春声

出版发行　中国环境出版集团
（100062　北京市东城区广渠门内大街 16 号）
网　　址：http：//www.cesp.com.cn
电子邮箱：bjgl@cesp.com.cn
联系电话：010-67112765（编辑管理部）
发行热线：010-67125803，010-67113405（传真）
印　　刷　北京中科印刷有限公司
经　　销　各地新华书店
版　　次　2022 年 8 月第 1 版
印　　次　2022 年 8 月第 1 次印刷
开　　本　787×1092　1/16
印　　张　24
字　　数　424千字
定　　价　170.00元

本书编写指导委员会

主　任　陈善荣　吴季友

副主任　陈金融　刘廷良　景立新　肖建军　王锷一　毛玉如

郭从容　李健军　付　强　杨　凯　温香彩

本书编写委员会

主　编　李俊龙

副主编　刘建珍　张守斌　李铭煊　何逍遥

编　委　（中国环境监测总站　以姓氏笔画为序）

于　洋　马广文　王　光　王军霞　王　强　左　航

吕怡兵　朱　擎　刘　冰　刘海江　李文攀　李名升

何立环　汪太明　张殷俊　陈传忠　陈远航　范晓楠

罗海江　郑皓皓　孟晓艳　姚志鹏　贺　鹏　袁　懋

徐　琳　唐桂刚　康晓风　敬　红　魏峻山

［地方（生态）环境监测中心／站　以行政区划代码为序］

李文俊　北京市生态环境监测中心

陈　魁　天津市生态环境监测中心

靳睿杰　河北省生态环境监测中心

牛建军　山西省生态环境监测和应急保障中心

（山西省生态环境科学研究院）

田永莉　内蒙古自治区环境监测总站

任长顺　辽宁省生态环境监测中心

陈学伟　吉林省生态环境监测中心

孙柏峰　吉林省长春生态环境监测中心

陈　威　黑龙江省生态环境监测中心

常　伟　黑龙江省哈尔滨生态环境监测中心

李　嵘　上海市环境监测中心

单　阳　江苏省环境监测中心

蔡文祥　浙江省生态环境监测中心

陈健松　浙江省杭州生态环境监测中心

李　卫　安徽省生态环境监测中心

胡清华　福建省环境监测中心站

杨国华　江西省生态环境监测中心

王琳琳　山东省生态环境监测中心

唐厚全　山东省济南生态环境监测中心

张　韬　山东省青岛生态环境监测中心

陈　勇　　河南省生态环境监测中心

许克学　　湖北省生态环境监测中心站

余　涛　　湖南省生态环境监测中心

刘宝华　　广东省生态环境监测中心

熊向陨　　广东省深圳生态环境监测中心站

陈　蓓　　广西壮族自治区生态环境监测中心

郭梅修　　广西壮族自治区海洋环境监测中心站

颜为军　　海南省生态环境监测中心

刘　强　　重庆市生态环境监测中心

周　淼　　四川省生态环境监测总站

王　萍　　四川省成都生态环境监测中心站

石凌燕　　贵州省生态环境监测中心

赵琦琳　　云南省生态环境监测中心

贯小华　　西藏自治区生态环境监测中心

高研芬　　陕西省环境监测中心站

刘文君　　甘肃省环境监测中心站

朱志国　　青海省生态环境监测中心

张玉龙　　宁夏回族自治区生态环境监测中心

李新琪　　新疆维吾尔自治区生态环境监测总站

孙宇颖　　新疆生产建设兵团生态环境第一监测站

编　辑　（中国环境监测总站　以姓氏笔画为序）

于海斌　王晓彦　刘　丽　刘沄畅　孙　聪　李宪同

吴晓凤　陈乾坤　陈　鑫　胡天洋　胡佳欣　徐瑞颖

董广霞　程建华　程麟钧　解淑艳　满　鹏　薛　瑞

［地方（生态）环境监测中心 / 站　以行政区划代码为序］

陈　晨　北京市生态环境监测中心

闫荣馨　天津市生态环境监测中心

李　沛　河北省生态环境监测中心

赵海霞　山西省生态环境监测和应急保障中心

（山西省生态环境科学研究院）

张　鑫　山西省生态环境监测和应急保障中心

（山西省生态环境科学研究院）

董　杰　内蒙古自治区环境监测总站

石　敏　辽宁省生态环境监测中心

张永君　吉林省生态环境监测中心

杜博宇　吉林省长春生态环境监测中心

蒋智伟　黑龙江省生态环境监测中心

张佳雨　黑龙江省哈尔滨生态环境监测中心

万敏华　上海市环境监测中心

陈　萱　江苏省环境监测中心

周琳琳　浙江省生态环境监测中心

王奕奕　　浙江省杭州生态环境监测中心

陈品涛　　安徽省生态环境监测中心

张　燕　　福建省环境监测中心站

陈姝洁　　江西省生态环境监测中心

孙　瑞　　山东省生态环境监测中心

杨　青　　山东省济南生态环境监测中心

孙义峰　　山东省青岛生态环境监测中心

韩　健　　河南省生态环境监测中心

张思伟　　湖北省生态环境监测中心站

高雯媛　　湖南省生态环境监测中心

陈　耿　　广东省生态环境监测中心

陈臻琪　　广东省深圳生态环境监测中心站

凌　玲　　广西壮族自治区生态环境监测中心

岑国林　　广西壮族自治区海洋环境监测中心站

姜　佳　　海南省生态环境监测中心

田　隽　　重庆市生态环境监测中心

范文武　　四川省生态环境监测总站

黄晓丽　　四川省成都生态环境监测中心站

黄光荣　　贵州省生态环境监测中心

邱　飞　　云南省生态环境监测中心

赵　矿　　西藏自治区生态环境监测中心

张　淳　　陕西省环境监测中心站

包新荣　　甘肃省环境监测中心站

华青卓玛　青海省生态环境监测中心

马　娟　　宁夏回族自治区生态环境监测中心

赵　磊　　新疆维吾尔自治区生态环境监测总站

马志英　　新疆生产建设兵团生态环境第一监测站

统　稿　刘建珍

序

生态环境监测是生态环境保护工作的基础，是生态文明建设的重要支撑。2016年，习近平总书记调研青海时指出，保护生态环境首先要摸清家底、掌握动态，要把建好用好生态环境监测网络这项基础工作做好。党的十八大以来，生态环境监测系统在围绕中心、服务大局中忠诚履职，努力担当作为，切实推动党中央、国务院、生态环境部的生态环境监测改革部署落地见效，基本搭建形成了生态环境监测管理和制度体系的“四梁八柱”。

2021年是中国共产党成立100周年，是“十四五”开局之年，也是奔向生态环境保护远景目标的新起点，在生态环境监测系统的历史坐标系中，这一年注定将留下极其特殊而重要的印记。这一年，生态环境监测系统同仁用强烈的责任意识、严谨的工作作风、精湛的专业技能交出了亮丽的“成绩单”。由中国环境监测总站组织出版的《生态环境监测2021年度风采录》，图文并茂地记录了生态环境监测系统这一特殊之年的卓越成就，是了解2021年度全国生态环境监测工作的重要途径，也为生态环境监测人留下了珍贵史料。

这一年，监测系统坚持围绕锻造生态环境保护铁军先锋队，强化监督、锤炼作风，推动党建和业务深度融合取得新成效；坚持全面贯彻新发展理念，锚定目标、攻坚克难，为推进经济社会发展全面绿色转型奠定坚实的监测基础；坚持突出精准治污、科学治污、依法治污，立足建设现代化监测能力和监测体系，为深入打好污染防治攻坚战提供高质量的战略支撑；坚持问题导向、目标导向、效果导向，系统谋划、重点突破，加快构建科学、协同、高效的监测新发展格局。坚守监测数据质量“生命线”，多措并举、狠抓落实，监测质量监管能力取得新提升。这一年，生态环境监测能力和水平不断提高，全国生态环境监测人深入践行“监测先行、监测灵敏、监测准确”，为打赢打好污染防治攻坚战提供了坚强有力的支撑，也为“十四五”时期生态环境监测实现提升突破，助推生态文明建设实现新进步奠定了坚实基础。

凡是过往，皆为序章。当前,我国生态文明建设进入了以降碳为重点战略方向、推动减污降碳协同增效、促进经济社会发展全面绿色转型、实现生态环境质量改善由量变到质变的关键时期，生态环境监测事业也进入深化改革、高速发展的战略机遇期和关键期。站在新起点，要实现新发展。2022年，生态环境监测人将乘势而上、再接再厉、接续奋斗，坚定不移深化生态环境监测改革创新，不断提高监测数据质量，系统提升生态环境监测现代化能力，切实发挥“顶梁柱”“生命线”“奠基石”作用，为推进生态文明建设、加强生态环境保护提供重要支撑，以优异的监测成绩向党的二十大献礼！

目录

CONTENTS

2021

中国环境监测**总站**这一年

2021年是中国共产党成立100周年，是“十四五”开局之年，也是奔向生态环境保护远景目标的新起点，生态环境部领导多次深入中国环境监测总站（以下简称总站）调研，对党史学习教育、减污降碳协同增效、水生态考核、数据质量管理和队伍建设等工作给予具体指导，为生态环境监测事业发展注入了强大的信心和动力。总站领导班子以习近平新时代中国特色社会主义思想为指引，全面贯彻落实部领导指示批示精神，蹄疾步稳、扎实推进各项攻坚任务，监测工作取得新的明显成效，呈现不少新的特点。

•• 生态环境部党组书记孙金龙
到总站调研指导

•• 生态环境部部长黄润秋，市场监管总局党组成员、副局长（正部长级）秦宜智出席全国生态环境监管专用计量测试技术委员会成立大会

•• 生态环境部副部长叶民到总站调研指导并座谈

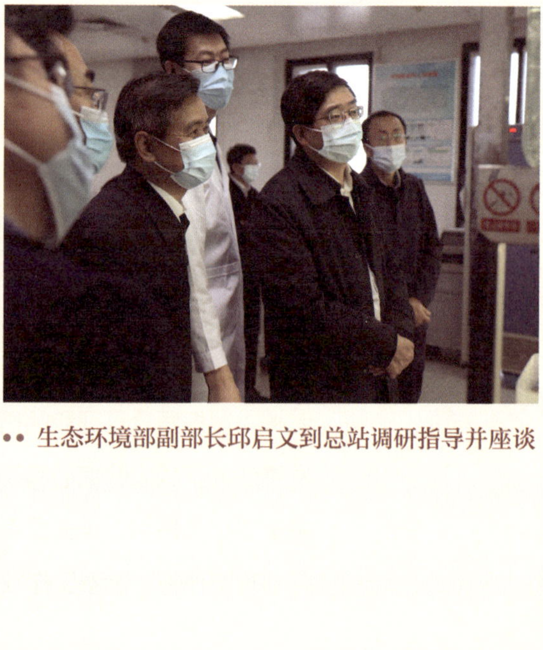

•• 生态环境部副部长邱启文到总站调研指导并座谈

党建工作

•• 党史学习教育中央第二十二指导组赴总站调研指导

•• 赴隆化县、围场县开展乡村振兴工作调研和党史学习教育共学共建

●以党的政治建设为统领，推动党建和业务深度融合取得新成效。

深入推进党史学习教育，带头下沉基层“为群众办实事”，切实解决基层资质审批难、公众开放制度缺失等难题，监测惠民利民作用获中央第二十二指导组充分肯定；扎实开展以案为鉴专项教育，完成8个方面69条整改任务，建立健全巡视审计整改长效机制；定点帮扶河北隆化县和围场县全面推进乡村振兴；借助监测设施开放，为公众搭建起了可感可见可知的科普阵地，树立了国家生态环境监测宣教品牌；“想干事、能干事、干成事、不出事、能共事”的氛围成为全站党员干部长期奋斗的目标。

总站党员干部代表赴中国共产党历史展览馆参观学习

组织对口帮扶村的孩子们开展第四期生态环保夏令营

业务工作

●聚焦"实现减污降碳协同效应"总要求，为推进经济社会发展全面绿色转型奠定坚实的监测基础。

$PM_{2.5}$和O_3协同控制监测实现新跨越，只用不到半年时间，建成了147个城市VOCs站和180个城市NMHC站，并顺利完成数据联网；温室气体监测迈出重大步伐，推动碳监测评估试点，构建源汇监测技术与核算支持业务体系，首批标准气体已用于高精度地面监测；水生态监测取得重要突破，形成全国水生态监测总体思路，补齐长江流域“十四五”水生态考核技术短板，首次完成七大流域水生态状况调查评价；配合修改《噪声污染防治法》，已由第104号主席令发布；生态质量监测取得重要进展，建立生态质量指数体系，制定《区域生态质量评价办法（试行）》和生态质量监测网络布设、监测样地布设方案等。

•• 组织召开“十四五”监测事业发展思路务虚会

•• 与地方监测站进行技术交流

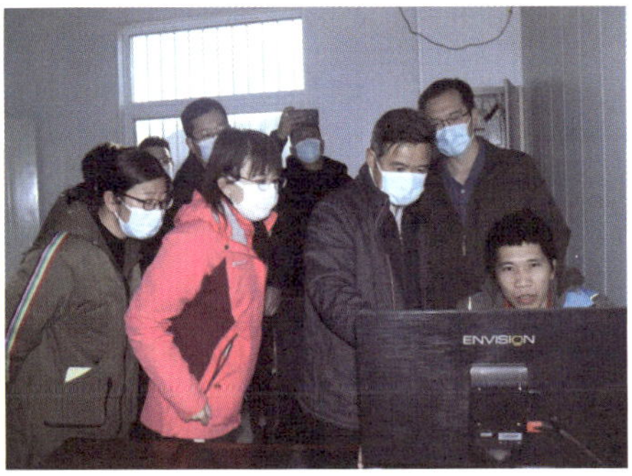

•• 开展 2021 年司站国控网运维质量联合专项检查

•• 赴一线组织现场调研座谈

•• 组织碳监测试点城市工作研讨会

•• 开展川藏铁路沿线草地生态系统监测

●立足建设现代化监测能力和监测体系，为深入打好污染防治攻坚战提供高质量的战略支撑。

围绕大气、水、土壤攻坚战开局之年目标任务，科学监测系统评估，深入分析综合研判，为攻坚精准施策提供坚实技术保障。政务信息质量名列前茅，30份监测专报信息获中办、国办采用，174份监测要情38次获部领导批示肯定，首次在“两会”、世界环境日前发布《全国生态环境质量简况》《中国生态环境状况公报》；精准支撑空气质量提升行动，黄润秋部长对国控地方点位联合评价、预报模型应用、臭氧达标分析、排污许可规范修订等做了工作批示：“报告有深度”“这样的尝试很好”“这些建议很好”“这个问题很重要”，赵英民副部长对冬奥会同期空气污染规律分析批示：“这个材料很好”；科学支撑水污染防治行动，翟青副部长对国考断面水质分析等批示：“报告很好，对于贯彻落实习总书记重要指示批示精神具有重要作用”“总站提供的报告质量越来越好，水平越来越高”，邱启文副部长专门到总站调研，对水质目标达标精准分析给予充分肯定；应急监测能力显著增强，翟青副部长批示“总站的做法很好”“现在的应急监测工作越来越好”；叶民副部长来站调研，对总站工作精神状态给予充分肯定。每月支撑发布地级及以上城市空气、地表水环境质量排名，有效倒逼地方党委、政府落实污染防治主体责任；及时为中央生态环保督察组提供地方环境状况，助力精准发现并解决问题。

•• 冲锋在生态环境应急监测一线

●着力“治痛点”“疏堵点”“攻难点”，加快构建科学、协同、高效的监测新发展格局。

部门协同开创新局面，与自然资源部、水利部、市场监管总局、中科院、气象局、航天集团六部委单位深化合作，积极推进网络规划、数据共享以及地下水、生态状况、量值溯源等监测体系建设；社会合作取得新成果，与山东、广东、重庆、新疆等地区深入推进超算应用中心、技术创新中心、应急监测支援分中心等平台建设；“一总多专”形成新合力，与卫星中心、海洋中心、七大流域中心等建立协同机制，每月会商研判环境形势，共同解决了一批重点难点问题；大数据平台建设走出新路子，推动国家地方实时联网，实现3.4亿条监测数据互联互通；国际合作展现新面貌，与8个国家单位交流合作，为应对全球多边环境问题提供中国方案。

•• 与中国地质环境监测院召开 2021 年度工作联席会

•• 组织召开生态环境智慧监测创新应用试点工作方案研讨会

●坚守监测数据质量“生命线”，监测质量监管能力取得新提升。

黄润秋部长、秦宜智副局长为总站正式挂牌全国监测计量委员会；国家网“八四三”运维管理体系更加健全，零投诉、零质疑完成24个项目21亿元招标采购；努力克服新冠肺炎疫情多地散发、洪涝灾害频发的影响，空气站、水站、采测分离数据有效率始终保持在97%以上；严厉打击人为干扰监测行为，站领导带队对6省（区）城市站和15省（区）水站进行“全面体检”，日常调度发现并配合严肃查处145起喷淋、曝气、投药等干扰行为和云南国控站点弄虚作假行为，压实压牢地方整改责任，确保监测数据“真、准、全”。

荣誉奖励

●致力建设一流研究型监测机构，推动业务能力和科技成果实现双丰收。

•• 南京平台完成主体结构封顶

人才队伍建设呈现新气象，2名班子成员赴基层挂职锻炼；完成1名总工、3名副总工、17名处级干部和33名业务主管选拔任用；开放式组建3支首席科学家团队，分别由3名院士担任顾问，吸引15名特约专家。

基础能力建设再上新台阶，长江经济带新建697个水站全部投入运行；南京平台完成主体结构封顶；全国水生态环境监测能力建设项目（黄河流域）列入国家发改委投资计划。

战略合作型能力提升取得重大突破，完成国家预测预报平台硬件向济南超算中心迁移，大数据超算云中心作为总站“一总部多基地”总体布局的重要一极在济南顺利揭牌；联合深圳相关部门共建总站深圳监测技术创新研究院，布局监测创新和科研业务；战略合作开发智慧会商平台和智慧监测平台，支撑服务生态环境质量会商。

•• 大数据超算云中心顺利揭牌

•• 深圳监测技术创新研究院开展多期技术交流活动

科研成果实现历史性突破，作为第一单位获环境保护科学技术一等奖、环境技术进步一等奖和二等奖各1项，作为参与单位获环境保护科学技术一等奖2项、环境技术进步一等奖和二等奖各1项，水监测研究团队获生态环境十大科技进展奖，公开竞争牵头获批国家重点研发计划黄河流域水生态环境质量监测与评价技术研究与示范项目，科研经费近2000万元。

•• 水监测研究团队获生态环境十大科技进展奖

总站在今年生态环境部组织的年度考核工作中成绩斐然，获得了大满贯。总站领导班子获得年度考核优秀，总站党委再获部先进基层党组织称号，陈善荣同志获得年度考核优秀，吴季友同志获得通报表扬；魏复盛院士被推荐为“七一勋章”候选人；全国劳模代表李健军、全国政协委员温香彩受邀出席中央“七一”现场观礼活动；质管室获全国巾帼文明岗集体、全国工人先锋号；预报中心党支部获中央和国家机关先进基层党组织、部先进党组织；党办获部定点扶贫先进集体；土壤室获部土壤污染状况调查突出集体；15名同志获省部级个人荣誉称号或通报表扬……

•• 总站获得生态环境部年度考核优秀等次

•• 总站获得部先进基层党组织称号

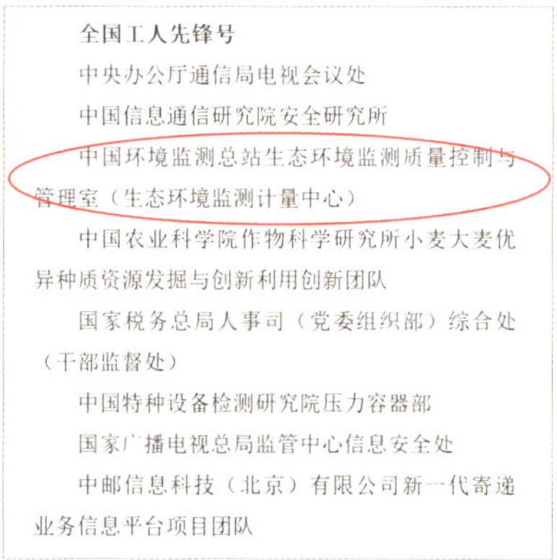
全国工人先锋号
中央办公厅通信局电视会议处
中国信息通信研究院安全研究所
中国环境监测总站生态环境监测质量控制与管理室（生态环境监测计量中心）
中国农业科学院作物科学研究所小麦大麦优异种质资源发掘与创新利用创新团队
国家税务总局人事司（党委组织部）综合处（干部监督处）
中国特种设备检测研究院压力容器部
国家广播电视总局监管中心信息安全处
中邮信息科技（北京）有限公司新一代寄递业务信息平台项目团队

•• 质管室获全国巾帼文明岗集体、全国工人先锋号

•• 预报中心党支部获中央和国家机关先进基层党组织、部先进党组织

•• 党办获部定点扶贫先进集体

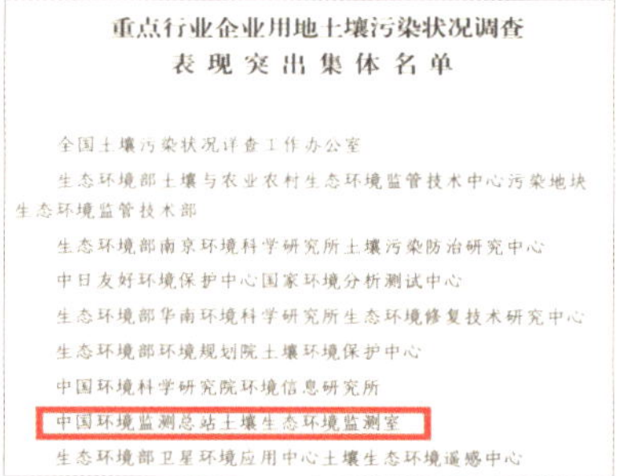
重点行业企业用地土壤污染状况调查
表现突出集体名单

全国土壤污染状况详查工作办公室
生态环境部土壤与农业农村生态环境监管技术中心污染地块生态环境监管技术部
生态环境部南京环境科学研究所土壤污染防治研究中心
中日友好环境保护中心国家环境分析测试中心
生态环境部华南环境科学研究所生态环境修复技术研究中心
生态环境部环境规划院土壤环境保护中心
中国环境科学研究院环境信息研究所
中国环境监测总站土壤生态环境监测室
生态环境部卫星环境应用中心土壤生态环境遥感中心

•• 土壤室获部土壤污染状况调查表现突出集体

2021

北京市生态环境监测中心这一年

2021年，北京市生态环境监测中心坚持以习近平新时代中国特色社会主义思想为指导，全面贯彻党的十九大和十九届历次全会精神，坚决落实市委、市政府决策部署和市生态环境局党组工作安排，紧紧围绕“十四五”生态环境管理要求，积极发挥生态环境监测职能，聚焦“建党100周年”“冬奥会”等监测业务保障，发扬新时代生态环保铁军精神，认真履职，有序推动各项工作高效落实。

党建工作

●政治思想建设。

2021年，在北京市生态环境局党组的坚强领导下，北京市生态环境监测中心调整了领导班子，换届选举了新一届党委委员和纪委委员，政治思想建设得到进一步加强，干事创业、攻坚克难的劲头更足。**一是**深化理论武装，强化政治引领。统筹谋划年度党建工作，强化主体意识，明确责任落实，细化分解重点任务51条；坚持学习研讨，形成领导带头学，支部主动学、党员跟着学良好局面。**二是**深入党史学习、强化组织实施。结合建党100周年专题党日活动，组织红色参观教育27次，

•• 北京市生态环境监测中心召开全体党员大会

•• 北京市生态环境监测中心党史学习教育动员部署

•• 北京市生态环境监测中心党委书记刘保献同志主持召开理论学习中心组扩大会议

•• 北京市生态环境监测中心党委指导支部召开党史学习教育专题组织生活会

•• 北京市生态环境监测中心党支部组织主题党日活动

延伸开展支部书记讲党史、普通党员讲党课等学习活动；积极创建党员先锋岗，开展社区帮扶结对，组织党员、群众参加志愿服务200余次。**三是强化意识形态，严守宣传阵地**。全面落实意识形态工作责任制，把学习党的十九届五中、六中全会精神和习近平总书记系列讲话作为首要政治任务，强化生态环境保护意识形态的政治担当，坚持意识形态建设和监测业务能力建设同步推进，使全体干部职工在理想信念、价值理念、道德观念上紧紧团结在一起。

●党风廉政建设。

积极履行党风廉政建设主体责任，在全面从严治党上出实招、见真章，带动各级干部守牢廉洁底线。**一是明确主体责任**。研究制定落实全面从严治党重点任务及主体责任清单，推动全面从严治党落实到“最后一公里”，督促各支部严格按责任清单执行落实，加强“两个责任”履职。**二是严格落实民主集中制**。落实重大事项请示报告制度和“三重一大”集体决策实施办法，针对全年预算编制、重大资金使用、干部任免等重大事项全部进行集体研究讨论。**三是强化廉政教育**。坚持节假日前廉政教育、观看“廉政教育每月一课”等制度，通报学习廉政典型警示案例，树牢全体党员干部理想信念，提升廉洁自律意识，严格廉政风险易发、多发环节和项目招投标等重点工作的监督检查。

●作风纪律建设。

严格落实中央八项规定和加强作风建设工作要求，加强北京市生态环境监测中心“环保铁军”建设。**一是**落实八项规定，深化正风肃纪。坚持以督促改，以巡促进，强化警示提醒，弘扬清风正气，推进中央八项规定精神落实，不断提升中心作风建设质量。**二是**强化工作作风，营造良好氛围。组织开展“空气质量首次全面达标”“冬奥有我们、一起向未来”等强化作风建设专项实践活动，进一步凝心聚力、开拓进取，为全力做好冬奥会空气质量保障营造良好氛围。**三是**明晰纪律规矩、加强警示教育。召开全体职工警示教育大会，深入贯彻落实全市警示教育大会精神，坚持把纪律规矩挺在前、明晰底线红线，围绕“六查六看”，进一步查找问题、剖析原因。

•• 强化作风建设专项实践活动

●人才队伍建设。

坚持公道正派的选人用人理念，严格用人标准，规范选拔程序，积极营造有利于优秀人才脱颖而出、积极向上的成长环境。**一是**严格人才选拔聘用。组织科级干部试用期满考察谈话及按期转正，专业技术人员岗位聘用（晋级）以及19批94人次评优推先。**二是**加强干部教育培养。开展“名师讲堂”“市区两级”等专项培训248期，参训人员4470余人次。**三是**严格选拔聘用监督。坚持把监督贯穿于干部选拔、岗位竞聘工作的各个环节，稳妥扎实推进职级晋升、干部选任等工作。

业务工作

●积极应对，全力开展空气质量监测预报分析工作。

•• 总站站长陈善荣莅临北京市生态环境监测中心调研指导

充分发挥北京市生态环境监测中心空气质量预测预报、数据分析和应急监测能力水平，高质量完成空气质量监测预报等工作。**一是**加强空气质量预测预报，全面提升中长期空气质量趋势预报和关键节点分时段预报能力，及时组织区域及临近加密会商，报出逐周、逐日、逐小时等空气质量预测报告。研究开发了重点赛区1千米预测预报技术功能模块，形成了未来7天四层嵌套预测结果提取展示和分析能力。**二是**初步建成多组分成因分析平台，进一步提升气象、颗粒物组分、垂直观测等数据分析能力，及时跟踪污染过程，报出相关分析专报。

•• 北京市生态环境监测中心联合延庆区环境监测站举办2021年北京市突发性大气污染事件应急监测演练

•• 北京市生态环境监测中心联合北京市生态环境局监测处举办北京市生态环境应急监测技术竞赛岗位建功活动实践竞赛

●紧盯重点，突出$PM_{2.5}$和O_3协同控制监测支撑。

紧跟国家和北京市“十四五”生态环境保护规划要求，为空气质量全面达标提供技术支撑。**一是**进一步优化$PM_{2.5}$、VOCs组分手工及自动监测网络，完成手工监测网络调整及切换运行，突出$PM_{2.5}$和VOCs的协同监测。二是发布第三轮$PM_{2.5}$来源解析，在2021年北京国际大都市清洁空气与气候行动论坛上，北京市生态环境监测中心介绍发布了北京市第三轮$PM_{2.5}$来源解析，解析结果得到社会一致认可，将为北京市“十四五”期间大气环境治理提供有力支撑。三是推进VOCs走航监测及应用，形成“监测—评价—监管—督改”的高效监测应用体系，为精准溯源管控提供了技术支撑。

•• 北京市生态环境监测中心大气颗粒物监测技术重点实验室第四届年会在线召开

•• 监测中心主任刘保献在“北京国际大都市清洁空气与气候行动论坛”全体会议上发布了北京市第三轮 $PM_{2.5}$ 来源解析结果

●打牢基础，持续推进生态环境监测智能感知网络建设。

聚焦生态环境监测基础网络设施建设，为开展北京市生态环境考核评价及风险防范奠定基础。一是优化升级大气监测网络，完成“十四五”大气环境国控监测站点升级改造。二是加强水质高密度网络试点建设，完成全光谱水质自动监测站点建设。三是开展地下水监测网络建设，支撑“十四五”地下水环境质量国控监测网考核，开展地下水环境质量双源监测工作以及背景值调查。四是开展市控土壤监测网优化调整，完成市控网背景监测点位优化、生态红线区和自然保护地等监测点位布设。

●深度挖掘，多技术手段支撑污染源监控和管理调度。

围绕说清污染源状况和潜在环境风险，持续探索污染源监控，加强数据综合分析与应用。一是加强移动源监测，推进移动源远程在线监控业务化运行，支撑移动源精准执法和监管。二是开展多方位扬尘监控，通过抽查工地扬尘视频，及时发现问题，并对北京各区开展定向帮扶。三是加强污染源数据应用，充分利用电力、手机信令、车流量等社会经济活动数据，开展典型工业源、城区餐饮企业、进京货车等方面的污染特征分析。

●严守底线，强化质量管理监督和区级监测能力建设。

严守数据质量“生命线”，确保监测数据“真、准、全”。**一是**加强环境监测全要素监管，在现有质量监管体系的基础上，将遥感监测标准方法、规范化操作规程、质量保证与质量控制等内容纳入质量体系规范化管理。**二是**探索区块链等新型信息技术在质量管理中的应用，强化环境监测数据全流程数据闭环管理。**三是**加强内外部质控考核和监督，完成计划内考核监督任务，连续四年被国家评为能力考核结果优秀单位。**四是**有序开展资质认定扩项评审和持证上岗考核，获得5大类13个项目13个检测方法的扩项资质，56人通过持证上岗考核。

•• 北京市生态环境监测中心赴密云监测站进行帮扶指导

•• 北京市生态环境监测中心组织开展了2021 年环境监测质量管理技术培训

●科技引领，持续推进科研创新全面提升监测能力水平。

推进科技创新体系建设，进一步完善体制机制，加强科研课题管理，充分发挥科技创新成果在生态环境监测领域的转化应用。**一是**牵头成功申报了科技部重点专项“基于人工智能和区块链技术的生态环境新型治理体系研究与示范应用”科研项目并推进实施。**二是**开展北京市科委重型柴油车远程在线监控关键技术等科研课题的研究攻关，并按计划完成部分课题的结题推进和转化运用。**三是**组织开展7个监

•• 贯彻“为群众办实事”，北京市环境监测展厅“云参观”VR 平台上线

测方法类在研标准进度推进，积极开展地标申请。**四是**全年发表论文54篇（SCI 18篇，EI 19篇，核心期刊13篇）；申请专利13项、软件著作权9项，获发明专利授权2项，实用新型专利授权4项，软件著作权7项；获省部级科技进步二等奖5项。

荣誉奖励

集体荣誉

北京市生态环境监测中心先后多次受到生态环境部、中国环境监测总站感谢表扬；被生态环境部评为“重点行业企业用地土壤污染状况调查表现突出集体”；被中国环境监测总站评为“能力考核优秀单位”；北京市“十三五”生态环境质量报告书被评为一等奖；荣获省部级科技进步二等奖5项：《北京市大气臭氧污染特征及控制途径研究》荣获北京市科学技术进步二等奖；《北京市地下水基础环境状况调查评估技术体系研究与应用》荣获中华环保联合会科技进步二等奖；《大气环境智慧监管关键

《北京市地下水基础环境状况调查评估技术体系研究与应用》荣获中华环保联合会科技进步二等奖

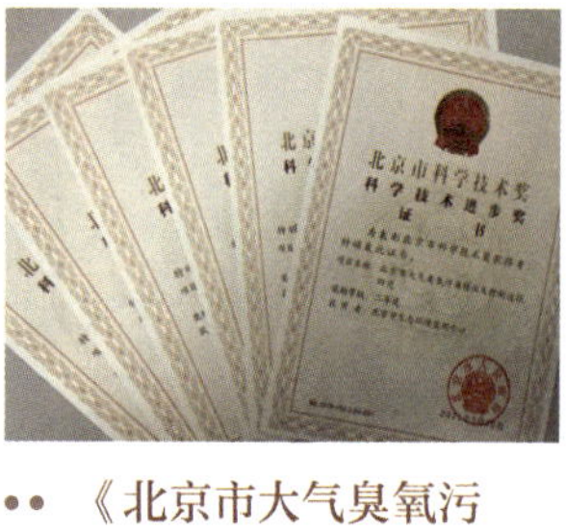

《北京市大气臭氧污染特征及控制途径研究》荣获北京市科学技术进步二等奖

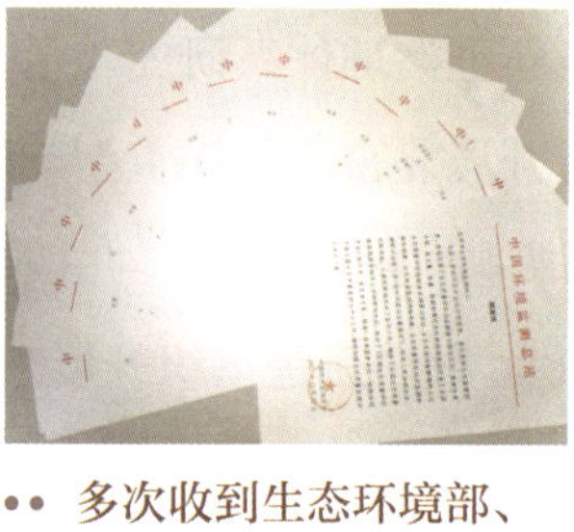

多次收到生态环境部、总站感谢信

《大气环境智慧监管关键技术研究与示范作用》荣获地理信息科技进步二等奖

技术研究与示范作用》荣获地理信息科技进步二等奖；《大气细颗粒物网格化监测体系关键技术及应用》荣获环境保护科学技术二等奖；《大气粗颗粒物智能感知立体监控关键技术及应用》荣获环境技术进步二等奖。

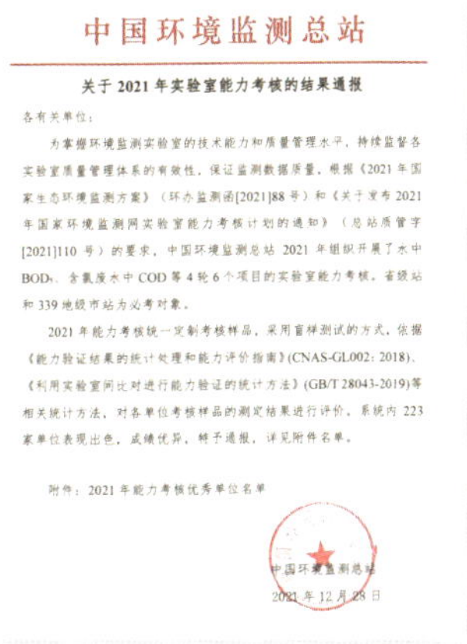
中国环境监测总站

关于 2021 年实验室能力考核的结果通报

各有关单位：

为掌握环境监测实验室的技术能力和质量管理水平，持续监督各实验室质量管理体系的有效性，保证监测数据质量，根据《2021 年国家生态环境监测方案》（环办监测函[2021]88 号）和《关于发布 2021 年国家环境监测网实验室能力考核计划的通知》（总站质管字[2021]110 号）的要求，中国环境监测总站 2021 年组织开展了水中 BOD_5、含氯废水中 COD 等 4 轮 6 个项目的实验室能力考核，省级站和 339 地级市站为必考对象。

2021 年能力考核统一定制考核样品，采用盲样测试的方式，依据《能力验证结果的统计处理和能力评价指南》(CNAS-GL002：2018)、《利用实验室间比对进行能力验证的统计方法》(GB/T 28043-2019)等相关统计方法，对各单位考核样品的测定结果进行评价，系统内 223 家单位表现出色，成绩优异，特予通报，详见附件名单。

附件：2021 年能力考核优秀单位名单

中国环境监测总站

2021 年 12 月 28 日

•• 被总站评为 2021 年能力考核优秀单位

中华人民共和国生态环境部办公厅

环办监测函〔2021〕572 号

关于“十三五”全国生态环境质量报告书评估结果的通报

各省、自治区、直辖市生态环境厅（局），新疆生产建设兵团生态环境局，中国环境监测总站：

为进一步提升生态环境质量综合分析能力和水平，提高全国生态环境质量报告书编制质量，我部组织开展了“十三五”全国生态环境质量报告书评估工作。

经各省（区、市）生态环境厅（局）推荐、专家组评估，共有 29 份生态环境质量报告书评估为“优秀”、60 份为“良好”，现予以通报（名单见附件）。希望获得通报表扬的编制单位及人员再接再厉，为生态环境监测事业发展、支撑深入打好污染防治攻坚战和建设美丽中国作出更大贡献。

附件：“十三五”全国生态环境质量报告书评估结果

生态环境部办公厅

202[illegible] 年 12 月 [illegible] 日

（此件依申请公开）

•• 北京市生态环境监测中心主编的《北京市“十三五”生态环境质量报告书》在生态环境部开展的国家级、省级和地级市评比中获得一等奖，优秀等级

个人荣誉

徐硕荣获“中华妇女联合会巾帼建功标兵”称号；

邬晓东荣获2021年北京市生态环境应急监测技术竞赛岗位建功活动个人竞赛一等奖；

张志锋被评为“北京市自强模范”并受到北京市主要领导亲切会见、合影留念；

冯亚君、李文俊、杨懂艳、王涛荣获“北京市生态环境系统岗位建功标兵”称号；

陈维、刘卫红、孟静怡获生态环境部“企业用地调查工作中表现突出个人”；

郭寰宇荣获第二十二届北京青年学术演讲比赛二等奖。

2022年，北京市生态环境监测中心将紧紧围绕首都生态环境质量持续改善，聚焦“十四五”生态环境管理需求，全力开展生态环境监测服务支撑工作，积极完善北京市现代生态环境监测体系建设，扎实工作、锐意进取，不断开创全市生态环境监测工作新局面，为全面打造生态环保铁军先锋队充电蓄能。

2021

天津市生态环境监测中心这一年

2021年，天津市生态环境监测中心坚持以习近平生态文明思想为指导，深入学习贯彻党的十九届六中全会精神，围绕“十四五”规划新使命新要求，全面落实生态环境监测工作要求，突出精准治污、科学治污、依法治污，推动生态环境质量持续改善，为建设人与自然和谐相处、共生共荣的美丽天津添砖加瓦。

党建工作

●落实全面从严治党主体责任。

制定年度全面从严治党工作要点，细化责任清单，明确47项重点工作任务。党委书记切实履行“第一责任人”职责，坚持民主集中制，严格执行“三重一大”制度，带头过好双重组织生活。

•• 2021年度全面从严治党暨党史学习教育推动会

•• “回望百年党史 汲取奋进力量”主题音画党课

●推动“我为群众办实事”落地见效。

聚焦主责主业，真心实意解决企业和群众的急难愁盼问题，累计为群众办实事115件次，现场帮扶企业百余家，提出改进意见500余条，解决9起生态环保领域的群众信访投诉问题。

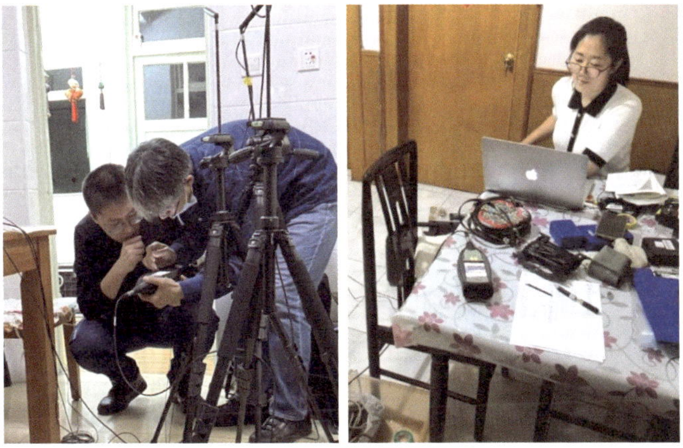

监测管理室辐射与声环境监测研究室联合党支部助力解决噪声扰民问题

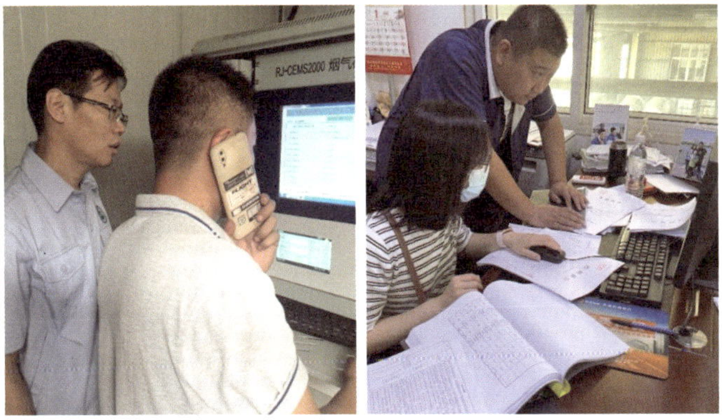

污染源监测研究室党支部转变帮扶模式，主动为企业送服务

●筑牢意识形态主阵地。

高度重视意识形态工作专题研究，组织开展保密教育，紧贴时代主题和工作实际，充分利用宣传阵地，及时梳理整合信息素材，深度挖掘信息资源，加强舆论引导，在党员干部中传播正能量，提升精气神。

业务工作

●以守护蓝天底色为任务，加强空气质量监测。

深入开展环境空气质量预报预警。持续落实预报会商机制，空气质量预测准确率达到88.4%，与国家联网街镇站点数据传输稳定，准确率、联网率在全国处于领先水平。积极开展2022年冬奥会气候变化趋势会商研判，为冬奥会期间空气质量保障提供技术支撑。

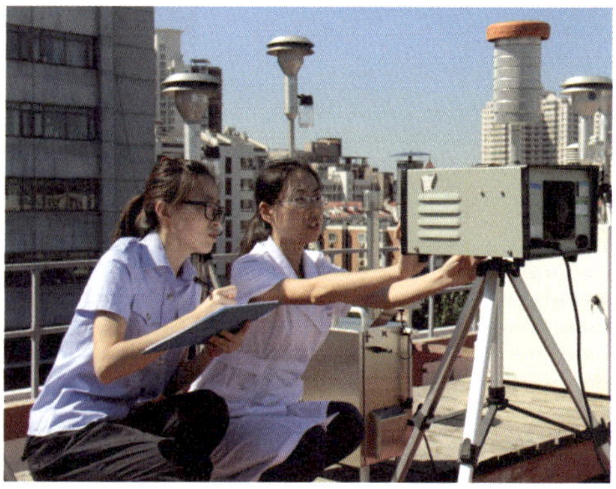

•• 加强监测数据质控，助力大气污染防治

深入开展O_3和$PM_{2.5}$协同控制研究。联合南开大学等科研单位开展O_3和$PM_{2.5}$协同控制“一市一策”研究，完成污染过程分析跟踪研究专报11期，制定《天津市2021年臭氧污染防控专项行动方案》。

深入开展污染排放强度评估。以静海区为试点，优化精准减排绩效分级体系，突出减污降碳协同增效理念和对产业升级引导作用，引入能源消费排放强度指标参与评价，确定差别化划定行业绩效等级方法。

●以捍卫碧水清流为动力，加强水环境质量监测。

地表水监测能力不断提升。完成地表水监测网络布设和优化调整，完善水环境自动监测体系，累计审核自动监测数据超过30万个，发布水环境质量日报365期。完成204个饮用水水质断面监

•• 海洋微塑料监测

测，做好于桥水库汛期水华预警工作，累计发布19期预警信息，报送《于桥水库水华形势分析》专报5期。

于桥水库水生生物监测

海洋生态监测能力不断提升。完成近岸海域微塑料调查，组织完成入海排污口及直排海污染源水质监测，编制提交技术报告9期，有序推进海洋生态环境监测预警能力建设，近岸海域水质明显改善。

污染溯源能力不断提升。落实“查、测、溯、管、治”的入河排口监管体系，协助对蓟运河等4条入海河流100个排水口门和支流开展水质分析，对超标严重口门进行问题排查，为天津市水体环境质量安全提供有力技术支撑。

●以强化土壤污染防控为支撑，加强土壤环境监测。

完成2021年度天津市重点监管单位名录编制，推动完成全市129家企业隐患排查。配合市局印发实施《天津市土壤污染重点监管企业周边土壤及地下水环境监测技术指南（试行）》，统筹做好周边监测及垃圾填埋场监测任务，有效防范企业污染外扩风险。

开展天津市国控地下水考核点位水质跟踪监测，组织开展各区重点污染源地下水环境监测现状调查，完善天津市“十四五”地下水考核监测网络建设运行。

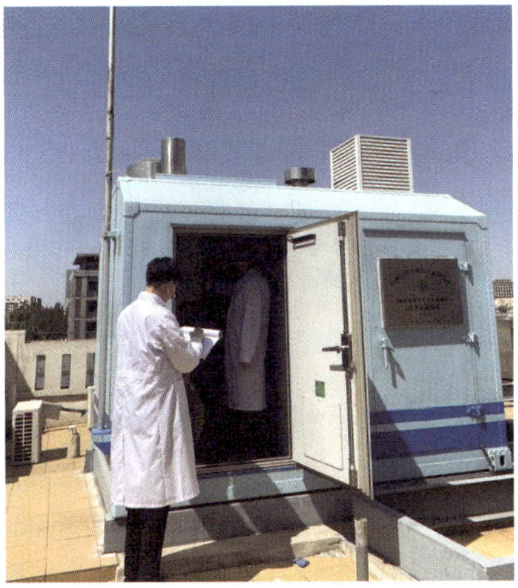

辐射环境自动站监测和维护

开展地下水监测工作

●以提升生态系统质量为抓手，加强生态保护监管。

完成2021年生态状况遥感解译及野外核查工作。开展中上元古界国家级自然保护区动植物资源调查，建立中上元古界国家级自然保护区动植物物种本底资源数据库。开展湿地影响状态指标监测，分析评价七里海国家重要湿地生态资源的总体状况和变化趋势。编制完成天津市地方标准《重要湿地监测技术规程（初稿）》。制定完成2021年农村环境监测工作方案和监测名单。

•• 开展生态调查工作

●以确保安全底线为根本，加强风险防范。

完成声环境功能区83个监测点位自动监测系统的建设及平台对接，助力安静小区创建。保障10个国控辐射环境自动监测站正常运行。逐步强化辐射应急监测能力，指导并参与津南区生态环境局辐射环境应急演练。科学规范管理城市放射性废物库，确保放射性废物收贮万无一失。顺利通过总站评估专家组应急监测能力评估检查，组织开展2021年度突发环境事件应急监测演练活动，配合参与危险化学品特别重大爆炸事故综合应急演练。

•• 辐射环境样品放射性化学实验

•• 顺利通过总站评估专家组应急监测能力评估检查

荣誉奖励

荣获2018—2020年度天津市文明单位；42名技术人才被生态环境部授予全国生态环境监测“三五”人才称号；中心实验室荣获“天津市三八红旗集体”荣誉称号；环境空气质量预测预报团队荣获第十届全国保护母亲河行动“绿色团队奖”和天津市2019—2020年度“青年文明号”集体；赵莉同志荣获“全国巾帼建功标兵”荣誉称号；李旭冉同志荣获“天津市优秀共青团干部”荣誉称号。

•• 实验室荣获“天津市三八红旗集体”称号

•• 赵莉同志荣获“全国巾帼建功标兵”荣誉称号

•• 环境空气质量预测预报团队荣获2019—2020年度“青年文明号”集体

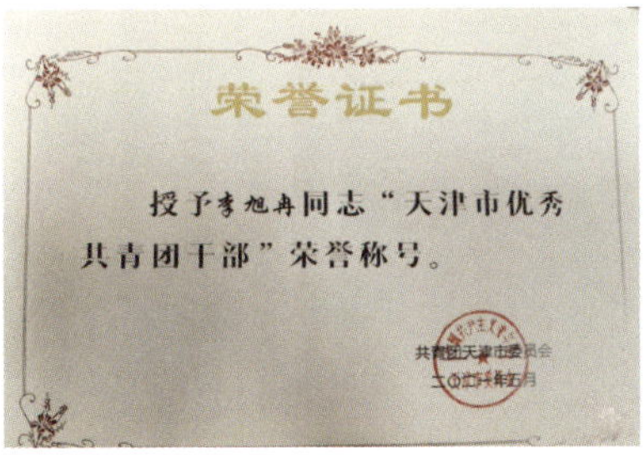

•• 李旭冉同志荣获“天津市优秀共青团干部”荣誉称号

2022年，天津市生态环境监测中心将继续坚定不移贯彻新发展理念，推动把学习贯彻党的十九届六中全会精神引向深入，不断巩固拓展党史学习教育成果，锲而不舍改进作风，强化监督执纪，营造良好的政治生态，深入践行“监测先行、监测灵敏、监测准确”的责任担当，强化能力建设，深挖数据价值，充分发挥生态环境监测在环境管理和科学决策中的支撑作用，以更高标准打好蓝天、碧水、净土保卫战。

2021

河北省生态环境监测中心这一年

2021年是“十四五”的开局之年，在总站的大力支持与指导下和河北省生态环境厅党组领导下，河北省生态环境监测中心以习近平新时代中国特色社会主义思想为指导，深入贯彻落实习近平生态文明思想，全面贯彻落实党的十九大和全国生态环境保护工作会议精神，拼搏竞进、攻坚克难，以职责要求为依托强化使命担当，统筹打好污染防治攻坚战和疫情防控阻击战，不断提升生态环境监测能力，圆满完成各项监测任务。

党建工作

●开展党史学习教育，筑牢思想政治根基。

开展“每日一学”活动，印发《党史百年天天读》64期、《学党史，总书记强调的“牢记”和“不能忘”》24期。在微信公众号开设党史学习专栏，推送党史先锋人物故事32篇，录制14期“百名党员讲党史”视频、2堂优质微党课，举办“学党史、践行习近平生态文明思想”主题演讲比赛，开展党史学习教育专题读书班，多措并举推动党史学习教育走深走实。

•• 河北省委党史学习教育第十三巡回指导组赴省生态环境监测中心开展调研

•• “学党史、践行习近平生态文明思想”主题演讲比赛

●开展“转作风树形象讲担当促发展”主题活动，以党建促发展。

以解决实际问题为出发点，组织全系统党组织书记从监测工作、党风廉政、内控管理等多角度开展调研，撰写调研报告57份。围绕服务发展、担当干事、改革创新、政策措施、党风廉政、改进工作作风等方面向监测系统干部职工征求意见，在全系统召开民主生活会和组织生活会，查不

•• “生态优先，绿色发展，持续推进白洋淀生态环境监测工作”主题党日活动

•• 党建与业务工作有机结合，开展主题党日活动

•• 举办公众开放日

•• 党员参加社区志愿服务

足、补短板、提能力。

●加强党建引领，凝聚干事创业力量。

通过“一图一故事”挖掘宣传河北监测铁军先进事迹，59篇稿件在《中国环境报》、河北省生态环境监测中心公众号刊登。积极参加河北省直工委“永远跟党走·唱支山歌给党听”“巾帼心向党”主题活动，分获二等奖。5名同志在“两优一先”评选中分获优秀共产党员和优秀党务工作者称号。省生态环境监测中心驻唐县倒马关乡上城口村工作队荣获河北省委省政府授予的“全省脱贫攻坚先进集体”荣誉称号。

•• 录制“百名党员讲党史”视频

•• 重温入党誓词

业务工作

●助力重点城市空气质量改善。

通过精准日报，昼夜两时段对重点城市城乡接合部、国省干道等区域走航监测，科学编制预测报告，印发《关于开展重点行业企业厂界执法监测有关工作的通知》《河北省固定污染源烟气自动监测系统检查帮扶技术指导方案》等，帮扶市监控中心做好重点行业企业执法监测，为管理部门采取有效治理举措提供技术支持，高效支撑石家庄、邢台、邯郸市在全国空气质量综合指数排名显著提升。

●全力做好冬奥会保障监测工作。

按照冬奥空气质量保障工作要求，不到一个月完成全省1967个乡镇站与国家联网并确保正常传输。开展乡镇空气站专项检查和培训，提升乡镇站运行质量。顺利完成走航监测车一致性比对和数据联网，开展走航演练。与总站专家在崇礼开展现场应急演练，会同张家口市局、崇礼区局等部门创新性

•• 生态环境部监测司一级巡视员刘舒生带领监测司、总站就2022年冬奥会和冬残奥会期间环境质量监测工作准备情况进行调研

•• 总站与河北省生态环境监测中心联合开展冬奥会张家口赛区应急演练

•• 开展冬奥环境空气质量保障监测会商

拟定了国家、省、市、区统一的应急监测工作方案，建立应急预案。

●高效服务白洋淀全域Ⅲ类水质。

采用无人船走航与人工监测相结合、相验证方式，开展白洋淀污染态势监测，摸清氮磷营养盐、耗氧性物质等在各淀区的分布态势及迁移转化规律。对白洋淀淀区点位、上游河流断面、入河排污口实施水质强化监测，及时研判白洋淀及周边水环境质量变化趋势。2021年，白洋淀淀区水质全部达到Ⅲ类及以上标准，实现从劣Ⅴ类到Ⅲ类的跨越性突破。

•• 在白洋淀开展无人船走航监测

•• 土壤样品采样

•• 翻山越岭采集样品

●圆满完成北戴河旅游旺季保障监测。

5—8月，组织开展北戴河环境空气、噪声、入海河流、海水浴场等七大类指标监测工作，向管理部门报送数据3万余条，编制报告58期。为提升入海河流水质达标率，创新工作方式，开展入海河流所有跨县界断面的生态补偿监测，以陆保海，实现今年海水浴场达标率100%，受到生态环境部通报表扬。

•• 生态环境部监测司蒋火华副司长、国家海洋监测中心樊景凤副主任一行调研北戴河旅游旺季生态环境质量监测工作

●顺利通过农用地详查和企业用地调查验收。

组建专班，逐项梳理农用地详查和企业用地调查累积6年工作和资料，按照档案管理要求重新分类、编码、装订所有数据和文件报告1200余套，多厅局协调，反复演练汇报，分别以98分和100分的优异成绩通过生态环境部行政验收，等次均为“优秀”，两项验收在河北省所有被验收单位中分数均为第一。省生态环境监测中心也被生态环境部授予“重点行业企业用地调查表现突出集体”荣誉称号。

●做好“五项”常规工作，说清环境质量状况。

强化环境空气质量监测。谋划开展$PM_{2.5}$与O_3协同控制监测，探索工业园区及道路交通污染专项监测。加强自动站运维管理，印发《环境空气质量自动监测站运行管理办法》和《河北省省控环境空气质量监测点位调整、临时停用、设备更换管理规定》，配合开展京津冀区县站运维和数据质量检查。

优化水环境质量监测。进一步优化水环境质量监测网络。组织省、市、县三级环境监测部门，按照“有水监测、无水监控”的原则，根据各断面功能、区域分类开展手工监测。完成全省2020年海洋生态环境评价更新工作；组织秦皇岛、唐山、沧州三地驻市中心和监控中心开展海洋监测能力调查。

深化土壤环境质量监测。完成国家风险点、省控基础点监测任务。组织开展污染源地下水环境监测现状调查和唐山、邯郸地下水试点监测。按照国家网互检要求，圆满完成四川省站对河北省的监督检查，以及河北省对浙江省和黑龙江省的“线上”监督检查。

抓好生态质量监测。将国家重点生态功能区县域监测评价的环境空气质量、地表水环境等点位、断面全部纳入省级监测网，采取督导、培训、指导、预审等方式，不断提高工作质量。完成农村环境质量，农村千吨万人、乡镇农村饮用水水源地和10万亩①以上规模农田灌溉区监测。

做好污染源与新冠肺炎疫情应急监测。完成全省3453家排污单位自行监测监督检查与88家垃圾焚烧企业二噁英类污染物抽测。结合遥感监测、黑烟抓拍、溯源等方式，对机动车开展“不接触式”执法监测。对全省重点医疗机构、医废处置单位、污水处理厂、饮用水水源地等开展新冠肺炎疫情应急监测。

••李晋宇厅长到省生态环境监测中心调研生态环境监测工作

① 1 亩 ≈ 0.0667 hm^2。

荣誉奖励

中心扶贫工作队被省委、省政府授予“河北省脱贫攻坚先进集体”荣誉称号；白洋淀水质及污染态势分析报告两次获省领导肯定批示；2021年北戴河旅游旺季生态环境监测工作获生态环境部通报表扬；重点行业企业用地土壤污染状况调查工作获生态环境部通报表扬；2016—2020年河北省生态环境质量报告书获生态环境部通报表扬；王淑娟等21名同志入选生态环境部第二批生态环境监测“三五”人才“一流专家”和“技术骨干”；靳伟同志入选“河北省政府特殊津贴专家”；生态质量评价办法测算与验证工作获总站表扬；在总站组织的4轮实验室能力考核中，成绩优异，获总站通报表扬；团省委授予省中心2019—2020年度河北省青年文明号集体暨“双创双服”优秀青年集体称号；耿慧等5名同志入选河北省新时代“冀青之星”典型人物。

•• 河北省委、省政府授予“河北省脱贫攻坚先进集体”荣誉称号

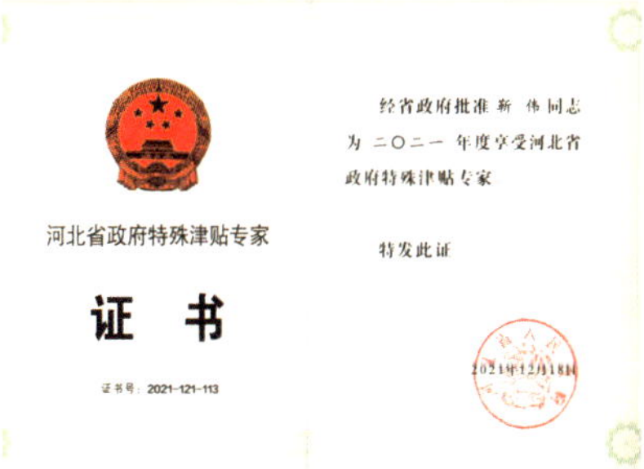

•• 靳伟同志入选“河北省政府特殊津贴专家”

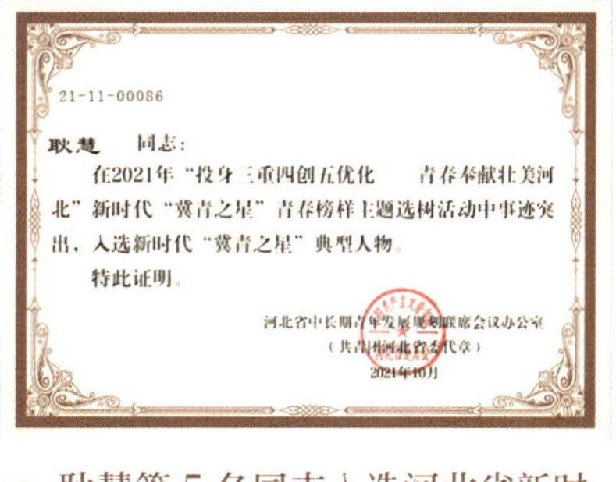

•• 耿慧等5名同志入选河北省新时代“冀青之星”典型人物

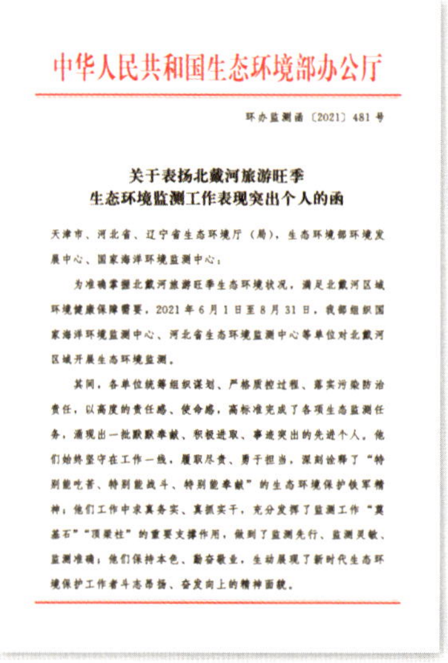
中华人民共和国生态环境部办公厅

环办监测函〔2021〕481号

关于表扬北戴河旅游旺季
生态环境监测工作表现突出个人的函

天津市、河北省、辽宁省生态环境厅（局），生态环境部环境发展中心、国家海洋环境监测中心：

为准确掌握北戴河旅游旺季生态环境状况，满足北戴河区域环境健康保障需要，2021年6月1日至8月31日，我部组织国家海洋环境监测中心、河北省生态环境监测中心等单位对北戴河区域开展生态环境监测。

其间，各单位统筹组织谋划、严格质控过程、落实污染防治责任，以高度的责任感、使命感，高标准完成了各项生态监测任务，涌现出一批默默奉献、积极进取、事迹突出的先进个人。他们始终坚守在工作一线，履职尽责、勇于担当，深刻诠释了“特别能吃苦、特别能战斗、特别能奉献”的生态环境保护铁军精神；他们工作中求真务实、真抓实干，充分发挥了监测工作“奠基石”“顶梁柱”的重要支撑作用，做到了监测先行、监测灵敏、监测准确；他们保持本色、勤奋敬业，生动展现了新时代生态环境保护工作者斗志昂扬、奋发向上的精神面貌。

•• 北戴河旅游旺季生态环境监测工作获生态环境部表扬

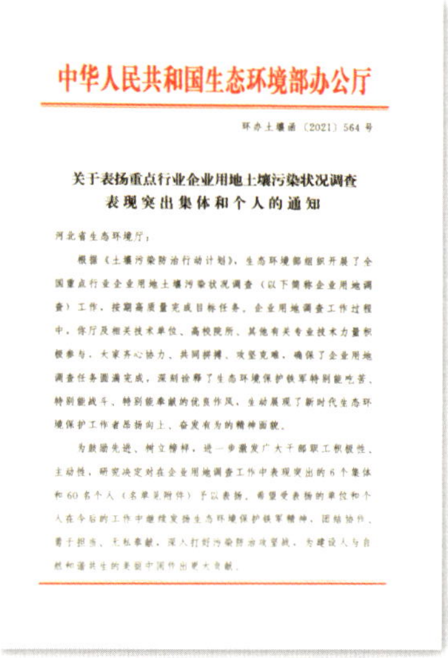
中华人民共和国生态环境部办公厅

环办土壤函〔2021〕564号

关于表扬重点行业企业用地土壤污染状况调查
表现突出集体和个人的通知

河北省生态环境厅：

根据《土壤污染防治行动计划》，生态环境部组织开展了全国重点行业企业用地土壤污染状况调查（以下简称企业用地调查）工作，按期高质量完成目标任务。企业用地调查工作过程中，你厅及相关技术单位、高校院所、其他有关专业技术力量积极参与，大家齐心协力、共同拼搏、攻坚克难，确保了企业用地调查任务圆满完成，深刻诠释了生态环境保护铁军特别能吃苦、特别能战斗、特别能奉献的优良作风，生动展现了新时代生态环境保护工作者昂扬向上、奋发有为的精神面貌。

为鼓励先进、树立榜样，进一步激发广大干部职工积极性、主动性，研究决定对在企业用地调查工作中表现突出的6个集体和60名个人（名单见附件）予以表扬。希望受表扬的单位和个人在今后的工作中继续发扬生态环境保护铁军精神，团结协作、勇于担当、无私奉献，深入打好污染防治攻坚战，为建设人与自然和谐共生的美丽中国作出更大贡献。

•• 重点行业企业用地土壤污染状况调查工作获生态环境部通报表扬

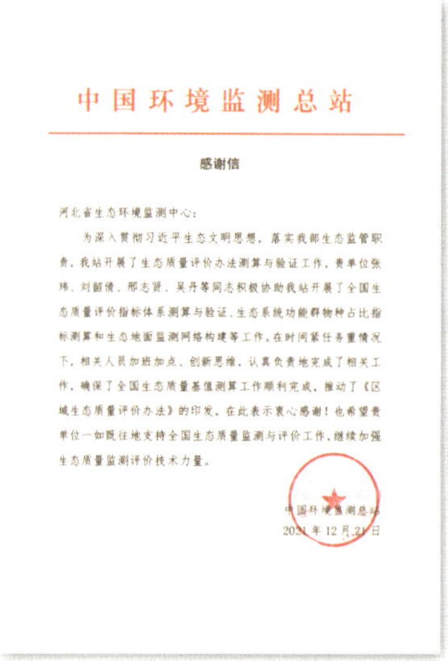
中国环境监测总站

感谢信

河北省生态环境监测中心：

为深入贯彻习近平生态文明思想，落实我部生态监管职责，我站开展了生态质量评价办法测算与验证工作。贵单位张玮、刘韶倩、邢志贤、吴丹等同志积极协助我站开展了全国生态质量评价指标体系测算与验证、生态系统功能群物种占比指标测算和生态地面监测网络构建等工作。在时间紧任务重情况下，相关人员加班加点、创新思维，认真负责地完成了相关工作，确保了全国生态质量基值测算工作顺利完成，推动了《区域生态质量评价办法》的印发。在此表示衷心感谢！也希望贵单位一如既往地支持全国生态质量监测与评价工作，继续加强生态质量监测评价技术力量。

中国环境监测总站
2021年12月21日

•• 生态质量评价办法测算与验证工作获总站表扬

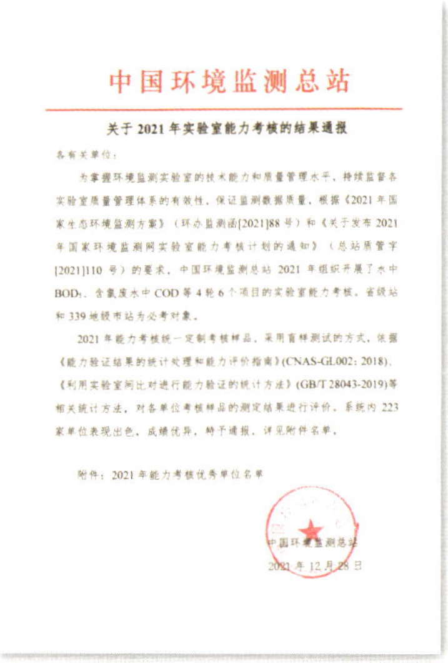
中国环境监测总站

关于2021年实验室能力考核的结果通报

各有关单位：

为掌握环境监测实验室的技术能力和质量管理水平，持续监督各实验室质量管理体系的有效性，保证监测数据质量，根据《2021年国家生态环境监测方案》（环办监测函[2021]88号）和《关于发布2021年国家环境监测网实验室能力考核计划的通知》（总站质管字[2021]110号）的要求，中国环境监测总站2021年组织开展了水中BOD_5、含氯废水中COD等4轮6个项目的实验室能力考核，省级站和339地级市站为必考对象。

2021年能力考核统一定制考核样品，采用盲样测试的方式，依据《能力验证结果的统计处理和能力评价指南》(CNAS-GL002：2018)、《利用实验室间比对进行能力验证的统计方法》(GB/T 28043-2019)等相关统计方法，对各单位考核样品的测定结果进行评价。系统内223家单位表现出色，成绩优异，特予通报，详见附件名单。

附件：2021年能力考核优秀单位名单

中国环境监测总站
2021年12月28日

•• 在总站组织的4轮实验室能力考核中，成绩优异，获总站通报表扬参加省直工委“永远跟党走·唱支山歌给党听”网络歌咏活动，作品《祖国不会忘记》获银奖。

合唱《祖国不会忘记》，获省直工委“永远跟党走·唱支山歌给党听”歌咏比赛银奖

2022年是全面实施“十四五”规划的重要之年，是深入打好污染防治攻坚战的关键之年，河北省生态环境监测系统将稳中求进、砥砺前行，坚定信心、拼搏奋进，全力完成好各项生态环境监测任务，以优异成绩迎接党的二十大胜利召开。

2021

山西省生态环境监测和应急保障中心（山西省生态环境科学研究院）这一年

2021年是中国共产党成立100周年，也是山西省生态环境监测和应急保障中心（山西省生态环境科学研究院）［以下简称保障中心（院）］成立运行的第一年。一年来，在山西省委、省政府和山西省生态环境厅的正确领导下，在总站的精心指导下，保障中心（院）认真贯彻落实党的十九大、十九届历次全会精神和省第十二次党代会精神，深入践行习近平生态文明思想，以党的政治建设为统领，以党史学习教育和事业单位重塑性改革为抓手，积极开展生态文明宣传、科研创新、环境质量监测、污染源监控等工作，全力推动各项任务落地落细落实，实现“十四五”良好开局。

党建工作

●坚持以政治建设为统领。

建立党委会理论学习制度，党委中心组理论学习16次。召开党委会38次，听取意见，查找不足，改进工作。深入10个部门、6个驻市中心开展基层大调研，切实解决基层工作中存在的困难和问题。

•• 保障中心（院）举行庆祝建党 100 周年专题党课

●深入开展党史学习教育。

组织7次党史学习教育中心组学习暨集中研讨、3次处级以上干部“读原著、学原文、悟原理”专题研讨。两次邀请省委党校专家开展“学党史 知党情 跟党走”“学习贯彻习近平生态文明思想”专题讲座，组织集中收看庆祝中国共产党成立100周年大会，党的十九届六中全会实况、省第十二次党代会实况，深入贯彻学习重要讲话和会议精神。全年编写党史学习教育简报115期，保障专刊15期。

●积极开展专题活动。

组织开展“观红色经典、讲红色故事、寻革命足迹”系列活动，赴八路军太行纪念馆、百团大战纪念馆等红色基地开展主题党日活动，参观“不忘初心、牢记使命——山西省庆祝中国共产党成立100周年图片展”，为老党员颁发“光荣在党50年”纪念章。组织参加山西省生态环境厅“不忘初心学党史·环保巾帼担使命”党史知识竞赛、全省生态环境系统理论宣讲暨微党课大赛、“学党史、听党话、跟党走”主题征文。组织原18个参改单位编写《来时的路》，强化历史观，奋进新征程。

•• 参观太原市图书馆“马克思主义书房”重温入党誓词

•• 参观喜迎山西省第十二次党代会省直机关党建成果展

•• 赴山西省展览馆参观山西省庆祝中国共产党成立 100 周年图片展

•• 全体党员干部职工自发自愿积极为河南洪灾捐款奉献爱心

•• 赴阳泉百团大战纪念馆开展主题党日活动

•• 为老党员颁发“光荣在党 50 年”纪念章

●扎实开展警示教育。

制定警示教育实施方案，组织22次集中学习，组织阅看成钢、王吉明忏悔录。组织25个支部400多名党员学习李晋文、崔凤鸣、张大伟同志先进事迹，观看《正风反腐就在身边》《绿叶对根的情意》专题片。举办警示教育专题党课，赴太原、忻州、晋城、临汾、长治等反腐倡廉警示教育基地，开展现场廉政教育活动，提高警示教育实效，编写警示教育简报30期。全面梳理排查廉政风险点，建立财务管理、采购管理、会议管理、请示报告等14项基本规章制度。

●着力加强基层党支部建设。

设立14个内设部门党支部，对任期已满的临汾、长治、吕梁等5个驻市中心党支部进行了换届改选。不断加强党员队伍建设，培养入党积极分子2人，发展对象18人，中共预备党员4人。

●全力支持乡村振兴。

选派7名能组织、会协调、肯吃苦、执行力强的同志到宁武县担任农村第一书记和驻村工作队员，进行乡村振兴建设。

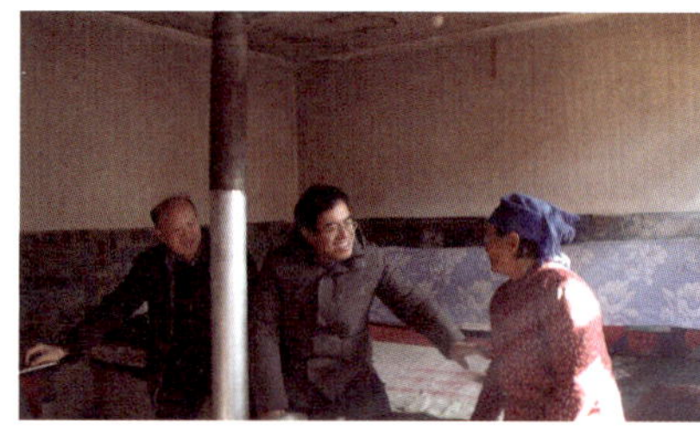

•• 保障中心（院）领导赴宁武县慰问低保脱贫户

●积极开展“我为群众办实事”活动。

聚焦县级以上饮用水水源地环境状况评估监测、全省城市环境空气质量预报预警、省级环保设施向公众开放三项工作，建立项目责任清单，确保按计划有序推进，不断提高人民群众对环境质量改善的获得感、幸福感、安全感。

●积极开展为灾区人民捐款活动。

积极开展“‘晋’献爱心‘豫’你同行”捐款活动，两次为灾区人民捐款10.66万元。

业务工作

●全力推进事业单位重塑性改革。

坚决落实山西省委、省政府关于事业单位重塑性改革战略部署，成立副厅级保障中心（院），在全省事业单位重塑性改革总结大会上，受到省领导的充分肯定。

●全力保障中央生态环境保护督察工作。

先后派员30余人，组织媒体刊发宣传报道累计2000余篇，编发舆情简报22期，监测专报30余期，按照督察组要求，提供了大量的数据和报告，积极履职尽责，做到全过程保障配合。

●积极参与省政府组织的“双高”环境整治行动。

派出176人次，往返行程13812千米，发现疑似环境问题1128处，有效服务了全省高铁高速沿线环境综合整治工作。

●高标准承办环境主题论坛及环境领域圆桌访谈。

首次高标准承办2021年太原能源低碳发展论坛环境主题论坛及环境领域圆桌访谈。本届论坛首次增加环境领域话题，由清华大学教授主持，2名国内外嘉宾视频致辞，环境领域的2名院士、8名知名专家学者出席演讲，20多家省内媒体予以高度关注和充分报道，产生广泛的社会影响，受到省领导的高度认可。

●高规格打造全省生态环境保护第一院士专家智囊团。

按照山西省委、省政府主要领导指示，完成山西省生态环境保护委员会院士专家智囊团组建和首批36名院士专家聘任工作，打造全省生态环境保护第一智库。

●高质量完成《山西生态省建设规划纲要（2021—2030年）》编制工作。

贯彻落实省委深改委2021年重大改革项目任务，成立专班，在广泛收集基础资料和反复研究修改的基础上，高质量完成了工作任务，科学谋划了未来十年山西生态省建设的蓝图，顺利通过省政府常务会议、省委常委会扩大会议审议。

●助力打好污染防治攻坚战。

•• 生态环境监测专题讲座

环境空气质量方面：完成全省未来一周潜势预报365期；结合全省环境质量变化形势及考核目标，累计编制各类报告、报表366期；参加省厅专题会商研判会23期。

•• 山西省环境空气质量预报预警系统初验会

•• 省级城市站飞行检查

•• 赴山西省气象局开展调研交流

•• 大气颗粒物组分站自动监测现场质控检查

水环境质量方面： 每日分析研判地表水水质监测数据，累计编制报告378期，及时对水质异常数据预警，报送预警信息306次。

2021 年地表水新增国控断面水站建设

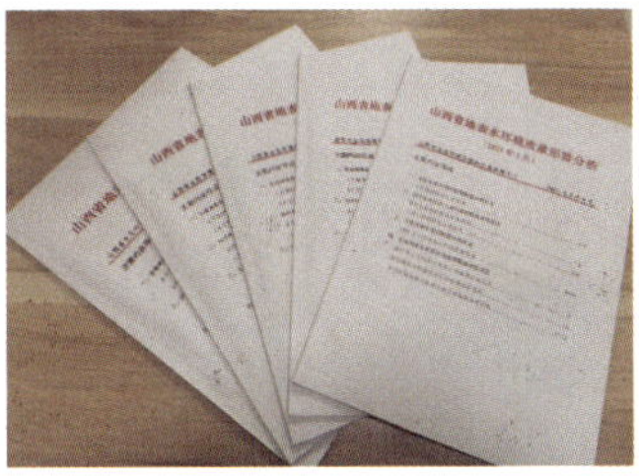

地表水环境质量形势分析报告

国控地表水省界断面流量监测

“我为群众办实事”——监测和污染治理设施面向公众开放

土壤生态环境质量方面： 编制《山西省国家网土壤环境质量监测工作方案》，组织完成了112个基础点、19个重点风险点，667个样品采集、交接、制备、分析测试和数据报送工作。

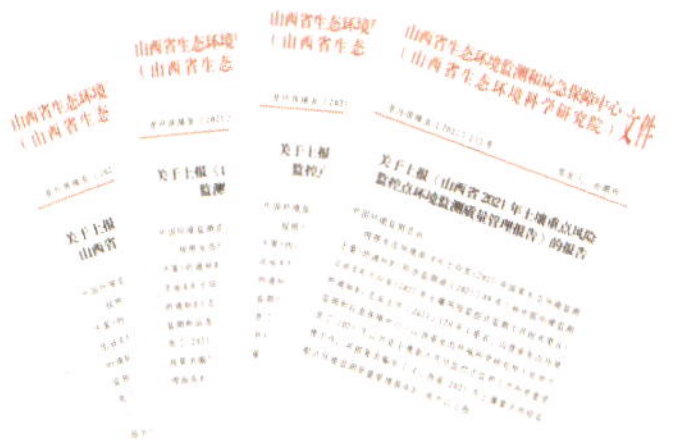

土壤重点风险监控点环境监测质量管理报告

国家网土壤监测省级质控样品分装打包

重点排污单位监控方面： 推进新增涉水类、涉气类以及实行排污许可管理的重点排污单位自动监控设施建设和联网，全年共监控797家重点排污单位的2372个自动监控点位，基本形成覆盖重点行业主要排放口的自动监控网络，数据传输率达99%以上。

农村环境、生态功能区县以及生态遥感方面：组织完成97个县117个监控村庄的确认及232个千吨万人饮用水水源地水质和18个农田灌溉水质监测工作；完成448景卫星遥感影像质量检查、2万余个动态斑块的判读。

●积极开展智慧监测创新应用试点、碳监测试点工作。

山西作为国家首批智慧监测创新应用试点省份之一，按照总站要求，完成了3项试点项目上报；太原市被国家列入碳监测基础试点城市，编制完成《太原市碳监测评估试点实施方案》，两项试点工作推进有力有序。

•• 智慧监测创新应用座谈会

●规范突发环境事件应急响应工作。

在充分借鉴山西天脊煤化工集团股份有限公司苯泄漏事故、临汾市同世达脱硫液外溢事故等典型事件处置经验的基础上，编印《山西省突发环境事件应急响应工作手册》，规范了突发环境事件应对全流程，为突发环境事件应对处置工作提供了指南。

●合理构建生态环境监测管理体系。

编制完成管理体系文件，受控下发全面执行；圆满完成省本级和朔州、运城、长治等8家驻市中心共467人持证上岗考核工作；持续做好量值溯源，完成保障中心（院）265台（套）仪器设施检定及校准工作；参加总站组织的水中COD、BOD_5等4轮6个项目能力验证，验证结果全部满意。加强对第三方运维机构的管理，构建县级城市空气站质量控制体系，实行“人防+技防”的监督工作机制，建立站点视频监控系统、季检查通报制度，制定《山西省环境空气质量监测网城市站运行管理实施细则》《预防人为干扰干预监测工作管理规定十不准》，加强对县级空气站点运维公司的绩效考核和管理，确保监测数据“真、准、全、快、新”。组织开展全省地表水跨界断面水质自动监测运维检查与考核，有效提高全省水质自动监测运行效果及数据质量。建立水质异常数据预警体系，及时分析研判，为水环境质量持续改善提供科学支撑。

●大力开展生态文明宣传工作。

紧扣时代主题，编印《习近平生态文明思想学习手册》5000余册，在全省生态环境系统发放，开展习近平生态文明思想宣讲和网络知识竞赛活动，组织媒体、作家开展“美丽中国·我是行动者”采访采风活动，大力宣传习近平生态文明思想在全省的生动实践，得到生态环境部的肯定；圆满完成“六五”环境日山西主场宣传活动；加强舆论引导，在山西省生态环境厅“双微”平台发布信息7449条，在中国环境报社及《中国环境报》融媒体共刊发稿件240多篇，为打好污染防治攻坚战营造浓厚社会氛围。

荣誉奖励

保障中心（院）被省直文明委评为“2020年度省直文明单位标兵”；

保障中心（院）党委副书记樊占春、兰杰同志被省人社厅、省生态环境厅评为“山西省生态环境保护工作先进个人”；

保障中心（院）驻晋城生态环境监测中心支部委员会被省直工委评为“先进基层党组织”；

保障中心（院）核与辐射安全部郑兴国同志被省直工委评为“优秀共产党员”；

保障中心（院）生态环境监测部支部荣获“全省生态环境系统先进基层党组织”称号；

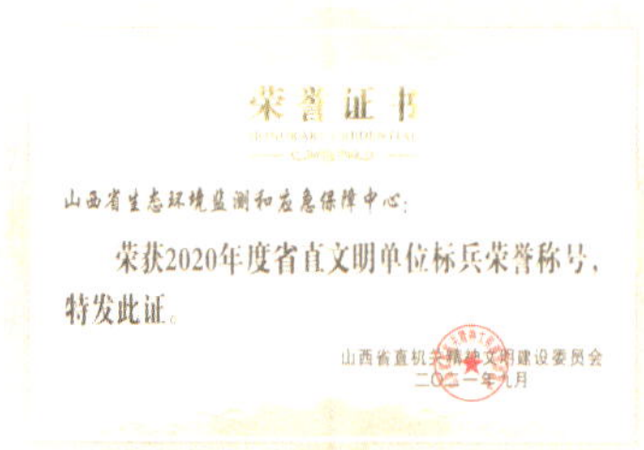

•• 获2020年度“省直文明单位标兵”称号

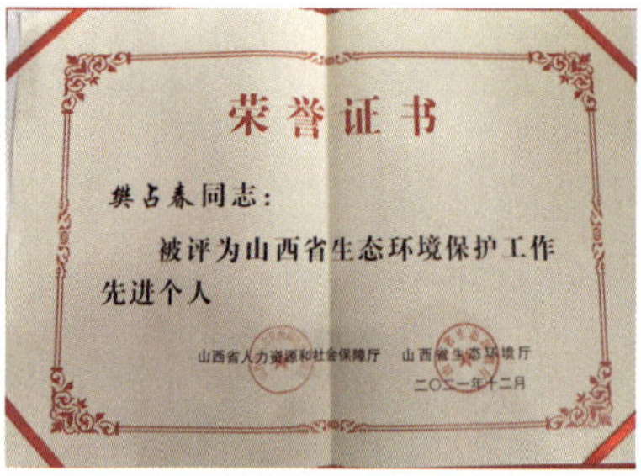

•• 樊占春同志被评为“山西省生态环境保护工作先进个人”

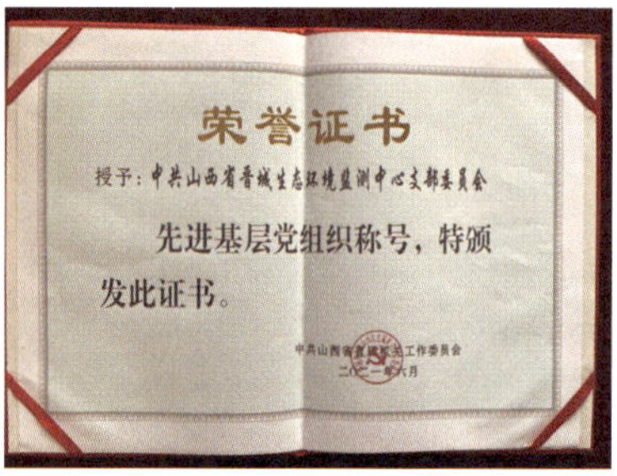

•• 获省直工委“先进基层党组织”称号

•• 郑兴国同志获省直工委“优秀共产党员”称号

李晓瑞、师忠东等18名同志荣获“全省生态环境系统优秀共产党员”“全省生态环境系统优秀党务工作者”称号；

牛建军、李进峰等20名同志被国家生态环境部授予“生态环境监测一流专家”“生态环境监测技术骨干”荣誉称号；

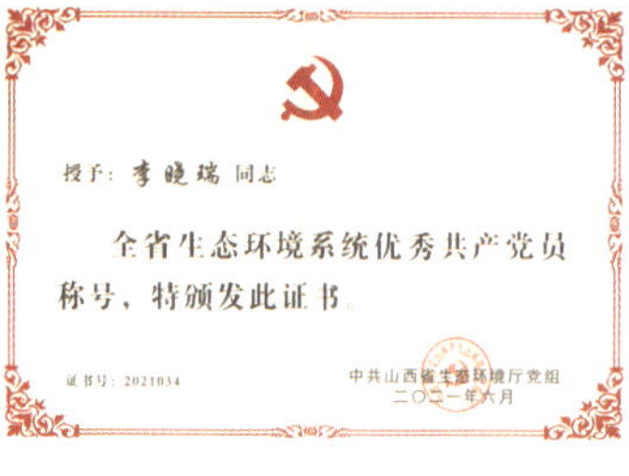

•• 李晓瑞同志获“全省生态环境系统优秀共产党员”称号

•• “三五”人才证书

参加总站组织的实验室能力考核，被评为“2021年能力考核优秀单位”；“十三五”山西省生态环境质量报告书获得生态环境部通报表扬。

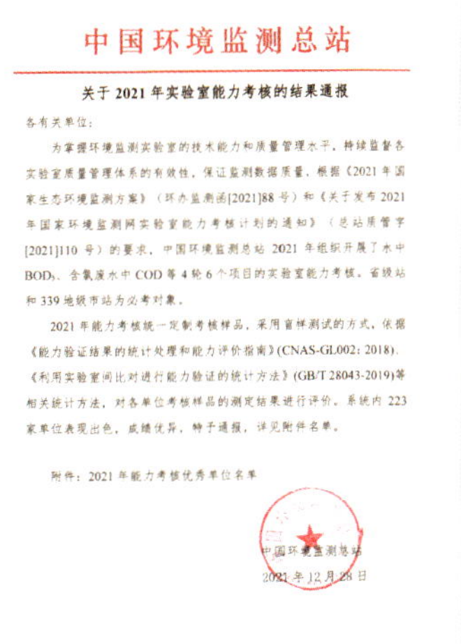

中国环境监测总站

关于2021年实验室能力考核的结果通报

各有关单位：

为掌握环境监测实验室的技术能力和质量管理水平，持续监督各实验室质量管理体系的有效性，保证监测数据质量，根据《2021年国家生态环境监测方案》（环办监测函[2021]88号）和《关于发布2021年国家环境监测网实验室能力考核计划的通知》（总站质管字[2021]110号）的要求，中国环境监测总站2021年组织开展了水中BOD_5、含氯废水中COD等4轮6个项目的实验室能力考核，省级站和339地级市站为必考对象。

2021年能力考核统一定制考核样品，采用盲样测试的方式，依据《能力验证结果的统计处理和能力评价指南》(CNAS-GL002：2018)、《利用实验室间比对进行能力验证的统计方法》(GB/T 28043-2019)等相关统计方法，对各单位考核样品的测定结果进行评价。系统内223家单位表现出色，成绩优异，特予通报，详见附件名单。

附件：2021年能力考核优秀单位名单

中国环境监测总站

2021年12月28日

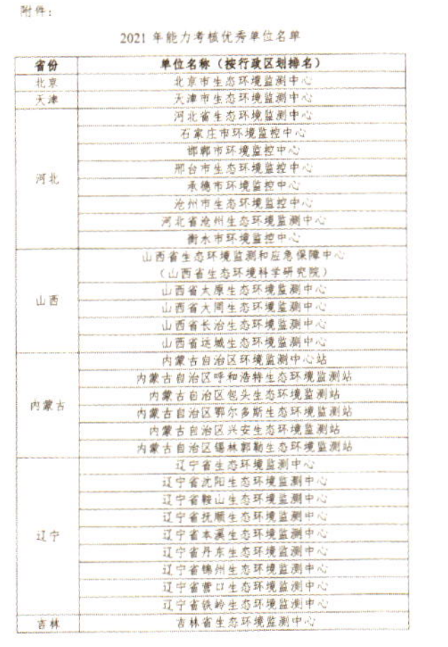

附件：

2021年能力考核优秀单位名单

省份	单位名称（按行政区划排名）
北京	北京市生态环境监测中心
天津	天津市生态环境监测中心
河北	河北省生态环境监测中心
	石家庄市环境监控中心
	邯郸市环境监控中心
	邢台市生态环境监控中心
	承德市环境监控中心
	沧州市生态环境监控中心
	河北省沧州生态环境监测中心
	衡水市环境监控中心
山西	山西省生态环境监测和应急保障中心（山西省生态环境科学研究院）
	山西省太原生态环境监测中心
	山西省大同生态环境监测中心
	山西省长治生态环境监测中心
	山西省运城生态环境监测中心
内蒙古	内蒙古自治区环境监测中心站
	内蒙古自治区呼和浩特生态环境监测站
	内蒙古自治区包头生态环境监测站
	内蒙古自治区鄂尔多斯生态环境监测站
	内蒙古自治区兴安生态环境监测站
	内蒙古自治区锡林郭勒生态环境监测站
辽宁	辽宁省生态环境监测中心
	辽宁省沈阳生态环境监测中心
	辽宁省鞍山生态环境监测中心
	辽宁省抚顺生态环境监测中心
	辽宁省本溪生态环境监测中心
	辽宁省丹东生态环境监测中心
	辽宁省锦州生态环境监测中心
	辽宁省营口生态环境监测中心
	辽宁省铁岭生态环境监测中心
吉林	吉林省生态环境监测中心

•• 2021年能力考核优秀单位

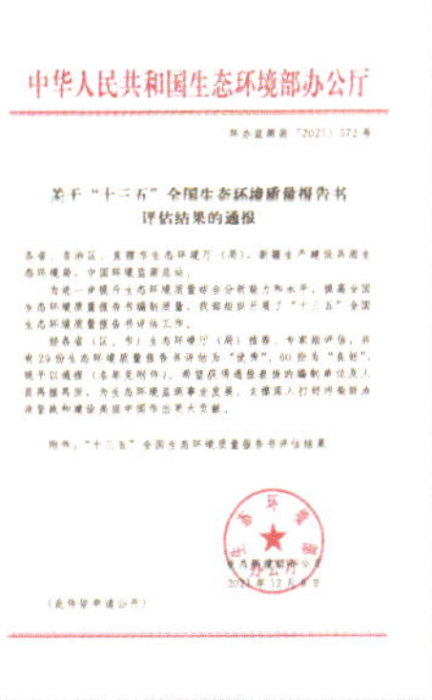

中华人民共和国生态环境部办公厅

环办监测函〔2021〕572号

关于“十三五”全国生态环境质量报告书评估结果的通报

附件：“十三五”全国生态环境质量报告书评估结果

2021年12月

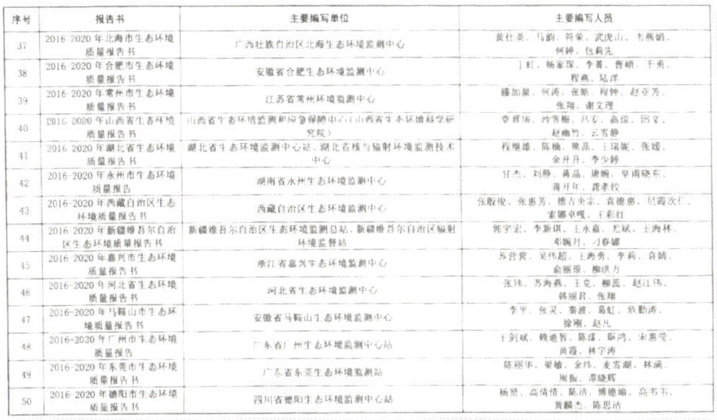

序号	报告书	主要编写单位	主要编写人员
37	2016-2020年北海市生态环境质量报告书	广西壮族自治区北海生态环境监测中心	黄仕美、马韵、符棠、武虎山、韦燕娟、何婵、包莉先
38	2016-2020年合肥市生态环境质量报告书	安徽省合肥生态环境监测中心	丁虹、杨家琛、李菁、曹硕、千勇、程燕、陆洋
39	2016-2020年常州市生态环境质量报告书	江苏省常州环境监测中心	滕加泉、何涛、张皓、程钟、赵亚芳、张翔、谢文理
40	2016-2020年山西省生态环境质量报告书	山西省生态环境监测和应急保障中心（山西省生态环境科学研究院）	李晋伟、孙雪梅、尺宏、高琼、田文、赵幽竹、云雪静
41	2016-2020年湖北省生态环境质量报告书	湖北省生态环境监测中心站、湖北省核与辐射环境监测技术中心	程继雄、陈楠、熊晶、王瑞妮、张媛、余升丹、李少婷
42	2016-2020年永州市生态环境质量报告	湖南省永州生态环境监测中心	甘杰、刘静、蒋晶、唐婉、李雨晓东、蒋升年、龚孝玲
43	2016-2020年西藏自治区生态环境质量报告书	西藏自治区生态环境监测中心	张殿俊、张惠芳、德吉央宗、袁德惠、尼霞次仁、索娜卓嘎、王彩红
44	2016-2020年新疆维吾尔自治区生态环境质量报告书	新疆维吾尔自治区生态环境监测总站、新疆维吾尔自治区辐射环境监督站	郭宇宏、李新琪、王永嘉、尤斌、王海林、郑婉月、刁春娜
45	2016-2020年嘉兴市生态环境质量报告书	浙江省嘉兴生态环境监测中心	苏岩袭、吴伟超、王海勇、李莉、袁婧、俞丽琼、柳洪方
46	2016-2020年河北省生态环境质量报告书	河北省生态环境监测中心	张玮、苏海燕、王克、柳芸、赵江伟、韩丽君、张翔
47	2016-2020年马鞍山市生态环境质量报告书	安徽省马鞍山生态环境监测中心	李平、张灵、秦波、葛虹、危勤涛、徐刚、赵凡
48	2016-2020年广州市生态环境质量报告	广东省广州生态环境监测中心站	王剑斌、魏德智、陈潇、靳鸿、宋惠莹、黄霞、林宇涛
49	2016-2020年东莞市生态环境质量报告书	广东省东莞生态环境监测站	陈丽华、梁榆、余玮、麦雪潮、林漓、周振、谭晓辉
50	2016-2020年德阳市生态环境质量报告书	四川省德阳生态环境监测中心站	杨贤、高倩倩、陈洁、傅德瑜、高书书、黄麟杰、陈思洁

•• 2016—2020年山西省生态环境质量报告书获生态环境部通报表扬

2022年是保障中心（院）深化改革之年，我们将深入贯彻习近平生态文明思想，全面落实山西省委、省政府决策部署和省生态环境厅工作要求，踔厉奋发，笃行不怠，以更高标准为打好蓝天、碧水、净土保卫战提供坚实保障，让三晋大地天更蓝、山更绿、水更清，以优异的成绩迎接党的二十大胜利召开。

2021

内蒙古自治区环境监测总站这一年

2021年，内蒙古自治区环境监测总站统一谋划、统一标准、统筹资源，构建了以自治区本级为中心，12个分站各司其职、各具特色、区域互补的良好局面。

党建工作

●坚决筑牢政治思想防线。

2021年，内蒙古自治区环境监测总站持续将学习贯彻习近平总书记对内蒙古重要讲话、重要指示批示精神作为首要政治任务，严格按照内蒙古自治区生态环境厅党组要求和部署进行传达学习，召开党员大会2次，书记讲专题党课1次，总支扩大会54次，加强和改进民族工作与党史学习教育专题组织生活会各1次，谈心谈话38人次，主题党日活动7次。切实加强意识形态和网络安全阵地管理，深入开展党史学习教育，全面落实中央民族工作会议和自治区党委民族工作会议精神。忠诚拥护“两个确立”、增强“四个意识”、坚定“四个自信”、坚决做到“两个维护”。

••“同心向党　凝聚力量”党日活动

••“庆七一　传承红色基因”主题党日活动

●扎实推进党风廉政建设。

内蒙古自治区环境监测总站党委书记、站长严格履行一岗双责，将党风廉政建设与业务工作同研究、同部署、同落实、同考核。对全体干部从思想道德、岗位职责、业务流程、制度机制、外部环境五个方面开展风险自查与防控。签订“党风廉政责任书”101份，消除7个廉政风险点。对20项内部管理制度进行修订。通过业务管理平台（LIMS和OA），防控资金使用风险。对重点项目建立实施投标、履约承诺制度。

●全面改进工作作风。

•• 环境日公众开放日活动

严格执行《关于新形势下党内政治生活的若干准则》要求，以内蒙古自治区生态环境厅党组“作风建设年”为契机，建立台账，整改完成3个查摆问题。进一步贯彻落实中央八项规定及实施细则精神和自治区党委配套规定，纠治“四风”。坚决反对形式主义等十种表现，集中整治“圈子文化”“四风”“四官”问题。结合党建“灯下黑”整治活动，严格执行组织纪律、严守政治规矩。坚持民主集中制，“三重一大”事项均通过会议集体决定，加强对权力运行的制约和监督。

业务工作

●坚定贯彻落实习近平总书记对内蒙古重要讲话重要指示批示精神。

开展“一湖两海”水质例行监测、专项监测和水生生物监测，配合生态环境部试点开展呼伦湖水生态考核监测。开展黄河流域35个国控断面监测及黄河呼和浩特段、包头段水质走航监测，为黄河干流内蒙古段达到或优于II类水质标准提供监测服务。开展察汗淖尔地表水、地下水及周边污染源监测，完成了察汗淖尔湿地近20年生态演化解译与评估。

●协助解决地方突出环境问题，积极推进我为群众办实事。

全年为基层站提供技术培训帮扶52项次。深入社区开展志愿服务，对困难职工给予帮助，慰问退休老干部。对乡村振兴驻村联络点阿拉善左旗巴彦霍德嘎查帮扶开展饮用水工程维修改造。针对赤峰市宁城县空气质量长期较差的情况，开展了专项走航监测和调研，为宁城县政府提供了《宁城县大气环境污染现状与原因分析报告》。组织开展呼和浩特市、包头市水专项环保督察监测。完成4次应急、舆情监测和3项中央专项督查及执法监测任务；协助开展相关污染环境公益诉讼监测。

●践行习近平生态文明思想，为筑牢我国北方重要生态安全屏障提供技术支撑。

●● 生态地面监测（草本样方）

开展全区生态系统、植物物种多样性调查工作，实地调查1386个样地，收集1008个生态样地数据；初步建立起多层次生物多样性评估指标体系，完成了以草原和荒漠生态系统为主的159个监测样地的生态监测工作；研发自治区生态保护红线监管平台，开展了国家级、自治区级保护区7000余条人类活动点位的核查。联合内蒙古大学开展自治区科技重大专项子课题“生物多样性监测、评估与预警技术体系和系统”的研究。

●深入推进环境质量监测，为满足人民群众对美好生活的向往提供监测服务。

通过“以案促建”，统筹监测资源、数据共享与应急联动。积极争取总站与市场监管总局的支持与帮助，自治区本级及12个分站成功申请“共持国家级监测资质”。完善自治区环境监测网络，完成4大类1525个水环境点位、5大类191个环境空气点位、354个土壤风险监控点位、7类农村环境等监测，共获得各类监测数据2000余万条。开展道路机动车尾气遥感监测和非道路移动机械排放检测，共获取监测数据1550万条。为确保人民群众喝上干净水、呼吸上清洁的空气、吃上健康的粮食提供准确的数据依据。

●贯彻新发展理念，助力做好碳达峰、碳中和工作。

主动作为、积极谋划，申请开展国家“火电行业碳排放试点监测”，积极推进自治区典型草原、荒漠碳汇试点监测；与国内知名团队合作，筹建自治区“干旱半干旱区减污降碳监管评估实验室”，助力鄂尔多斯国家城市碳试点监测。目前主持自治区科技重大专项2项、自治区自然科学基金项目3个，4篇科技论文被SCI期刊收录。

•• 正在主持的自治区重大科技专项污染源强化监测

●做好新冠肺炎疫情防控监测，团结一心共同抗疫。

组织呼伦贝尔、通辽、阿拉善分站按期开展饮用水水源地监测，为疫区饮用水安全提供监测支持。组织阿拉善分站开展额济纳旗污水处理厂废水监测，爱心捐款11100元、捐赠无人机1架。调度满洲里饮用水水源地、医疗和城镇污水处理厂监测，编写《关于呼伦贝尔市满洲里市等疫情地区水环境监测数据分析》。统筹疫情防控和生态环境监测工作，支持做好“六稳”“六保”任务。

•• 按季度召开自治区环境监测总站工作调度会

•• 参与总站智慧监测宣传活动

荣誉奖励

主持编制的《内蒙古自治区生态环境质量报告书（2016—2020年）》在全国报告书质量评估中被评为“优秀”，内蒙古自治区包头环境监测分站的报告书被评为“良好”；内蒙古自治区环境监测总站被生态环境部授予“全国重点行业企业用地土壤污染状况调查表现突出单位”称号；4人被评为先进个人；92人入选国家环境监测“三五”人才。苏金华同志荣获“自治区杰出人才”称号；周兴军同志获评“自治区突出贡献专家”称号；王芳同志被评为“自治区优秀党务工作者”；王鹏同志被评为“自治区直属机关优秀共产党员”。

《内蒙古自治区生态环境质量报告书（2016—2020年）》

2022年，内蒙古自治区环境监测总站将全面落实习近平生态文明思想和习近平总书记对内蒙古重要讲话重要指示批示精神，深入学习贯彻党的十九届六中全会精神和自治区第十一次党代会、自治区党委十一届二次全会精神，坚持不懈学习和改进，确保党委党纪严明、党员党性坚定。进一步完善环境质量监测网络，强化应急和专项监测，提升环境监测资源整合与业务协同能力，助力生态环境厅深入打好污染防治攻坚战。开展碳排放、碳汇试点监测；完善呼伦湖水生态评价体系，在岱海、乌梁素海应用推广。开展“质量提升年”活动，促进生态环境监测质量、管理水平提升。为筑牢北疆生态安全屏障做出更大的贡献，以优异成绩迎接党的二十大胜利召开。

2021

辽宁省生态环境监测中心这一年

2021年，辽宁省生态环境监测中心在总站的悉心指导和辽宁省生态环境厅的坚强领导下，以习近平生态文明思想为指引，紧紧围绕全省生态环境保护重点工作，深入践行“监测先行、监测灵敏、监测准确”，深度融合党建与业务，统筹推进疫情防控和生态环境监测工作，全面完成年度各项监测任务，为“十四五”开局之年深入打好污染防治攻坚战提供有力技术支撑。

党建工作

●落实两个主体责任。

带头落实党建工作责任制，制定履行全面从严治党主体责任清单，压实“一岗双责”；强化理论学习，把辽宁省生态环境厅党组中心组学习内容纳入辽宁省生态环境监测中心和驻市分支机构党组织学习范畴；指导分支机构抓好党组织建设。

●深入开展党史学习教育。

把党史学习教育作为重大政治任务来抓，第一时间成立领导小组、制定方案、召开动员大会；系统开展理论学习，突出环保主题；生动开展“四个一”活动，营造学习氛围；扎实开展“我为群众办实事、争作贡献促振兴”实践活动，促进学习教育效果落地见效。

•• 参观中共满洲省委旧址

•• 开展党员进社区志愿服务活动

•• 学党史 办实事 让童心在绿色中成长——开展党史学习教育实践活动

●从严从实做好专项整治和“以案为鉴”警示教育。

成立领导小组，细化工作方案，进行动员部署，党委委员包干分支机构，一对一帮扶和现场督导，逐项制定整改目标和措施，明确完成时限及负责人，确保落实到位，坚持标本兼治、长效长治，切实把整治效果转化为工作实际。

业务工作

●充分发挥东北区域“四大中心”作用。

东北区域空气质量预报技术线上培训

区域空气质量预测预报中心在全国率先建立区域层面空气质量预报气象数据共享机制；区域质控中心率先承担全国颗粒物采样器手工比对平行性测试任务，创新开展颗粒物监测质量控制研究；克服新冠肺炎疫情等不利因素，区域土壤样品制备与流转中心组织完成国家网土壤质控样品接收、转码、发放等工作，区域二噁英监测中心完成20余家垃圾焚烧厂二噁英执法监测任务。

●进一步优化织密生态环境监测网。

一是织密监测网络。完成25个气站、34个水站及海洋浮漂站、40个水污染源溯源站和3个辐射站建设。**二是**优化监测点位。完成29个河流断面、37个集中式饮用水水源地监测点位、233个水功能区优化调整，完成44个电磁辐射环境监测点位选址。**三是**夯实监测点位信息。编印全省空气、土壤环境质量监测点位图集及主要河流污染来源概化图，为污染溯源分析做好基础储备。

●大力提升服务保障能力。

一是“八措并举”，全力支撑冬奥会空气质量保障。制定工作方案和应急预案；开展能力建设，实现提前72小时预报污染过程和中度以上污染过程预报从“天”到“时段”双突破；推进87个区县空气自动站国家联网和数据共享；开展锦州和葫芦岛细颗粒物组分监测站建设和5个综合观测站、组分站联网；开展冬奥会历史同期空气质量特征及污染过程总结分析和重点区域污染原因分析；开展技术培训、跟班实训，做好人才储备；采购秸秆焚烧火点监测服务，多手段支撑秸秆焚烧管控；实行24小时值班制度，实现异常监测数据从发现到确认的闭环管理。**二是**“三水统筹”，为水环境管理服务实现新突破。开展150个地表水国考断面动态预警监测；完成辽河流域59个点位水生态监测评价和7个跨省点位水生态监测工作，两次在国家会议做经验交流，制定两项地方标准；组织开展156个国控海洋点位监测工作，加强对海洋特征污染物来源分析。

•• 水生态监测与评价技术培训班现场实操

●不断强化应急监测能力。

一是强化应急演练。完善应急监测技术指南和预案，组织5个区域应急中心开展技术培训与演练20余次，锻炼了应急监测队伍。**二是**高效应急处置。组织沈阳、铁岭、抚顺、鞍山和盘锦中心联动，圆满完成“4 · 18”铁岭电厂突发环境事件应急监测，历时半个月实现从污染源头到入海口全流域、全时段跟踪24小时不间断监测，为制定应急对策提供重要技术支撑。

•• 红沿河核电厂应急监测专项演习（东陵大桥断面）

•• 突发环境事件应急监测演练现场样品采集

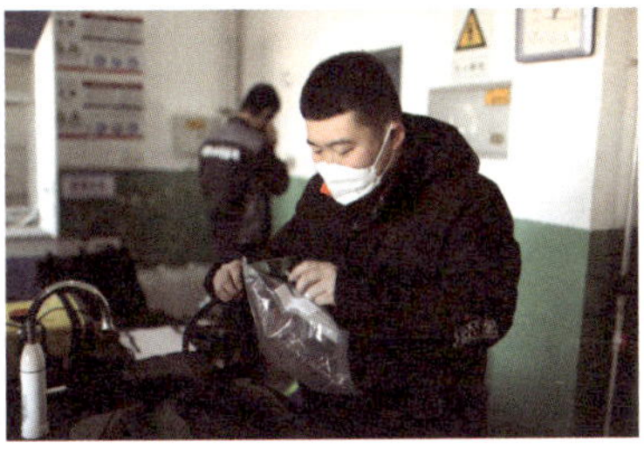

•• 突发环境事件应急监测演练样品测试分析

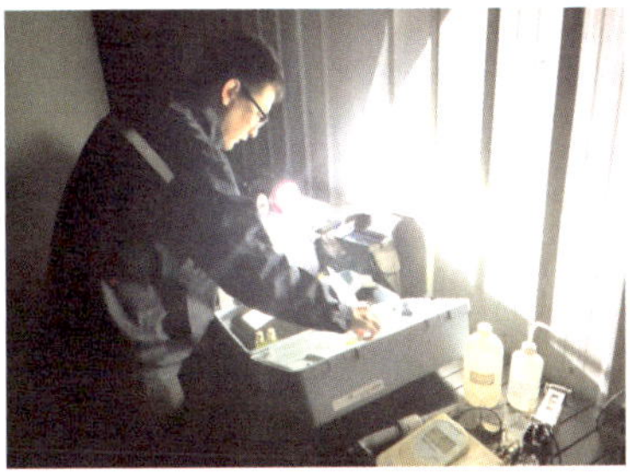

•• “4·18”铁岭电厂突发环境事件应急监测

●持续提升环境监测能力。

•• 2021年辽宁省生态环境监测技术大比武——理论比武现场

一是持续推进质量管理，确保数据真、准、全。不断完善质量管理体系；积极开展资质认定评审，实现环境监测资质全覆盖，保持国家能力考核合格率90%以上。**二是**创新开展大比武，锤炼技术尖兵。在新冠肺炎疫情防控形势要求下，创新比武模式，采用线上线下相结合方式，分支机构在驻地参加比武，近300人备战，90名选手参加比武，第一次集中检视“垂改”后人才队伍情况。**三是**多形式技术培训，掀起技术学习热潮。创新监测技术培训形式，采用线上线下、理论培训、实操实训相结合方式，全年开展技术培训24次，累计参训人数1200余人次。**四是**组织完成“十三五”环境质量报告书编制工作，在全国评选中省级和沈阳、大连报告书为优秀，抚顺、盘锦报告书为良好。

●创新监测管理体制机制。

一是不断加快全省监测机构“垂改”后三个转变，即转职能、转方式、转作风；健全三大体系，即环境质量监测体系、污染源监控体系和环境预警监测体系。**二是**14个分支机构向辽宁省生态环境监测中心对标，各项监测工作按照“1+14”建设的思路开展，全省监测千人队伍“一盘棋”工作标准和工作思维已应用到监测任务实际，“垂改”效能已由量变到质变。**三是**初步构建监测新格局。沈阳有机、大连海洋、丹东核与辐射3个分析中心和沈阳、大连、鞍山、丹东、锦州5个区域应急监测中心的“3+5”格局正式运行，市生态环境局与驻市分支机构工作协调机制得到深化，初步形成相互支持、合力攻坚的新局面。

荣誉奖励

被生态环境部评为全国重点行业企业用地土壤污染状况调查“表现突出集体”，9人受到表扬；《“十三五”辽宁省生态环境质量报告书》被生态环境部评为“优秀”；被生态环境部东北核与辐射安全监督站评为2021年度辐射监测与应急“先进单位”，2人被评为“先进个人”；被辽宁省生态环境厅评为“先进单位”；在疫情防控爱心捐赠行动中收到庄河市塔岭镇东瓜川村的感谢信；多名技术人员被评选为全国生态环境监测“三五”人才；6人在生态质量评价方法的修订与验证工作中受到总站表扬；7人在核与辐射安全管理工作中受到生态环境部东北核与辐射安全监督站表扬；3人在辽宁省农村环境综合整治、生态环境保护督察工作中受到辽宁省生态环境厅表扬。

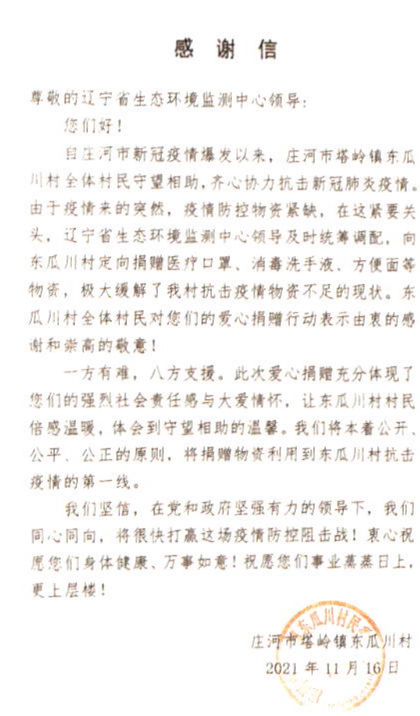
感谢信

尊敬的辽宁省生态环境监测中心领导：

您们好！

自庄河市新冠疫情爆发以来，庄河市塔岭镇东瓜川村全体村民守望相助，齐心协力抗击新冠肺炎疫情。由于疫情来的突然，疫情防控物资紧缺，在这紧要关头，辽宁省生态环境监测中心领导及时统筹调配，向东瓜川村定向捐赠医疗口罩、消毒洗手液、方便面等物资，极大缓解了我村抗击疫情物资不足的现状。东瓜川村全体村民对您们的爱心捐赠行动表示由衷的感谢和崇高的敬意！

一方有难，八方支援。此次爱心捐赠充分体现了您们的强烈社会责任感与大爱情怀，让东瓜川村村民倍感温暖，体会到守望相助的温馨。我们将本着公开、公平、公正的原则，将捐赠物资利用到东瓜川村抗击疫情的第一线。

我们坚信，在党和政府坚强有力的领导下，我们同心同向，将很快打赢这场疫情防控阻击战！衷心祝愿您们身体健康、万事如意！祝愿您们事业蒸蒸日上，更上层楼！

庄河市塔岭镇东瓜川村

2021年11月16日

••感谢信

2022年，辽宁省生态环境监测中心将继续以习近平新时代中国特色社会主义思想为指引，以政治建设为统领，按照总站和辽宁省生态环境厅的总体要求部署，持续推进生态环境监测事业高质量发展，以优异成绩迎接党的二十大胜利召开。

2021

吉林省生态环境监测中心这一年

2021年，吉林省生态环境监测中心在总站的关心指导下，在吉林省生态环境厅党组的坚强领导下，以习近平新时代中国特色社会主义思想为指引，深入贯彻落实党的十九大和十九届历次全会精神及习近平总书记吉林考察时重要讲话和指示批示精神作为首要政治任务，突出政治引领，以党史学习教育为主线，突出“我为群众办实事”的宗旨，培根铸魂，凝心聚力，在聚焦生态环境监测主业的同时，持续抓好党风廉政建设，落实从严治党主体责任，坚持党建业务深度融合，同频共振，把保障人民群众对美好生活的向往，作为生态环境监测事业的奋斗目标，为吉林省生态环境保护工作持续发展贡献力量。

吉林省生态环境厅党组书记深入基层调研

张天华副厅长视察吉林省生态环境监测中心

徐兵督察专员提出工作要求

全省生态环境监测工作座谈会

吴亚琴同志先进事迹报告会

党建工作

●深入落实党史学习教育成果，强化政治引领，提升政治站位。

持续巩固拓展党史学习教育成果，始终把党的政治建设摆在首位，始终做到增强“四个意识”、坚定“四个自信”、做到“两个维护”。全力聚焦“学党史、悟思想、办实事、开新局”，以习近平新时代生态文明建设思想为指导，准确把握生态文明建设的新任务、新要求，拼搏进取、攻坚克难，切实把准政治方向，筑牢政治建设统领地位，自觉在思想上、政治上、行动上同以习近平同志为核心的党中央保持高度一致。

•• 党史学习教育专题学习读书班动员会

•• “学党史　知党恩　传承中华美德　践行初心使命”主题实践活动

•• 省直机关“百年百题”党史知识竞赛

●持续深化理论武装，推动理论学习常态化制度化，落实意识形态工作责任制。

全面深入学习党的十九大系列全会精神，持续强化思想理论武装，坚持不懈用习近平新时代中国特色社会主义思想武装头脑、指导实践、推动工作。加强宣传阵地建设，及时了解掌握动态，加强舆情研判，敢于发声亮剑，积极稳妥做好重大突发事件和热点敏感问题的舆论引导，把网络意识形态工作同时纳入党建工作责任制，坚持把网络意识形态责任制工作作为一项基层性和经常性工作常抓不懈，确保意识形态领域全方位多角度安全性。

●夯实基层党建基础，持之以恒正风肃纪，打造过硬铁军队伍。

紧密结合生态环境系统改革，跟进优化组织设置，及时理顺隶属关系，推动党的组织建设贯通各层级、覆盖各领域。优化组织运行机制，完善议事规则，补齐弱项短板，推动基层党组织运行更加科学、务实、高效，确保党的工作有效覆盖、组织功能有效发挥。深化运用“四种形态”，及时抓早抓小、防微杜渐。坚持执纪必严、违纪必究，对违纪违法问题做到露头就打，以“零容忍”态度惩治腐败。坚持党管干部原则和好干部标准，注重对年轻干部的培养锻炼，鼓励广大党员干部到基层一线、艰苦地区磨炼摔打，通过急难险重任务提升履职能力。

•• 参观四平战役纪念馆

•• “永远跟党走、环保建新功”主题演讲比赛

•• 参观“初心如磐 使命在肩”主题展览

•• 庆祝建党 100 周年文艺汇演

•• 《长津湖》观影心得分享交流会

业务工作

●扎实推进碧水保卫战。

例行监测及编写各类水环境质量报告有条不紊进行，上报手工监测数据数万条，审核自动监测数据数百万条；多次前往驻市（州）监测中心开展实验室水环境监测质量检查，为提高监测数据质量，保证数据真准全提供支撑；面对突如其来的新冠肺炎疫情，配合省生态环境厅多次组织开展疫情期间的饮用水水源地应急监测，为环境管理决策和确保人民群众饮用水安全提供有力技术支持；配合省生态环境厅监测处踏查优化“十四五”省控断面、落实水质自动站管理、组织国控水站维修等工作。

●扎实推进蓝天保卫战。

每日对省控环境空气自动站站点数据进行复审，每周对挥发性有机物数据进行审核，每月对全省酸雨数据进行复核，全年无休，累计审核数据约93万条；出具吉林省环境空气质量月报12份；顺利完成省内49个空气自动站站点的质控抽检抽测巡查工作；完成省网71个空气站运维交接工作，并逐一进行资产核对。

●扎实推进净土保卫战。

按照《2021年国家网土壤环境质量监测工作技术要求》完成113个风险监控点监测及质控工作；作为组长单位会同甘肃省、贵州省生态环境监测中心分别对江苏省和湖北省进行国家网土壤环境质量监测监督检查工作；全面梳理吉林省行政区域内石化化工类和涉重类污染源、尾矿库及工业园区重点地下水污染，调查结果涵盖全省石化化工和涉重类企业169个266口监测井；尾矿库38个87口监测井；工业园区4个24口监测井；完成两轮国家抽查重点污染企业信息填报评审，编制监测报告。

•• 组织召开哈达山水源地类型论证现场评审会

•• 省内生态环境监测机构质量管理专项检查

•• 录制环保科普百讲视频

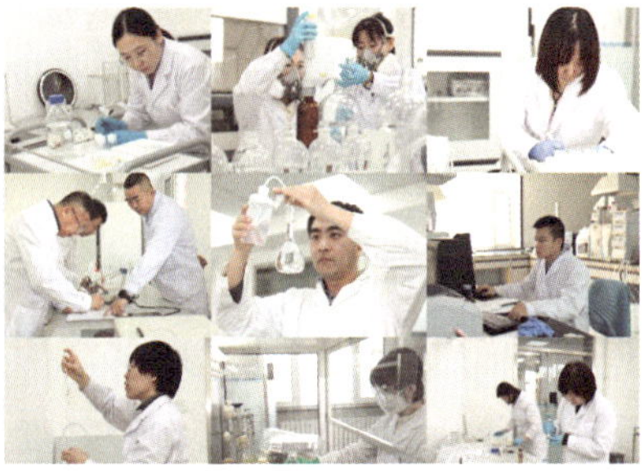

•• 监测风采

•• 烟尘现场比对监测

•• 草本样方物种核实

•• 2021 年噪声监测质量检查

•• 土壤一般风险监控点采样现场

荣誉奖励

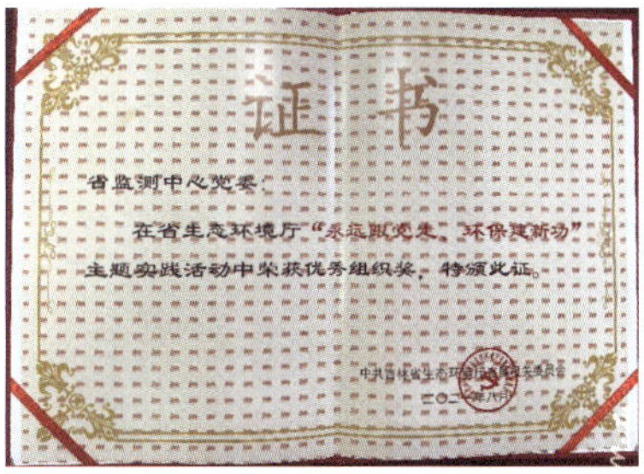

•• “永远跟党走、环保建新功”主题实践活动中荣获优秀组织奖

吉林省生态环境监测中心党委在“中国共产党成立100周年省直机关‘两优一先’表彰大会”上被评为“先进基层党组织”；吉林省生态环境监测中心获得省直机关工委“2019—2021年度省直机关文明单位”称号；《环境空气颗粒物自动监测与手工监测数据差异性研究》项目开展科学技术成果评价，获得“国内先进”水平；徐泰森获得吉林省科学技术进步三等奖；武中波入选第二批生态环境监测“三五”人才一流专家；刘贺、杨雪、王媛、赵欣、宋金洪5名同志入选第二批生态环境监测“三五”人才“技术骨干”；卢查根、张丽杰荣获“三五”人才“技术骨干”称号；李晔在吉林省生态环境厅组织的建党100周年“永远跟党走、环保建新功”演讲比赛中荣获一等奖；黄文鹏、卢查根在吉林省重点行业企业用地土壤污染状况调查工作中获评“表现突出个人”；于春来代表吉林省生态环境厅参加省直机关工委组织的“百年百题”党史知识竞赛荣获个人二等奖、团体第一的好成绩；徐同良、范卉获得“全国重点行业企业用地调查工作优秀个人”称号；吉林省环境空气臭氧（O_3）污染特征研究国内先进科技成果；杨国强获聘吉林省预算绩效评审专家；秦杨个人项目“东辽河重点河段氮磷污染特征及成因分析”被评为“国内先进”水平；预测预报部项目“吉林省环境空气臭氧（O_3）污染特征研究”被评为“国内先进”水平。

•• 获得“吉林省直属机关先进基层党组织”荣誉称号

•• 生态环境监测“三五”人才证书

•• 获省直机关工委“2019—2021 年度省直机关文明单位”称号

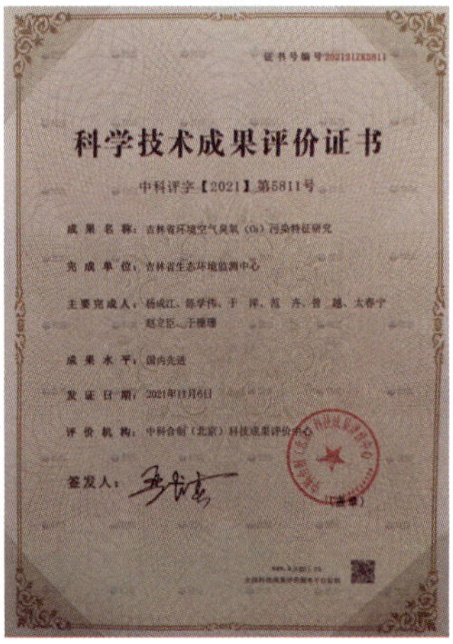

•• 预测预报部项目“吉林省环境空气臭氧（O_3）污染特征研究”被评为“国内先进”水平

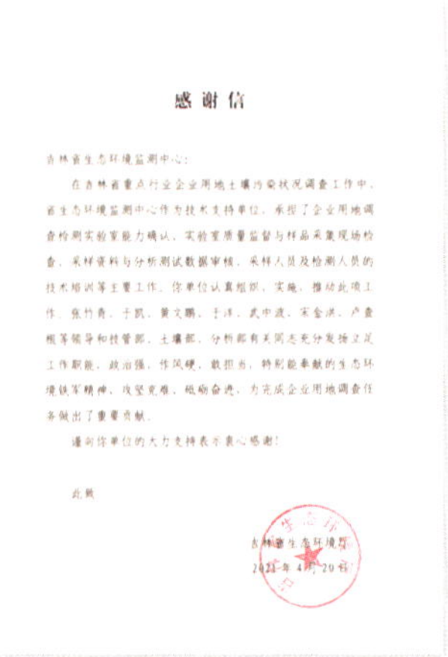

•• 吉林省生态环境厅的感谢信

•• 李晔在“永远跟党走、环保建新功”演讲比赛中获得一等奖

•• 荣获省直机关“百年百题”党史知识竞赛团体一等奖

2022年吉林省生态环境监测中心将继续深入贯彻习近平生态文明思想，学习党的十九大系列全会精神，认真落实党中央、国务院决策部署，准确把握生态文明建设的新任务、新要求，扎实推进各项工作，不断加强生态环境监测能力建设、稳步提升环境监测技术管理水平，齐心协力，攻坚克难，为坚决打赢污染防治攻坚战提供科学有力的监测数据和技术支撑，担当新使命、谱写新篇章，以优异成绩迎接党的二十大胜利召开。

2021

吉林省长春
生态环境监测中心这一年

2021年，吉林省长春生态环境监测中心坚持以习近平新时代中国特色社会主义思想为指导，全面落实党的十九大和十九届历次会议精神，深入学习贯彻习近平生态文明思想，在吉林省生态环境厅、吉林省生态环境监测中心的坚强领导下，坚持党建引领、聚焦重点工作，围绕“十四五”开局的新形势、新要求及新目标，坚持谋划在前、行动在前，各项环境质量监测工作全面完成，为推进长春市生态文明建设和生态环境保护重点工作提供科学支撑。

党建工作

明党史，跟党走，坚定不移开展党风廉政建设

●加强理论学习，提高政治站位。

组织全体党员干部集中学习党的十九届六中全会精神和省委十一届十次全会精神；观看“国家七一勋章”颁授仪式和“庆祝中国共产党成立100周年直播典礼”；召开学习习近平总书记“七一”重要讲话精神专题党课；召开党史学习教育专题组织生活会；召开“退休党员事迹报告会暨庆祝建党100周年青年党员座谈会”。

•• 退休党员事迹报告会暨庆祝建党 100 周年青年党员座谈会

●丰富活动载体，开展党史学习教育。

组织全体职工参加“思想铸魂 党史学习教育”主题观影活动，推进党史学习教育走深走实。组织全体党员干部赴革命纪念馆、烈士陵园等红色基地开展革命传统教育主题党日活动，激励广大党员干部传承红色基因、接受党性教育、永葆政治本色。制作“建党100周年”“围绕建党100年来重大历史事件的图说百年历程”专题展板，制作“学党史、知党恩、跟党走”宣传视频，积极宣传党史、新中国史、改革开放史、社会主义发展史“四史”精神。

•• 长春规划馆参观学习，了解长春发展历史

•• 四平塔山战斗遗址开展革命传统教育主题党日活动

•• 组织开展“回望来时的路，看清脚下的路，坚定前行的路”主题党日活动

•• “双百共建”活动走进朝阳区卫星路社区

•• 开展爱国主义教育，组织红色观影活动

•• 四平战役纪念馆开展革命传统教育主题党口活动

●加强党风廉政建设，筑牢廉洁自律防线。

积极动员部署开展“作风建设年”活动，认真学习《吉林省激励干部担当作为容错纠错十条》，以党支部为载体深入抓作风、严作风，通过有力举措实现干部职工作风大转变、大提升。建立常态化、制度化作风建设机制，细化完善“八项规定”“纪律考勤”等相关制度，以监督管理制度约束职工作风建设。

●坚持党建引领，打造监测铁军。

长春生态环境监测中心始终坚持党建引领，着力强根铸魂。把打造监测铁军与提升能力建设相结合，把干部选拔和职称聘任与干部职工政治素养和业务技能相结合，与主题教育活动相结合，充分发挥党支部的战斗堡垒作用和党员先锋模范作用，大力弘扬环保铁军精神。

业务工作

聚焦重点，服务大局，
业务工作有序完成

●助力蓝天保卫战。

实时推送环境空气质量监测数据，每日通报区域内环境空气质量，及时开展预测预报，报出重污染预报会商研判结果16次，开展春秋冬季秸秆禁烧包保帮扶，助力改善环境空气质量。充分发挥大气复合污染监测站作用，开展大气颗粒物组分监测、挥发性有机物监测、沙尘天气影响环境空气质量监测、灰霾大气成分相关监测，为大气污染精准治理和空气质量精细化管理提供长期有效的基础数据和技术支撑。加强外部合作，与沈阳、哈尔滨生态环境监测中心达成东北地区省会城市环境空气质量监测预报战略合作，完善东北区域空气质量预测预报中心监测预测体系框架，提高区域空气质量联动预报分析成效，更好地保障东北地区城市空气质量。

大气颗粒物组分网手工监测设备投入运行

●助力碧水保卫战。

积极开展2个市级饮用水水源地，5个县级饮用水水源地水质监测工作，保障市民饮水安全，依托石头口门水质自动监测站，加强水源地预警监测。开展国、省控地表水监测点位（断面）水质监测和重点管控断面水质加密监测，及时向省市主管部门反馈区域水质状况，为地表水污染综合治理和水环境持续改善提供技术支撑。

全力配合中央环保督察开展水质监测工作，为督察组提供及时、科学、准确、优质、高效的监测数据。

•• 中央环保督察水质现场采样（1）

•• 中央环保督察水质现场采样（2）

•• 冬季地表水水质现场采样

●助力净土保卫战。

完成长春市土壤环境监测网41个风险监控点的样品采集、制备分析工作，承担全省土壤环境监测网有机氯农药（六六六和滴滴涕）的检测工作，充分发挥生态环境监测中心的装备、技术和人才优势，体现省会城市监测中心在区域环境质量监测中的责任和担当。

●完善监测网络开展声环境监测。

区域声环境质量、道路交通声环境质量、功能区声环境质量监测网络由主城区延伸至各县市及远郊区。统一监测方法、监测设备，保障监测数据的一致性，为声环境管理提供科学可靠的技术支撑。

●科学布网支撑生态环境保护。

完成“十四五”农村环境质量监控村庄选取，科学布设农村环境质量各要素监测点位，完成农村环境空气、县域出入境断面、种植业流失控制断面、万人千吨水源地、农田灌溉水等相关要素环境质量监测。按期开展2021年度生态状况监测野外核查，及时上报生态状况野外核查成果。

•• 生态遥感野外核查

●生态环境监测能力稳步提升。

六大类235项检测指标通过资质认定，水环境质量、地下水质量、农用地土壤环境质量、建设用地土壤环境质量实现全指标监测。参加总站的能力验证考核4轮6项，吉林省生态环境监测中心的质控考核2轮4项，省市场监督管理厅能力验证考核1轮1项，考核全部合格。全年完成水质盲样考核60项次，土壤盲样考核3项次，完成水质自动监测站考核14项次，噪声人员比对2次，仪器比对3次。检定/校准在用仪器设备75台，检定合格率100%。持续推动环境监测能力建设和能力提升，保障生态环境监测质量体系的不断完善和良性运行。

•• 顺利通过检验检测机构资质认定复评审

•• 参加总站组织的业务培训

•• ICP 光谱分析重金属项目

•• 参加 2021 年松花江流域水污染突发环境事件应急联动演练

荣誉奖励

《2016—2020年长春市生态环境质量报告书》在生态环境部组织的“十三五”全国生态环境质量报告书评估中被评为“良好”；在总站2021年组织开展的实验室能力考核中被评为优秀单位；在吉林省生态环境监测中心2021年组织开展的实验室能力考核中被评为优秀单位；11名同志入选第二批生态环境监测“三五”人才名单；1名同志入选吉林省生态环境厅第一批生态环境保护铁军典型人才培树对象。

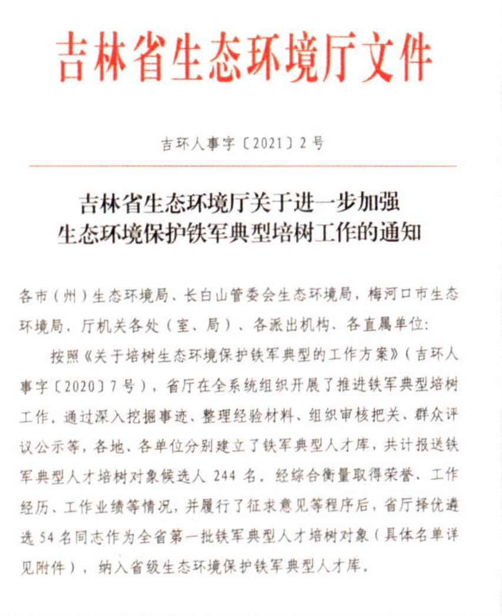

吉林省生态环境厅文件

吉环人事字〔2021〕2号

吉林省生态环境厅关于进一步加强生态环境保护铁军典型培树工作的通知

各市（州）生态环境局、长白山管委会生态环境局，梅河口市生态环境局，厅机关各处（室、局）、各派出机构、各直属单位：

按照《关于培树生态环境保护铁军典型的工作方案》（吉环人事字〔2020〕7号），省厅在全系统组织开展了推进铁军典型培树工作，通过深入挖掘事迹、整理经验材料、组织审核把关、群众评议公示等，各地、各单位分别建立了铁军典型人才库，共计报送铁军典型人才培树对象候选人244名，经综合衡量取得荣誉、工作经历、工作业绩等情况，并履行了征求意见等程序后，省厅择优遴选54名同志作为全省第一批铁军典型人才培树对象（具体名单详见附件），纳入省级生态环境保护铁军典型人才库。

•• 吉林省第一批生态环境保护铁军典型人才培树对象

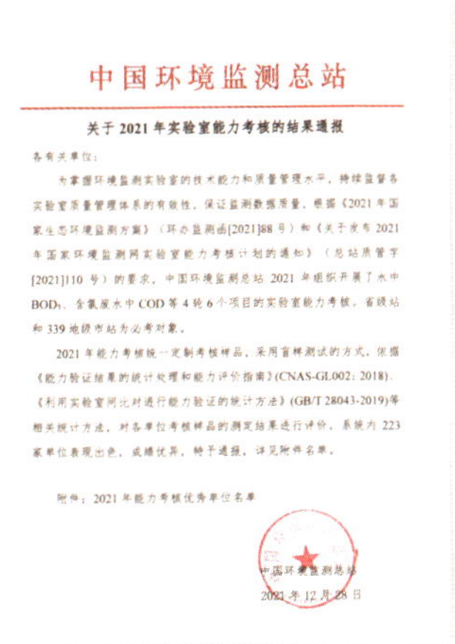

中国环境监测总站

关于2021年实验室能力考核的结果通报

各有关单位：

为掌握环境监测实验室的技术能力和质量管理水平，持续监督各实验室质量管理体系的有效性，保证监测数据质量，根据《2021年国家生态环境监测方案》（环办监测函[2021]88号）和《关于发布2021年国家环境监测网实验室能力考核计划的通知》（总站质管字[2021]110号）的要求，中国环境监测总站2021年组织开展了水中BOD_5、含氯废水中COD等4轮6个项目的实验室能力考核，省级站和339地级市站为必考对象。

2021年能力考核统一定制考核样品，采用盲样测试的方式，依据《能力验证结果的统计处理和能力评价指南》(CNAS-GL002：2018)、《利用实验室间比对进行能力验证的统计方法》(GB/T 28043-2019)等相关统计方法，对各单位考核样品的测定结果进行评价，系统内223家单位表现出色，成绩优异，特予通报，详见附件名单。

附件：2021年能力考核优秀单位名单

中国环境监测总站

2021年12月28日

•• 2021年国家实验室能力考核优秀单位

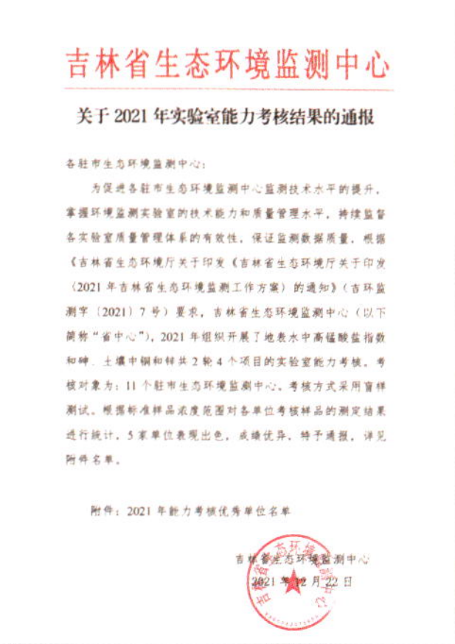

吉林省生态环境监测中心

关于2021年实验室能力考核结果的通报

各驻市生态环境监测中心：

为促进各驻市生态环境监测中心监测技术水平的提升，掌握环境监测实验室的技术能力和质量管理水平，持续监督各实验室质量管理体系的有效性，保证监测数据质量，根据《吉林省生态环境厅关于印发《吉林省生态环境厅关于印发〈2021年吉林省生态环境监测工作方案〉的通知》（吉环监测字〔2021〕7号）要求，吉林省生态环境监测中心（以下简称“省中心”），2021年组织开展了地表水中高锰酸盐指数和砷、土壤中铜和锌共2轮4个项目的实验室能力考核，考核对象为：11个驻市生态环境监测中心，考核方式采用盲样测试，根据标准样品浓度范围对各单位考核样品的测定结果进行统计，5家单位表现出色，成绩优异，特予通报，详见附件名单。

附件：2021年能力考核优秀单位名单

吉林省生态环境监测中心

2021年12月22日

•• 2021年吉林省实验室能力考核优秀单位

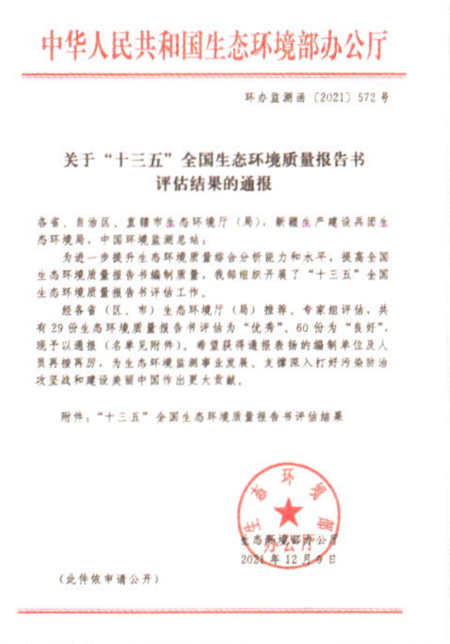

中华人民共和国生态环境部办公厅

环办监测函〔2021〕572号

关于“十三五”全国生态环境质量报告书评估结果的通报

各省、自治区、直辖市生态环境厅（局），新疆生产建设兵团生态环境局，中国环境监测总站：

为进一步提升生态环境质量综合分析能力和水平，提高全国生态环境质量报告书编制质量，我部组织开展了“十三五”全国生态环境质量报告书评估工作。

经各省（区、市）生态环境厅（局）推荐、专家组评估，共有29份生态环境质量报告书评估为“优秀”、60份为“良好”，现予以通报（名单见附件）。希望获得通报表扬的编制单位及人员再接再厉，为生态环境监测事业发展、支撑深入打好污染防治攻坚战和建设美丽中国作出更大贡献。

附件：“十三五”全国生态环境质量报告书评估结果

生态环境部办公厅

2021年12月9日

（此件依申请公开）

•• “十三五”长春市生态环境质量报告书被评为“良好”

2021

黑龙江省生态环境监测中心这一年

2021年，在总站的支持帮助下，在黑龙江省生态环境厅的坚强领导下，黑龙江省生态环境监测中心全体干部职工坚持支撑、引领、服务定位，以“学铁人　铸铁魂　做铁军”为统领，以努力打造生态环保铁军先锋队为目标，以深入打好污染防治攻坚战为己任，各项工作取得显著成效。

•• 黑龙江省副省长徐建国到中心调研指导

•• 黑龙江省生态环境厅党组书记、厅长贾君到中心调研指导

•• 生态环境部松辽流域生态环境监督管理局局长陈明到松花江巡航巡测监测船调研指导

•• 黑龙江省生态环境厅党组成员、副厅长牟善学到水质自动监测站调研指导

党建工作

●聚焦中国共产党成立100周年，扎实开展党史学习教育活动。

2021年初以来，按照“学党史、悟思想、办实事、开新局”要求，制定党史学习教育《总体实施方案》等8项方案；组织召开6次读书班、2次党史理论知识考试，切实巩固党史理论学习成果；组织观看《1921》等多部优秀影片，参观黑龙江历史纪念馆、“百年辉煌与梦想”艺术展，进一步传承红色基因；组织党员干部到结对6年的木兰建设小学，开展爱心助学捐赠活动；组织拍摄“青春向党·建功龙江”短视频被省直机关工委评为全省百部优秀作品之一；紧密结合省厅部署的“学铁人　铸铁魂　做铁军”主题活动，打造“三铁”主题文化墙，组建理论宣讲小组，组织主题征文活动和演讲大赛，通过提升政治判断力、领悟力和发挥榜样表率作用，有力带动中心全体党员干部筑牢信仰根基、塑造铁军精神。

•• 参观中共黑龙江历史纪念馆

•• 参观“百年辉煌与梦想”艺术展

•• 到帮扶结对的木兰县建设小学开展“爱心助学捐赠活动”

•• 一面红墙展示“学铁人　铸铁魂　做铁军”主题活动

••“学铁人　铸铁魂　做铁军”主题演讲征文比赛

•• 党史理论知识考试

•• 党员干部听党课

•• 党史理论学习宣讲

•• 党史理论知识读书班

●深度推进党建业务融合，突出抓好“我为群众办实事”。

聚焦主责主业和群众“急难愁盼”问题，中心制定《“我为群众办实事”实践活动工作方案》，突出抓好重点领域民生福祉问题。积极应对重污染天气，全面提升溯源监测、预测预报和综合分析水平，为百姓享有更多蓝天白云提供及时的监测服务；持续关注重点河流水质变化情况，深入剖析风险隐患水体水质变化原因，为百姓享受更多清水绿岸提供坚强的监测保障；全力支撑黑土地保护和粮食安全，以保护好“耕地中的大熊猫”——优质土壤为导向，与省农科院土肥所建立合作关系，开展典型黑土地环境保护专项监测研究，为保护好百姓菜篮子、米袋子提供科学的监测支撑；通过发布宣传动画公益视频、发布漫画提示版预报信息、开展“青山绿水托起明天的太阳”环保设施开放等公益活动，倡导公众为保护全省的绿水青山积极贡献力量。

●持续开展廉政学习教育，切实加强防腐拒变思想意识。

高度重视党风廉政建设和反腐倡廉工作，专题学习习近平总书记在十九届中央纪委五次全会上重要讲话、省第十二届纪律检查委员会第五次全会和2021年全国生态环境系统全面从严治党视频会议精神；通过开展“廉政家书”“致党员干部家属一封信”“廉政教育每月一课”等系列活动，切实做到防微杜渐、警钟长鸣；排查廉政风险点，组织签订党风廉政承诺书，深入开展党风廉政建设工作；组织观看《棋局》《送礼》等廉政教育微视频，重要节假日前印发“廉洁过节”通知，2次召开全面从严治党大会，通过抓党风、促政风、带行风，切实打造风清气正的政治生态。

业务工作

●坚持创新突破，多项工作创造历史性成绩。

“十三五”报告书取得历史性突破。编制的《2016—2020年黑龙江省生态环境质量报告书》在全国400余份报告书中脱颖而出，在全国各省级、市级报告书中排名第一，评估为“优秀”，取得历史性成就。

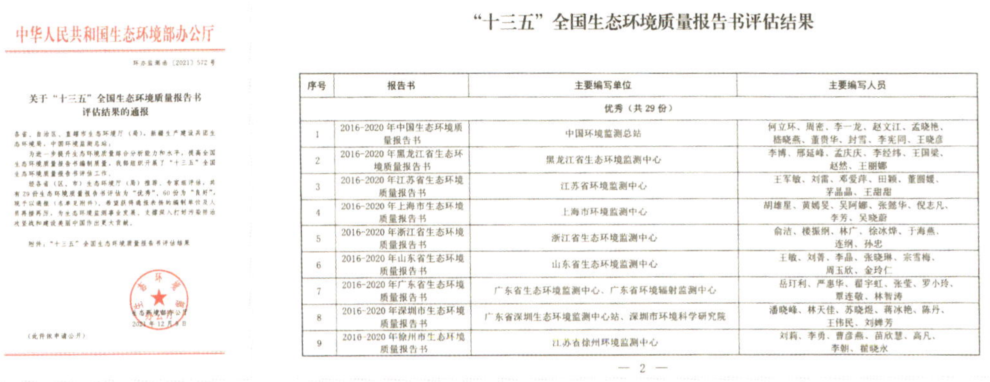

中华人民共和国生态环境部办公厅

环办监测函〔2021〕572号

关于“十三五”全国生态环境质量报告书评估结果的通报

各省、自治区、直辖市生态环境厅（局），新疆生产建设兵团生态环境局，中国环境监测总站：

为进一步提升生态环境质量综合分析能力和水平，提高全国生态环境质量报告书编制质量，我部组织开展了“十三五”全国生态环境质量报告书评估工作。

经各省（区、市）生态环境厅（局）推荐，专家组评估，共有29份生态环境质量报告书评估为“优秀”，60份为“良好”，现予以通报（名单见附件）。希望获得通报表扬的编制单位及人员再接再厉，为生态环境监测事业发展，支撑深入打好污染防治攻坚战和建设美丽中国作出更大贡献。

附件：“十三五”全国生态环境质量报告书评估结果

生态环境部办公厅

2021年12月8日

（此件依申请公开）

“十三五”全国生态环境质量报告书评估结果

序号	报告书	主要编写单位	主要编写人员
优秀（共29份）			
1	2016-2020年中国生态环境质量报告书	中国环境监测总站	何立环、周密、李一龙、赵文江、孟晓艳、楷晓燕、董贵华、封雪、李宪同、王晓彦
2	2016-2020年黑龙江省生态环境质量报告书	黑龙江省生态环境监测中心	李博、邢延峰、孟庆庆、李经纬、王国梁、赵然、王丽娜
3	2016-2020年江苏省生态环境质量报告书	江苏省环境监测中心	王军敏、刘雷、邓爱萍、田颖、董囡媛、茅晶晶、王甜甜
4	2016-2020年上海市生态环境质量报告书	上海市环境监测中心	胡雄星、黄嫣旻、吴阿娜、张懿华、倪志凡、李芳、吴晓蔚
5	2016-2020年浙江省生态环境质量报告书	浙江省生态环境监测中心	俞洁、楼振纲、林广、徐冰烨、于海燕、连纲、孙忠
6	2016-2020年山东省生态环境质量报告书	山东省生态环境监测中心	王敏、刘菁、李晶、张晓琳、宗雪梅、周玉欣、金玲仁
7	2016-2020年广东省生态环境质量报告书	广东省生态环境监测中心、广东省环境辐射监测中心	岳玎利、严惠华、翟宇虹、张莹、罗小玲、覃连敏、林智涛
8	2016-2020年深圳市生态环境质量报告书	广东省深圳生态环境监测中心站、深圳市环境科学研究院	潘晓峰、林天佳、苏晓煜、蒋冰艳、陈丹、王伟民、刘婵芳
9	2016-2020年徐州市生态环境质量报告书	江苏省徐州环境监测中心	刘莉、李勇、曹彦燕、苗欣慧、高凡、李朝、翟晓永

— 2 —

••《2016—2020年黑龙江省生态环境质量报告书》在全国各省级、市级“十三五”生态环境质量报告书评比中荣获第一名

●本底研究解决历史性难题。

积极开展黑龙江干流及大小兴安岭区域自然本底因素影响研究，主动对上沟通协调，扎实形成研究成果，紧密对接争取支持。与总站共同编制《监测要情》，获邱部长批示，生态环境部9月下发的通报函中扣除20个断面自然因素影响；积极配合部专家组调研，《研究报告》通过院士专家论证，建议在评价、考核、排名时扣除本底影响。

••生态环境部地表水自然本底调研组在黑龙江省调研

●坚持体系谋划，大力强化顶层设计。

成立工作专班，充分利用外脑，科学编制《全省“十四五”生态环境监测规划》《全省数字化智慧监测监控网络建设规划》《可研报告》《工作方案》，系统谋划构建全省环境质量、生态状况、污染源监测监控网络及数字化智慧化平台，明确未来五年全省生态环境监测事业的发展方向，为实现“多区域全覆盖、多项目零突破、多领域补空白”，做到环境质量评价考核有数据、排污执法监督有证据、环境管理决策有依据提供重要支撑。

●坚持全局站位，全面服务大局工作。

在综合分析评价上，科学研判环境质量变化趋势，为省委、省政府、省厅和公众高质量编制全省环境状况公报及各类生态环境质量报告，为环境管理部门第一时间掌握全省环境质量状况提供及时保障。

在应对重污染天气上，通过各城市、哈大绥区域及哈尔滨所有点位排名情况，紧盯重点时段、区域、点位，发生重污染后第一时间开展源解析、雷达走航监测及气象会商，及时预报和应对，每日形成分析报告报送省政府。

在研判水环境质量上，每日专人审核自动站数据，出现异常第一时间反馈；每两周共享质询数据，在采测分离及水质自动站数据替换等工作中为全省争取最大权益；每月全面分析各类水质，通过会商助力市（地）分析问题成因，配合省厅形成预警函。

在“测管协同”执法监测上，落实全面实施《排污许可条例》，组织开展全省污染源执法监测、数据审核上报及信息公开工作，及时完成与省营商环境政务信息数据共享。

在开展科研监测上，编制国家标准《固定源废气中挥发性有机物测定》，通过专家审查；编制省级地方标准7项，4项已发布实施。此外，每日发布省域空气预报，准确率超90%，居东三省前列；认真组织开展全省污染企业地下水试点监测、地下水环境状况调查评估、国家网土壤监测，全省生态遥感监测、重点生态功能区县域考核监测及全省农村监测等各项环境质量监测工作。

•• 应急现场监测

•• 工作人员进行水生生物采样

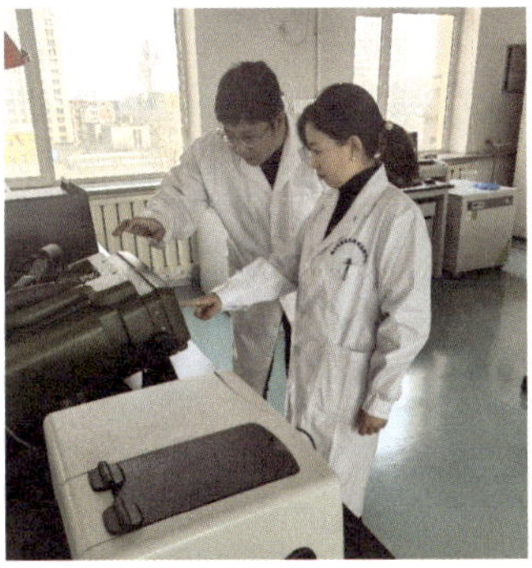

•• 对中央环保督察组送样进行分析

•• 秋冬大气污染防治强化督察监测

•• 开展无人船水质自动监测和采样工作

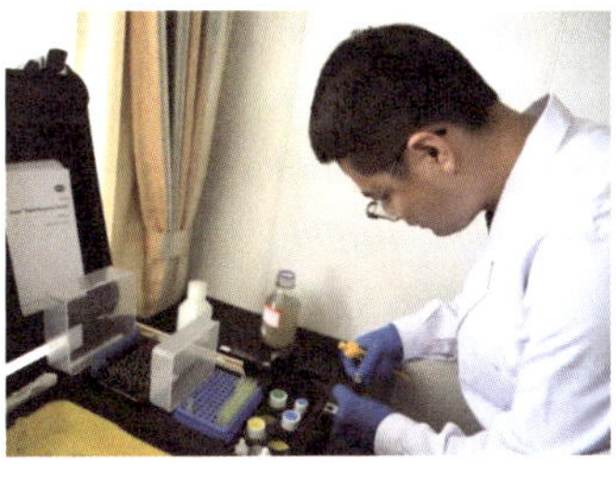

•• 水质生物毒性快速检测分析

荣誉奖励

黑龙江省生态环境监测中心被中共黑龙江省精神文明建设指导委员会办公室评为“省级文明单位标兵”；

黑龙江省生态环境监测中心党总支在黑龙江省直机关工委“两优一先”评选中，荣获“先进基层党组织”称号；

黑龙江省生态环境监测中心报送的《致敬不朽英雄　致敬中国共产党》短视频作品被评为中省直机关“青春向党·建功龙江”短视频评选竞赛活动百部优秀作品；

在黑龙江省生态环境厅“两优一先”评选中，中心第一支部委员会荣获“先进基层党组织”称号；

陈威、李博荣获“优秀党组织书记”称号；

孔令军等10名同志荣获“优秀共产党员”称号；

孙铭阳荣获“优秀党务工作者”称号；

《2016—2020年黑龙江省生态环境质量报告书》在全国各省级、市级“十三五”生态环境质量报告书评比中荣获第一名；

刘蕊等5名同志荣获国家“三五”人才“一流专家”称号；

蒋智伟等21名同志荣获国家“三五”人才“技术骨干”称号；

在黑龙江省生态环保奖评选中，黑龙江省生

●● 黑龙江省生态环境监测中心党总支荣获“先进基层党组织”称号

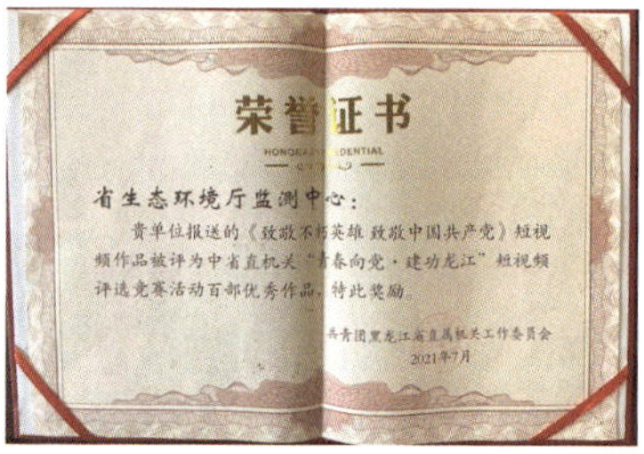

●● 荣获中省直机关“青春向党·建功龙江”短视频评选竞赛活动百部优秀作品

●● 黑龙江省生态环境监测中心第一支部委员会荣获“先进基层党组织”称号

态环境监测中心荣获先进集体和处级、科级先进个人三项荣誉；

黑龙江省生态环境监测中心被黑龙江省突发环境事件应急指挥部评为“3·28”伊春鹿鸣矿业尾矿砂泄漏应急处置“先进集体”；

李文斐等9名同志被黑龙江省突发环境事件应急指挥部评为“3·28”伊春鹿鸣矿业尾矿砂泄漏应急处置“先进个人”；

孟庆庆被推荐为黑龙江省十三次党代会党代表候选人；

黑龙江省生态环境监测中心1名同志被黑龙江省总工会和黑龙江省妇女联合会授予“黑龙江省巾帼建功标兵”；

在国家实验室能力考核中，黑龙江省生态环境监测中心被总站评为“能力考核优秀单位”；

黑龙江省生态环境监测中心荣获黑龙江省生态环境厅“厅直优秀领导班子”称号；

陈威、孔令军荣获“优秀基层领导干部”称号；

•• 刘蕊5名同志荣获国家“三五”人才“一流专家”称号

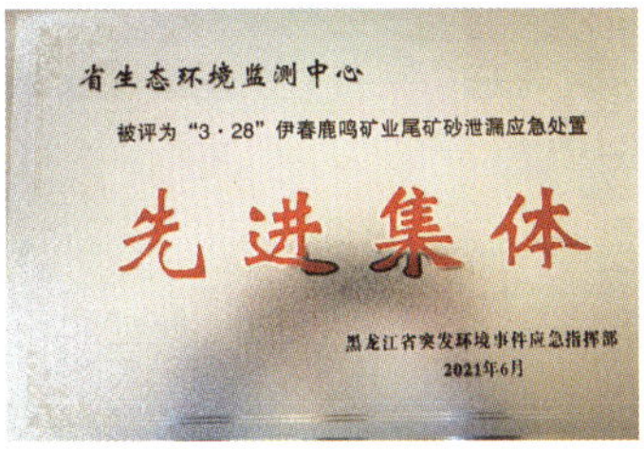

•• 黑龙江省生态环境监测中心荣获“3·28”伊春鹿鸣矿业尾矿砂泄漏应急处置“先进集体”称号

•• 黑龙江省生态环境监测中心1名同志荣获“黑龙江省巾帼建功标兵”称号

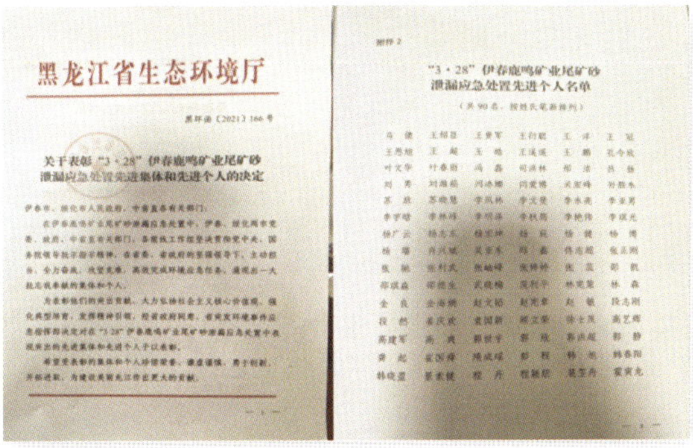

•• 黑龙江省生态环境监测中心9名同志荣获“3·28”伊春鹿鸣矿业尾矿砂泄漏应急处置“先进个人”称号

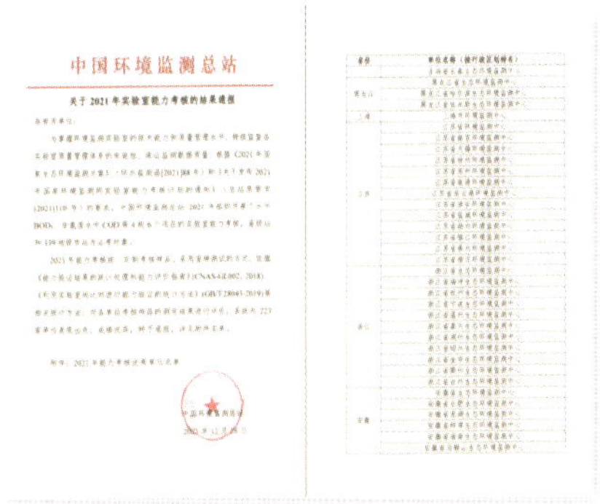

•• 在国家实验室能力考核中荣获“能力考核优秀单位”称号

邢延峰等6名同志荣获“厅直系统先进工作者”称号；

在黑龙江省生态环境厅落实“五细”要求践行“工匠精神”先进集体和先进个人表彰中，王国梁等5名同志荣获“厅机关工匠”称号；

总站对中心参与声环境质量、光污染状况试点监测和重点区域空气质量改善监督帮扶工作的同志给予表扬。

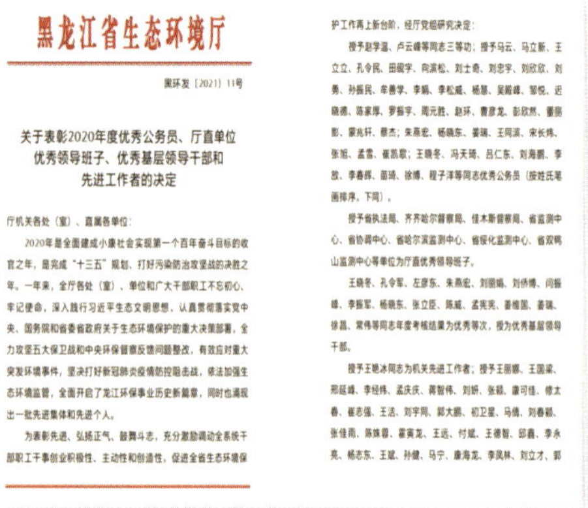

黑龙江省生态环境厅

黑环发〔2021〕11号

关于表彰2020年度优秀公务员、厅直单位优秀领导班子、优秀基层领导干部和先进工作者的决定

厅机关各处（室）、直属各单位：

2020年是全面建成小康社会实现第一个百年奋斗目标的收官之年，是完成“十三五”规划、打好污染防治攻坚战的决胜之年。一年来，全厅各处（室）、单位和广大干部职工不忘初心、牢记使命，深入践行习近平生态文明思想，认真贯彻落实党中央、国务院和省委省政府关于生态环境保护的重大决策部署，全力攻坚五大保卫战和中央环保督察反馈问题整改，有效应对重大突发环境事件，坚决打好新冠肺炎疫情防控阻击战，依法加强生态环境监管，全面开启了龙江环保事业历史新篇章，同时也涌现出一批先进集体和先进个人。

为表彰先进、弘扬正气、鼓舞斗志，充分激励调动全系统干部职工干事创业积极性、主动性和创造性，促进全省生态环境保护工作再上新台阶，经厅党组研究决定：

授予赵学温、卢云峰等同志三等功；授予马云、马立新、王立立、孔令民、田园宇、向滨松、刘士奇、刘忠宇、刘欣欣、刘勇、孙振民、牟善学、李娟、李松威、杨慧、吴鹏峰、邹悦、迟晓楠、陈家厚、罗振宇、周元胜、赵环、曹彦龙、彭欣然、董丽影、霍兆轩、蔡杰；朱燕宏、杨晓东、姜瑞、王同滨、宋长伟、张旭、孟雪、崔凯歌；王晓冬、冯天琦、吕仁东、刘海鹏、李敖、李春辉、苗琦、徐博、程子洋等同志优秀公务员（按姓氏笔画排序，下同）。

授予省执法局、齐齐哈尔督察局、佳木斯督察局、省监测中心、省协调中心、省哈尔滨监测中心、省绥化监测中心、省双鸭山监测中心等单位为厅直优秀领导班子。

王晓冬、孔令军、左彦东、朱燕宏、刘丽娟、刘侨博、闫振峰、李振军、杨晓东、张立臣、陈威、孟宪宪、姜维国、姜瑞、徐磊、常伟等同志年度考核结果为优秀等次，授为优秀基层领导干部。

授予王艳冰同志为机关先进工作者；授予王丽娜、王国梁、邢延峰、李经纬、孟庆庆、蒋智伟、刘娇、张颖、康可佳、修大春、崔志强、王洁、刘宇同、郭大鹏、初卫星、马倩、刘春颖、张佳雨、陈姝蓉、霍寅龙、王远、付斌、王德智、邱鑫、李永亮、杨志东、王斌、孙健、马宁、康海龙、李凤林、刘立才、郭

•• 荣获“厅直优秀领导班子”“优秀基层领导干部”“厅直系统先进工作者”称号

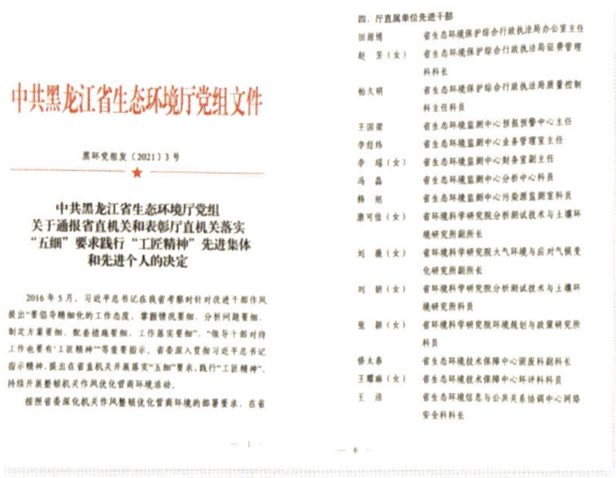

中共黑龙江省生态环境厅党组文件

黑环党组发〔2021〕3号

中共黑龙江省生态环境厅党组关于通报省直机关和表彰厅直机关落实“五细”要求践行“工匠精神”先进集体和先进个人的决定

2016年5月，习近平总书记在我省考察时针对改进干部作风提出“要倡导精细化的工作态度，掌握情况要细、分析问题要细、制定方案要细、配套措施要细、工作落实要细”，“领导干部对待工作也要有‘工匠精神’”等重要指示。省委深入贯彻习近平总书记指示精神，提出在省直机关开展落实“五细”要求、践行“工匠精神”，持续开展整顿机关作风优化营商环境活动。

按照省委深化机关作风整顿优化营商环境的部署要求，在省

— 1 —

四、厅直属单位先进干部

田甜博	省生态环境保护综合行政执法局办公室主任
赵 芳（女）	省生态环境保护综合行政执法局征费管理科科长
柏大明	省生态环境保护综合行政执法局质量控制科主任科员
王国梁	省生态环境监测中心预报预警中心主任
李经纬	省生态环境监测中心业务管理室主任
李 瑶（女）	省生态环境监测中心财务室副主任
冯 磊	省生态环境监测中心分析中心科员
韩 旭	省生态环境监测中心污染源监测室科员
康可佳（女）	省环境科学研究院分析测试技术与土壤环境研究所副所长
刘 薇（女）	省环境科学研究院大气环境与应对气候变化研究所副所长
刘 娇（女）	省环境科学研究院分析测试技术与土壤环境研究所科员
张 颖（女）	省环境科学研究院环境规划与政策研究所科员
修大春	省生态环境技术保障中心固废科副科长
王耀娟（女）	省生态环境技术保障中心环评科科员
王 浩	省生态环境信息与公共关系协调中心网络安全科科长

— 6 —

•• 王国梁等 5 名同志荣获“厅机关工匠”称号

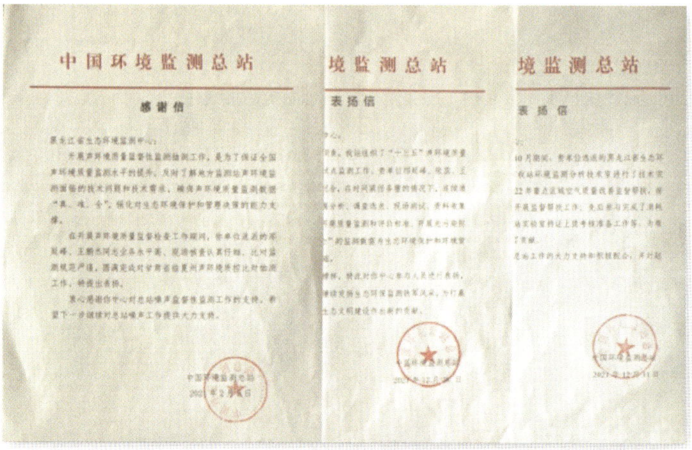

中国环境监测总站

感谢信

黑龙江省生态环境监测中心：

境监测总站

表扬信

境监测总站

表扬信

•• 总站对黑龙江省生态环境监测中心参与声环境质量、光污染状况试点监测和重点区域空气质量改善监督帮扶工作的同志给予表扬

2022年，是深入落实党中央、国务院、黑龙江省委、省政府高位推动深入打好污染防治攻坚战工作部署的开局之年，是大力推进“十四五”生态环境保护工作的关键一年。黑龙江省生态环境监测中心将以习近平生态文明思想为根本遵循，深入学习贯彻党的十九届历次全会和即将召开的二十大精神，按照全国和全省生态环境保护工作会议整体思路，以深入开展减污降碳、精准治污、亮剑护绿、科技赋能“四大行动”为引领，全面支撑深入推动实施“13686”战略工程，特别是坚决打好监测基础能力强化这场硬仗，大力提升监测水平，推动监测治理体系与能力建设再上新台阶，助力深入打好污染防治攻坚战，守护好龙江生态环境逐渐好转的累累硕果。

2021

黑龙江省哈尔滨
生态环境监测中心这一年

环境治理，监测先行。垂改以来，黑龙江省哈尔滨生态环境监测中心在黑龙江省生态环境厅党组的正确领导下，保要点、创亮点、拼重点、攻难点，不断强化技术支撑作用，持续提高环境监测本领，单位面貌发生新变化，事业迎来新发展，工作取得新成绩。

党建工作

这是一支勇于向前的队伍，他们始终将党的建设工作摆在首位，持续增强工作作风，坚持夯实业务能力，大力提升综合素质，单位面貌发生了新变化。大力加强支部标准规范化建设。黑龙江省哈尔滨生态环境监测中心扎实完成日常党建工作，全面提升组织生活质量，大力选树先锋模范典型，积极开展“四强”党支部创建，坚持靠前战斗，在新冠肺炎疫情防控中，40余名党员干部下沉社区，累计服务近1500小时。同时，21名党员干部成立应急消毒志愿服务队，为社会车辆消毒500余次。深入开展党史学习教育工作。黑龙江省哈尔滨生态环境监测中心累计发出宣传文章10余篇、短视频1个，学习平台发布课程近300篇，组建宣讲小分队4支，宣讲对象千余人次。开展红色观影、读书学史、网上祭扫等主题活动，开展“服务送百家”及“爱心测百家”活动，服务企业及家庭100余个。统筹推进“三铁”主题活动。黑龙江省哈尔滨生态环境监测中心在“学铁人　铸铁魂　做铁军”主题活动中，以打造龙江党建品牌、传承铁人精神、铸造生态环境监测铁军为目标，成立

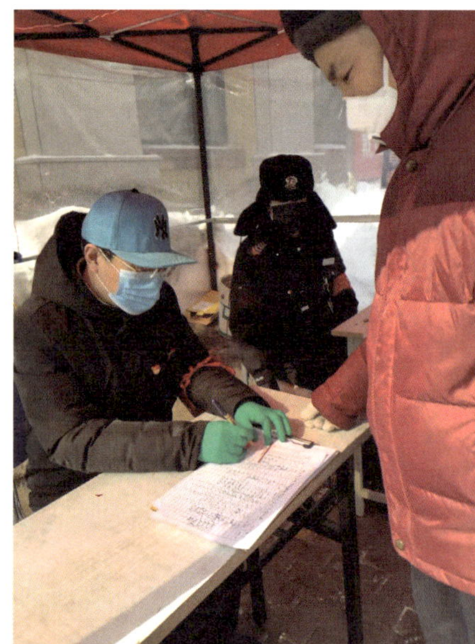

共产党员下沉社区

志愿为社会车辆消毒

领导小组、明确七项举措、坚持统筹推进、铺设50米“三铁”红墙，设立铁军先锋岗，鼓励全体干部职工争做铁军。全面加强作风纪律建设。黑龙江省哈尔滨生态环境监测中心持续推进作风建设向纵深发展，将全面从严治党工作融入日常，坚持做好“五整治”工作，对照整治任务全面排查整改，共发现问题15项，截至2021年年底，15项问题均已整改完成。

•• “服务送百家”志愿服务活动

业务工作

这是一支善打硬仗的队伍，他们扎实开展生态环境监测、全面优化工作体系、大力提升数据质量，各项事业迎来了新发展。

●夯实提高业务能力水平。

黑龙江省哈尔滨生态环境监测中心围绕2021年质量体系、监测要点等开展业务培训，CMA（中国计量认证）项目达263项，修改完善管理体系文件、采购制度、《“三重一大”决策制度实施办法》等文件，开展20余项行业标准制订及地方标准制修订工作，干部队伍业务、技术、科研能力明显提高。

●扎实开展例行监测工作。

黑龙江省哈尔滨生态环境监测中心坚持提高监测技术，全面保证数据质量，报出水、气、声、土壤、生态状况及农村、采测分离等环境质量监测数据20余万个，累计审核省控空气站数据近100余万项次。完成哈尔滨、绥化、大庆、牡丹江四地50余万个斑块的生态遥感影像解译及质量控制，抽查检查自行监测企业千余家。圆满通过国家及省级历次能力验证和考核，成绩优秀，持续保持全省唯一一家国家协作定值能力资格，每年完成国家协作定值任务一半左右，累计报出数据千余个，连年受到表彰及感谢。

●全面保障应急专项工作。

黑龙江省哈尔滨生态环境监测中心组建一支由有机物监测、重金属监测、土壤监测、秸秆督查、污染源监测等领域专家组成的监测队伍，积极为省厅和地方服务。完成苯运输车事故、甲醇泄漏、畜禽养殖场等应急监测20余次，监督检查秸秆禁烧三级网格300余个，对30余家重点企业的锅炉、废水开展监督执法监测。在伊春鹿鸣矿业尾矿砂泄漏事件应急监测中，黑龙江省哈尔滨生态环境监测中心第一时间驰援伊春，并于深夜报出应急污染特征指标“钼”的第一组监测数据，70余人奋战20多个昼夜，累计行程约50000千米，采集样品近1000个，累计报送数据3000余条。在后续生态环境损害评估调查监测中，采样人员克服现场蚊虫叮咬、道路泥泞等恶劣环境影响，采集样品500余个，报出数据7000余条，这是龙江监测系统首次承担大型评估监测工作，从谋划到部署、从落实到收官，黑龙江省哈尔滨生态环境监测中心都交上了一份满意的答卷。

•• 全体干部职工开展业务大练兵

•• 野外土壤采样

•• 松花江排污口核查工作

●着力攻坚专项重点工作。

在松花江干流排污口调查工作中，专项工作组全体人员克服部分时段天气环境恶劣、部分点位地理和权属环境复杂等困难，经过近两个月的努力，圆满完成了松花江哈尔滨段四方台大桥至依兰县1100平方千米区域的核查工作，累计核查登记排污口1240个，为全面摸清松花江干流入河排污口底数、建立入河排污口监管体系奠定了基础。

•• 冬季地表水采样

•• 应急监测工作

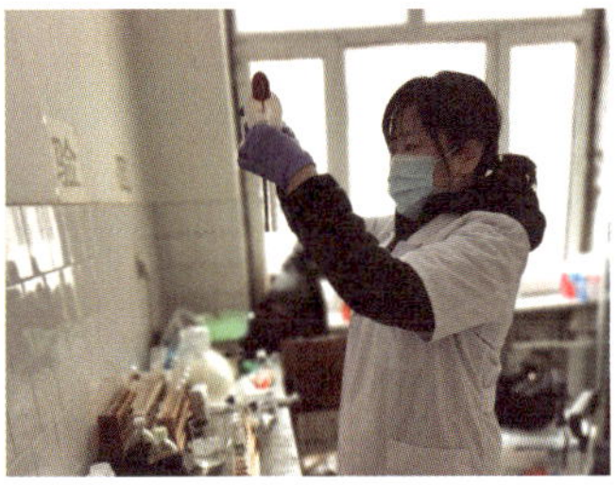

•• 技术支援伊春中心

荣誉奖励

这是一支敢担当、善担当的队伍，他们坚持奋力拼搏，着力凝聚集体力量，全面加大人才梯队建设，各项工作取得新成绩。

●党建工作达到新高度。

黑龙江省哈尔滨生态环境监测中心积极探索党建工作的“三联四建”。在建设好党员思想、党群关系、党业融合、党建创新四个方面探索出了新道路，取得了新成绩，在全省志愿服务“五个100”评选中，中心荣获“优秀志愿服务组织”

称号，中心党总支被评为2021年哈尔滨市生态环境系统“两优一先”先进基层党组织。

●班子建设实现新目标。

黑龙江省哈尔滨生态环境监测中心切实发挥驻市中心在深入打好污染防治攻坚战中的技术支撑作用，持续提高环境监测本领，在党建工作上谋突破、在监测事业上谋提高、在发挥作用上谋合力、在作风建设上谋长效，中心班子被评为“2020年度厅直系统优秀领导班子”。

●梯队建设开创新局面。

黑龙江省哈尔滨生态环境监测中心始终把人才提升作为重要工作研究部署，积极推进干部选拔和职称晋升。截至2021年年底，在厅党组的支持下，11名干部得到提拔，74人次进行了岗位设置，73人次岗位工资晋级，完善与厅相关处室人才交流机制，干部队伍综合能力不断提高。

●技术水平取得新突破。

黑龙江省哈尔滨生态环境监测中心编写完成的《哈尔滨市生态环境质量报告书（2016—2020年）》，在全国优秀报告书评估中取得“优秀”的好成绩，与“十二五”期间相比前进两个梯队，在全国省会城市中位列第一，实现历史性突破。

•• 援藏监测

征程万里风正劲，重任千钧需备蹄。黑龙江省哈尔滨生态环境监测中心将坚持以习近平生态文明思想为根本遵循，坚定贯彻厅党组指示要求，深入践行铁军精神、大力提升技术能力、全面做好工作示范，与各驻市地监测中心携手推进全省生态环境监测工作，为深入打好污染防治攻坚战提供技术支撑，用优异的成绩迎接党的二十大召开。

2021

上海市环境监测中心这一年

2021年，是庆祝中国共产党百年华诞之年，也是“十四五”规划开局、起步之年。在上海市生态环境局的坚强领导下，在总站指导支持下，上海市环境监测中心坚定不移地以习近平新时代中国特色社会主义思想为指导，深入学习贯彻习近平生态文明思想和总书记考察上海系列重要讲话精神，深入贯彻落实党的十九大和十九届二中、三中、四中、五中、六中全会精神以及习近平总书记“七一”重要讲话精神，全面开展“党史”学习教育，落实“我为群众办实事”实践活动，团结带领全体干部职工，围绕全市环保重点任务，深入推进“十四五”监测规划编制、长三角一体化示范区监测统一、碳监测评估试点、第四届进博会保障、预警监测体系建设等各项工作。

•• 上海市副市长刘多、市生态环境局党组书记、局长程鹏调研监测中心

•• 生态环境部监测司司长柏仇勇、总站党委书记吴季友调研上海碳监测评估试点工作

•• 总站副站长景立新赴中心调研

•• 上海市生态环境局副局长罗海林出席中心全面从严治党大会

党建工作

●深入开展党史教育，切实发挥党建引领示范。

成立党史学习领导小组，制定学习教育计划方案，组织全体党员落实学习内容，不断增强理论认知，提升党性修养。“七一”前后邀请航天专家讲述航天精神、组织收看“习近平在庆祝中国共产党建党100周年大会上的讲话”，并为全体党员过集体政治生日，国庆前夕邀请专家上节日党课，青年理论学习小组不定期举办“阅读马拉松”“青享会”“行走中的党课”等系列活动，掀起党史学习热潮。

深入学习党的十九届六中全会精神

●持续深入推进“为民办实事”活动。

上海市环境监测中心领导班子成员深入一线开展调研，进一步明确重点民生项目和重点发展项目，指导“我为群众办实事”活动开展。积极践行宗旨，派专家骨干赴藏开展技术援建；围绕减污降碳，为金山石化、宝钢等企业破解发展难题；加强对社会化服务机构的监管培训，不断提升污染防治能力水平；主动派出骨干前往异地开展生态环境监督帮扶工作，积极打赢污染防治攻坚战。加强生态文明意识宣传。先后走进多所中小学开展各类生态环境保护宣讲与教育，走进街道开展环保知识公益讲座及咨询等。

中心技术人员在西藏开展生态环境质量本底调查性监测

●发挥共建辐射作用。

一是组建成立“上海—嘉兴及周边地区大气环境监测预报预警工作”临时党支部，组成“党员突击队”“项目攻坚组”，通过党建结对，加强交流合作。**二是**上海市环境监测中心第二党支部、第五党支部与市水文总站相关支部开展共建，就提高监测管理水平，推广监测新技术、新设备，提升水环境分析服务能级开展，全力保障进博会。**三是**中心党委与上海市崇明区陈家镇党委签署《城乡党组织“结对百镇千村·助推乡村振兴”行动协议书》，结对开展助推乡村振兴活动。

与市水文总站开展党建联建活动

业务工作

●加快推进“十四五”生态环境监测规划编制和能力建设。

根据上海市生态环境局专题会议精神以及生态环境部关于$PM_{2.5}$与O_3协同控制、碳监测评估试点等工作要求，进一步完善监测规划和能力建设方案具体内容。

●积极落实长三角一体化示范区生态环境“三统一”制度实施。

标准统一方面，发布实施大气超级站质控质保体系、挥发性有机物走航监测等技术规范，并开展规范解读和培训。监测统一方面，搭建示范区空气质量预测预报技术平台，于2021年春节期间和第四届进博会期间开展了精细化空气质量预报；完成省界11个小型水站、2个浮标站等建设，实现青浦区国控和市考水站全覆盖；初步编制完成示范区重要河湖水生态及生态遥感监测实施方案。

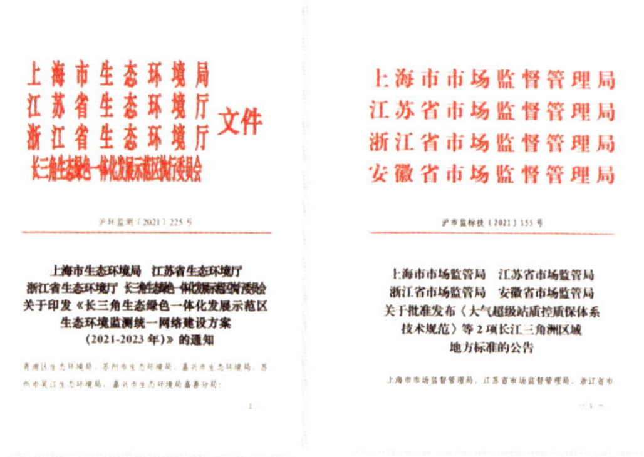
上海市生态环境局
江苏省生态环境厅
浙江省生态环境厅
长三角生态绿色一体化发展示范区执行委员会
文件

沪环监测〔2021〕225号

上海市生态环境局 江苏省生态环境厅
浙江省生态环境厅 长三角生态绿色一体化发展示范区执行委员会
关于印发《长三角生态绿色一体化发展示范区生态环境监测统一网络建设方案（2021-2023年）》的通知

青浦区生态环境局、苏州市生态环境局、嘉兴市生态环境局、苏州市吴江生态环境局、嘉兴市生态环境局嘉善分局：

— 1 —

上海市市场监督管理局
江苏省市场监督管理局
浙江省市场监督管理局
安徽省市场监督管理局

沪市监标技〔2021〕155号

上海市市场监管局 江苏省市场监管局
浙江省市场监管局 安徽省市场监管局
关于批准发布《大气超级站质控质保体系技术规范》等2项长江三角洲区域地方标准的公告

上海市市场监督管理局、江苏省市场监督管理局、浙江省市

— 1 —

•• 积极落实长三角一体化示范区生态环境“三统一”制度实施

●编制上海市碳监测方案，启动碳试点城市监测体系建设。

上海作为全国8个碳监测评估综合试点城市之一，拟通过开展大气环境碳监测、碳源碳汇监测，编制排放清单，推进碳源碳汇反演数值模拟业务化应用，支撑碳通量核算验证。

●开展第四届进口博览会空气质量保障工作。

•• 圆满完成第四届中国国际进口博览会空气质量保障工作

联合浙江省站、嘉兴市站、金山区站，每天开展监测预报会商，联合开展走航观测。在第四届进口博览会期间，完善工作机制，成立专班队伍，分设监测预报、现场督查、环境安全、后勤保障等多个工作保障团队，齐心协力，出色完成空气质量保障工作。每天高频次对环境空气质量开展会商研讨，研判未来空气质量；对水源地开展现场巡查和监测，确保水源地安全；对重点企业和移动源开展现场检查和监测，第一时间开展特征污染因子实验室分析，为污染管控提供精准依据。

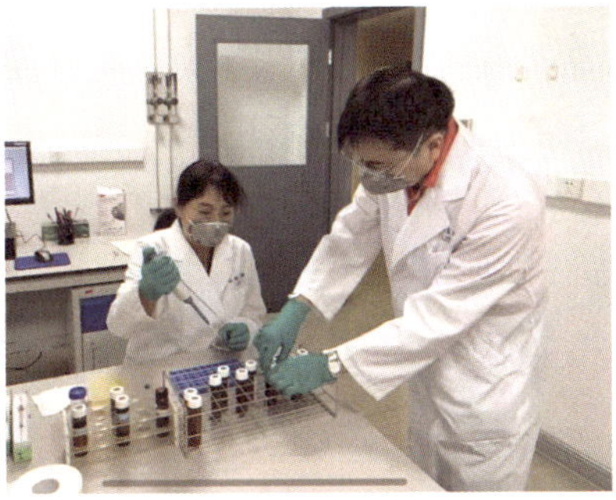

•• 中心技术人员进行实验室样品分析

●全力推进上海市地表水预警监测体系建设，做好水源地安全保障及淀山湖蓝藻水华预警监测。

水质自动站建设方面，开展国控站新建、改建等工作，国考水站上下游污染溯源及预警站新建等工作。增加水源地余氯、生物毒性等特征指标监测，对上海市公共卫生中心开展定点医疗机构废水监督监测。高温季节开展淀山湖蓝藻“水华”无人机巡查，编制“上海市进博保障期间水环境监测信息”和淀山湖蓝藻“水华”遥感监测日报、专报。

•• 开展淀山湖蓝藻水华预警监测

●加强污染源监管，推进监测新方法和新技术应用。

围绕排污许可证为核心的固定污染源监测体系，提出测管协同、以管为主的污染源执法监测新举措。加强对企业自行监测及信息公开工作的监督指导，提升自行监测质量。完成了机动车固定式遥测、油品含硫量及尿素等设备采购并投入运行，提升机动车排放监控能力；升级完善机动车定期检验监管平台，增强预警和统计能力；推进2000吨以上加油站油气在线系统安装及联网，提高对油气回收装置实时监管能力。依托“周亚康环境监测创新工作室”平台开展科研攻关和新项目开发，开展污染源废气中硫化氢分析、土壤和地下水中石油烃等国家地方环境标准研究，聚焦难点，开展消毒副产物、全氟化合物、环境空气中含氟温室气体等新型污染物分析技术开发。

•• 开展非道路移动机械检测和路检路查

●高效完成突发环境事件应急监测及演练。

快速处置突发环境事件，做到拉得出、打得赢、测得准；参加消防、反恐、应急等部门组织的“长三角跨区域水域应急救援实战拉动演练”“全市反恐应急力量紧急拉动演练”“全市消防救援综合演练”。

●搭建市区两级技能提升平台，加强人才队伍建设。

组织2021年度上海市环境监测系统应急监测技能竞赛，全面考验参赛单位及队员的综合能力，加强应急监测能力建设，提升生态环境领域重大风险防范能力。成功举办首届上海市生态环境监测学术论坛，展示了多个领域的最新研究成果，充分展现了环境监测队伍的学术风采，起到加强系统内部学术交流、促进学术水平提升、培养专业技术人才、提高核心竞争力

•• 举办上海市环境监测系统应急监测技能竞赛

的作用。《“十三五”生态环境质量报告书》在全国评估中取得佳绩，名列全国前茅。

•• 举办 2021 年上海市生态环境监测学术论坛

●加强监测质量管理，确保数据“真、准、全”。

加强质量监督考核，顺利通过实验室资质认定和复评审。联合实施全市监测行业能力验证活动，加强对监测系统质量管理和监督考核。贯彻落实新修订的《上海市生态环境监测社会化服务机构管理办法》，完成117家社会监测机构2020年度信用风险等级评定。强化重点排污单位自动监控设施监管，在全市范围内组织开展了固定污染源自动监测专项行动。

●不断提升公众服务水平，提高公众参与环保意识。

2021年被生态环境部评为“2021年全国十佳环保设施开放单位”，是全国唯一入选的环境监测站。六五环境日，在市主会场开展“云间漫游监测中心”，通过视频带领大家参观中心；开展“做环保达人，为碳达峰碳中和助力”竞赛，普及低碳环保知识；联合律师协会走进徐汇区枫林街道开展环保知识公益讲座及咨询活动。

•• 适存小学学生参加中心公众开放活动

•• 中心技术人员赴宝钢进行现场监测工作

荣誉奖励

上海市环境监测中心荣获“2021年全国十佳环保设施开放单位”；

上海市环境监测中心质量管理部荣获“2017—2020年度上海市助力脱贫攻坚先进集体”；

上海市环境监测中心第三党支部荣获“上海市市级机关党支部建设示范点”称号；

胡雄星同志荣获“上海市优秀共产党员”和“上海市市级机关优秀共产党员”称号；

刘启贞同志荣获“2021年上海工匠”称号；

王茜、宋钊同志获评生态环境监测第二批“三五”人才—“一流专家”。

•• 荣获“2021年全国十佳环保设施开放单位”

•• 质量管理部荣获“2017—2020年度上海市助力脱贫攻坚先进集体”

2022年，上海市环境监测中心将持续贯彻习近平生态文明思想，落实全国生态环境保护工作会议精神，推进“十四五”高水平生态环境智慧监测体系建设和长三角一体化示范区监测统一，不断完善生态环境监测网络，提升生态环境监测能力，全面开展碳监测评估试点工作，为深入打好污染防治攻坚战、落实“三个治污”与减污降碳协同增效总要求、推进全市生态文明建设提供坚实保障。

2021

江苏省环境监测中心这一年

2021年，在习近平生态文明思想的科学指引下，在生态环境部和江苏省委、省政府的亲切关怀下，在总站的悉心指导和江苏省生态环境厅党组的坚强领导下，江苏省环境监测中心紧紧围绕生态环保中心任务，攻坚克难、务实奋进，监测领域向前瞻性、惠民性方向延伸，管理支撑向区域性、溯源性方向迈进，技术创新向实用性、高层次方向拓展，取得了积极成效。潘贤掌、储永宏等省领导来江苏省环境监测中心视察调研时，均充分肯定了江苏省环境监测中心在江苏省生态环境治理中发挥的重要作用。

•• 江苏省省长吴政隆（时任）视察太湖

•• 江苏省副省长潘贤掌（时任）调研中心

•• 江苏省人大马秋林副主任调研中心

•• 江苏省副省长储永宏调研中心

党建工作

●提高政治站位，当好学习头雁。

全年开展“党委集中学习早读会”25次，班子成员带头上党课，全部完成调研报告及“两在两同”体会交流，推动党史学习“入心入脑”。江苏省环境监测中心全年在“学习强国”平台、“江苏机关党建”网站上发表报道10多篇，并获评全国妇联“巾帼文明岗”、“江苏省文明单位”、厅系统“先进基层党组织”。

●加强组织建设，筑牢战斗堡垒。

切实发挥基层党委领导作用，严格按规定完成党支部换届选举，不断夯实“一支部一特色”党组织建设。全年转正党员5名，发展党员2名，两次派员赴西藏援助高原生态监测。江苏省环境监测中心第五党支部建成省级机关“先锋队党支部”，胡冠九同志光荣当选中共江苏省第十四届委员会候补委员，7名同志获“全国最美基层环保人”“省优秀共产党员”“省先进工作者”等称号。

●深化业务融合，践行为群众办实事。

与4家机关单位“结对共建”，先后领办16件“办实事”事项，为100余户居民开展了室内空气质量免费检测，为10多家“小微”企业提供了技术咨询，为20多批次公众敞开大门开放交流。中心拍摄高清影像6428张，对南通五山地区作全景三维构造，在“中国共产党在江苏历史展”重点展出。面对江苏省血库告急局面，班子成员带头义务献血，献血成功人数创当年厅直属单位和历年中心献血人数“两个第一”。

●强化廉政建设，防范风险隐患。

常态化召开党风廉政建设会议，分级签订责任状，班子成员全部签订家庭助廉承诺书，切实从源头堵塞漏洞。充分发挥江苏省环境监测中心纪委的监督作用，组织招标项目自查6次，专题调度3次。及时通过谈心谈话，问诊把脉，了解舆情动态、工作状态、日常心态，对民情民意中的苗头性问题，注重抓早抓小，营造凝心聚力、团结拼搏的良好氛围。

•• 党风廉政建设大会

•• 党员政治生日活动

•• 党建联学共建

•• 主题党日活动

业务工作

●向区域性、溯源性拓展，全力助推环境质量持续改善。

一是高效支撑大气协同控制。在国内率先开展15天以上的中长期空气质量预报，专题分析臭氧污染、秋冬季目标完成情况等关注焦点，全力支撑“首季争优”“春夏攻坚”“秋冬攻坚”专项行动。强化工地、裸地扬尘源遥感监测，发现各类问题地块近千处。**二是**靶向支撑水质提升。确定92个汛期重点关注断面，针对农业养殖、拦蓄污水等组织调查及溯源，提前预测水质影响，为管理决策“敲钟预警”。持续开展太湖蓝藻监测，完成303条黑臭水体、56处固废堆放点的遥感筛查，助力太湖连续14年高质量实现“安全度夏”。部署水功能区监测评价，推动实现国省考水功能区和国省控断面“两网合一”。**三是**科学支撑生态扩容。组织实施五年生态状况变化遥感调查评估，在全国率先开展省、市、县三级生态质量指数自评估测算，为“十四五”江苏生态格局建设奠定基础；高质量完成国家网和省级网土壤环境质量监测任务，首次对129个省控地下水监测点位开展摸底调查。江苏省环

•• 开展省控空气自动站专项检查

•• 开展水质溯源监测

•• 开展生态系统参数现场调研

境监测中心全年编制报告3034份，制定水、气污染溯源监测技术指南，把关各地溯源报告140份，多维度助力生态环境质量创新世纪最好水平。

●向前瞻性、惠民性拓展，全力聚焦技术难题攻坚破解。

一是“向上”勇攀科研高峰。积极营造“技术先导”的氛围，鼓励培养国内顶尖的科技人才、急需的研发团队，2项科研成果分获省科学技术奖、国家地理信息科技进步奖，“十三五”生态环境质量报告书取得全国评估优秀等次，《环境监控与预警》期刊首次被收录为“中国科技核心期刊”。**二是**“向下”扎根成果转化。“苏玛罐”国产化取得突破，成功实现量产，降尘在线智能分析仪成功研制。新冠肺炎疫情期间改进“余氯”现场监测仪器及便携式石油类自动紫外分析仪器，实现人员不直接接触水样的快速监测。**三是**“多头”探索热点问题研究。围绕管理与治污攻坚急需，在全氟化合物、抗生素等新型污染物研究方向，环境与健康、异味嗅辨、噪声扰民等惠民利民热点，碳监测、生物多样性、农田退水、水功能区监测履职新需求等方面，先试先行，带头攻关技术难点，产出了一批高质量研究报告，为省市科学治理、精准治污、精细管理提供决策支撑。

●向权威性、现代化拓展，全力推动能力建设提速增效。

一是持续强化站网及装备能力建设。投入近1.2亿元，推进省控空气自动站质控能力改造及省环境空气监测超级站填平补齐能力项目，实现13市大气超级站网全覆盖。动工新建800吨级海洋环境监测执法船，完成突发仪器装备的技术验收和应急监测指挥系统等管理系统的开发建设，现代化应急监测指挥调度手段初步建立。**二是**探索加强生物监测能力建设。协助编制全省生物多样性观测能力建设方案、长江干流水生生物群落跟踪监测方案，在江苏段全面开展环境DNA监测、长江鱼类多样性现状调查，跟踪评估长江“十年禁渔”

•• 成功举办生态环境监测技能竞赛

•• 开展应急演练

成效。**三是**常态保持技术指导及监督力度。对全省73家县（区）环境监测站开展能力考核评估，摸清监测系统家底。采用“双随机”方式抽查排污单位，累计发现各类线索1578条。抽查全省106家环境类检验检测机构，抽查报告1066份，发现问题2821条，支撑管理精准发力。

•• 开展土壤环境监测

•• 开展近岸海域海水水质监测

•• 开展国控网运维质量专项检查

•• 开展机动车环保达标抽查核验

•• 开展火电厂废气污染物排放监督监测

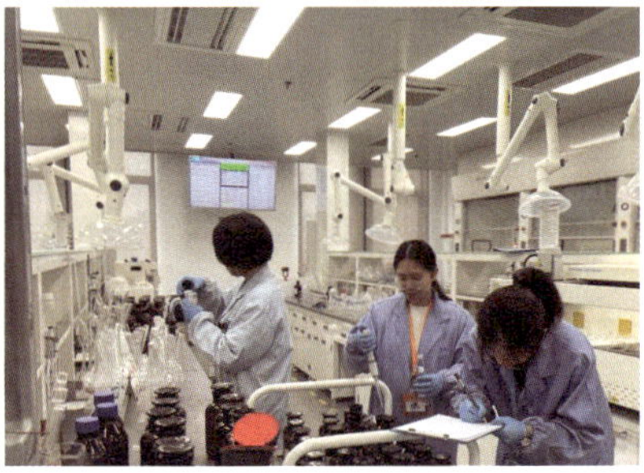

•• 开展实验室监测分析

荣誉奖励

江苏省环境监测中心分析部获“全国巾帼文明岗”荣誉称号；

江苏省环境监测中心党委副书记胡冠九同志获“江苏省优秀共产党员”荣誉称号；

江苏省环境监测中心宋兴伟同志获“江苏省先进工作者”荣誉称号；

江苏省环境监测中心王晨波同志获“全省防汛抗洪工作先进个人”荣誉称号；

出色完成年度重点行业企业用地土壤污染状况调查工作，获生态环境部办公厅发文表扬；《江苏省“十三五”生态环境质量报告书》在生态环境部组织的质报书评估中名列第二；江苏省环境监测中心承担课题“基于多模式集成的大气复合污染预报准确率提升关键技术及其在江苏的应用研究”获江苏省科学技术二等奖；江苏省环境监测中心承担课题“江苏省水环境遥感监测业务平台关键技术研究与应用”获2021年地理信息科技进步二等奖；江苏省环境监测中心获颁国家国防科技工业局重大专项工程中心“高分专项国家真实性检验场站网—太湖站”铜牌；协助完成农村环境质量抽查工作，获总站感谢；协助完成国家网标准物质/标准样品质量核查工作，获总站感谢；参与完成国家环境标准样品协作测定工作，获生态环境部环境发展中心标准样品研究所感谢；参与完成长三角农业面源监测试点工作，获生态环境部卫星环境应用中心感谢；协助开展海洋生态环境质量跨省异地质控、海洋碳监测试点、黄海近岸海域海水水质监测等工作，获国家海洋环境监测中心感谢。

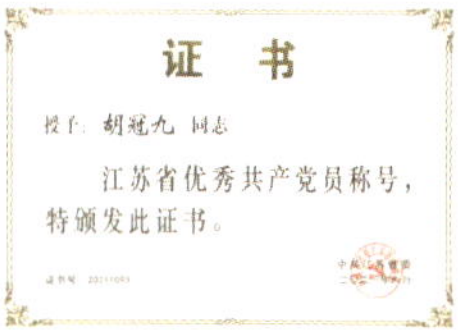

2022年，江苏省环境监测中心将深入学习贯彻习近平生态文明思想和生态文明建设重要论述，紧扣生态文明建设新形势，全面落实江苏省委、省政府及江苏省生态环境厅党组决策部署，稳中求进、砥砺前行，推动传统监测向高质量监测的转型，全力完成好年度目标任务，以实际行动迎接党的二十大胜利召开。

2021

浙江省生态环境监测中心这一年

2021年是党和国家历史上具有里程碑意义的一年，浙江省生态环境监测中心在浙江省生态环境厅党组的坚强领导和总站的精心指导下，坚持以习近平生态文明思想为指导，忠实践行“八八战略”、奋力打造“重要窗口”，踔厉奋发、笃行不怠，紧紧围绕共同富裕示范区建设和生态文明先行示范建设等生态环境保护中心工作，以“党建红引领生态绿”，高效落实生态环境监测任务，全面提升监测能力和水平，大力推进生态环境领域数字化改革，全省生态环境监测实现“十四五”起步之年良好开局。

党建工作

●党员干部提素质，高标准抓好党史学习教育。

成立党史学习教育领导小组及办公室，制定实施方案，深入学习贯彻习近平总书记“七一”重要讲话精神。举办“守好红色根脉 争当监测铁军”迎接建党百年“七一”主题党日活动暨业务工作交流会等9次主题党日活动。设立“百年党史铸初心·监测铁军勇担当”微信公众号专栏，推送134期党史活动信息，从百年党史中赓续精神血脉，汲取奋进力量。

•• 举办“守好红色根脉 争当监测铁军”迎接建党百年

•• “七一”主题党日活动暨业务工作交流会

•• 组织开展“弘扬红色文化 传承革命精神”主题党日活动

●监测服务提效能，高标准抓好专题实践活动。

开展“我为群众办实事”实践活动，建立36项群众“急难愁盼”问题清单，集中攻坚，形成为民便民惠民的长效机制。浙江省生态环境监测中心“一把手”带队赴全省走访调研，了解垂改后基层站能力建设、队伍建设等问题，加强对基层站的指导和帮扶。启动浙西南生态环境健康“体检”，完成50家企业、5个园区、5个乡镇、6个重点流域“体检”服务，从实从快为企业赋能解难、为群众排忧解困、为基层减压减负。

••“我为群众办实事”杭州走访调研

••开展浙西南企业生态环境健康“体检”

●清正廉洁守底线，高标准抓好全面从严治党。

强化正风肃纪，驰而不息推动“四风”纠治，常态长效开展警示教育，推动构建亲清政商关系。组织签订全面从严治党主体责任书、廉政责任书，积极开展层层覆盖式谈心谈话，掌握职工思想动态，筑牢思想防线。在衢州、丽水、台州等地开展正风肃纪检查及企业暗访，一体推进不敢腐、不能腐、不想腐体制机制。

••召开党风廉政会议传达全省党风廉政建设暨“双建”工作座谈会

●干部职工心连心，高标准抓好工会群团工作。

关心关爱职工身心健康，做好服务和慰问工作，全年共组织13批次298人次职工疗养活动。开展女职工“三八妇女节”互动，心理健康和养生保健知识讲座，“体检报告解读周”活动。有力支撑扶贫助学工作，为衢江区上方镇资助爱心助学金2万元，助推衢江区环境改善和教育发展。

••慰问退休、困难职工

业务工作

●创新机制、凝聚合力，建设干部和人才队伍展现新风貌。

根据“三定”方案和当前生态环境保护发展新形势，整合优化内设机构，增设土壤环境监测部和遥感监测研究所。坚持正确用人导向，严格按照干部选拔程序，充分考虑能力、资历、学历、公认度等因素，完成11名中层干部选拔聘用工作，群众反映良好。

•• 浙江省生态环境监测中心内设机构调整及内控体系建设

创新内部管理体制机制，出台纵向科研项目绩效管理、中层干部聘用、编外用工管理等10余项制度。完成中心内控风险评估和系统建设，修订完善11项内控管理制度。

转变监测创收业务模式，大力推进走航排查等新型监测业务，推动监测创收业务逐步从传统项目验收监测为主向新型高科技智能监测转变。

●加强保障、优化服务，支撑污染防治攻坚战走向新征程。

落实机构垂改后的监测事权上收工作，编写环境空气自动监测和省控水站事权上收技术要求，编制完成6项实施细则及指南，进一步强化业务管理和监督指导。

•• 完成各类环境质量监测评价工作

圆满完成各类环境质量监测评价工作，编制《“十四五”生态环境监测规划》《浙江省生态环境监测条例》等各类文件、报告60余份，提前谋划布局环境监测工作，提升综合评价能力。

全力做好污染源监督性监测工作，完成二噁英国家监督性监测和全省29家大型火电企业监测工作，实施重点排污单位执法检查、质量抽测129家次，编制上报各类监督监测报告、比对监测报告200余份，为环保督察和执法提供依据。

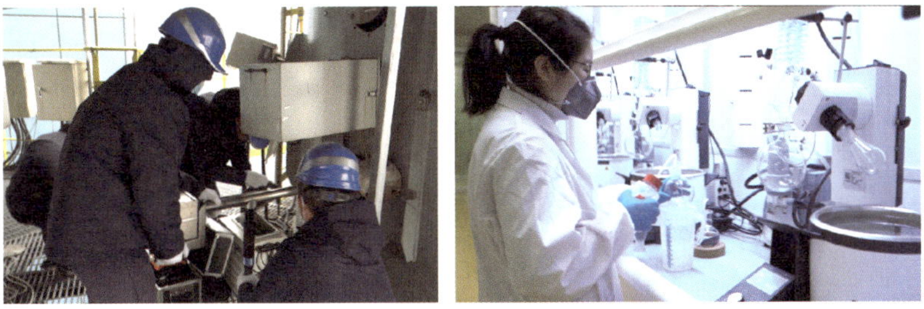

•• 开展二噁英国家监督性监测

●主动作为、多向发力，推进监测能力现代化迈上新台阶。

完成浙江省大气环境监测预报预警平台、地表水水质预测预警系统建设，升级改造长江经济带水质自动监测站，联合杭州市生态环境局开发杭州市空气污染预警及精准调控数字孪生应用，为保障杭州亚运会环境空气质量做好技术支撑准备工作。

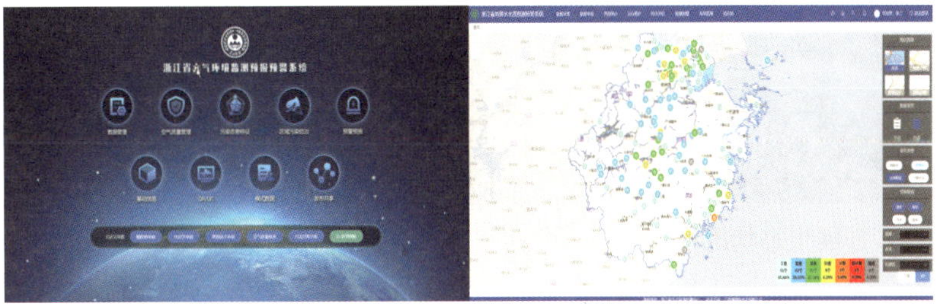

•• 全力建设浙江省大气环境监测预报预警和地表水水质预测预警平台

组织开展全省应急监测实战演练和应急监测培训，高效应对衢州中天公司火灾等多起突发环境应急监测，基本建成应急监测系统，实现实时接入自动站、无人机（船）等数据，确保迅速响应突发环境事件。

•• 组织开展浙江省生态环境监测系统应急演练

积极拓展生态状况监测，顺利完成长

江经济带水生生物多样性监测试点和总站生态地面监测重点站试点等国家试点任务和全省水生态健康评估试点，形成《浙江省主要常见淡水底栖动物图集》，编制完成《浙江省河湖健康及水生态健康评价指南》《浙江省生态状况变化（2015—2020年）遥感调查评估报告》。

•• 开展生态状况调查

●数字赋能、提质增效，助力环境数字化改革取得新突破。

根据浙江省数字化改革总体要求，协助浙江省生态环境厅全面梳理“三张清单”，编制浙里生态数字化改革工作方案，构建新老结合、全面完整的“生态环境在线”综合集成应用；参与“生态环境资源配置”“督察在线”“浙里无废”“生态环境智管服”等场景应用建设，提供全面可靠的

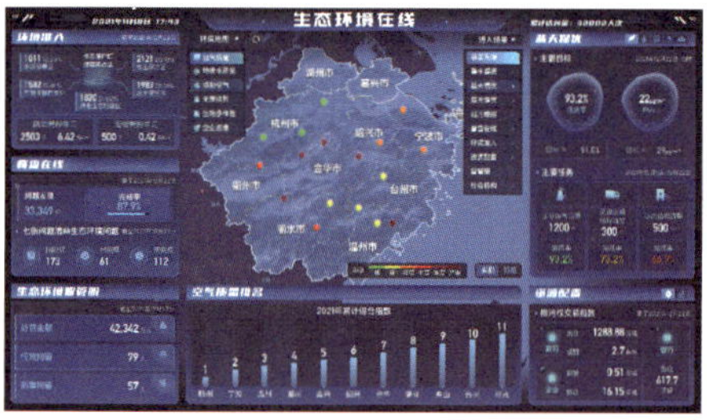

•• 构建数字化改革“生态环境在线”集成应用

数据资源保障和组建支撑服务。

●聚焦科研、攻坚克难，探索监测产学研合作收获新成果。

持续推进与高等院校的合作，与南京大学建立环境DNA和生物多样性监测标准化实验室，与浙江大学合作共建杭州湾上虞经济技术开发区异味评价体系，与清华大学启动工业园区水质指纹监测溯源试点工作，与北京大学院士团队举办12期“博雅西湖生态环境论坛”线上学术报告。依托浙江省环境监测预警与质控重点实验室开展科研工作，浙江省生态环境大数据重点实验室纳入省级重点实验室培育名单，科研平台结构体系得到进一步加强。

•• 与北京大学院士团队联合举办“博雅西湖生态环境论坛”

•• 与南京大学共建环境DNA和生物多样性监测标准化实验室

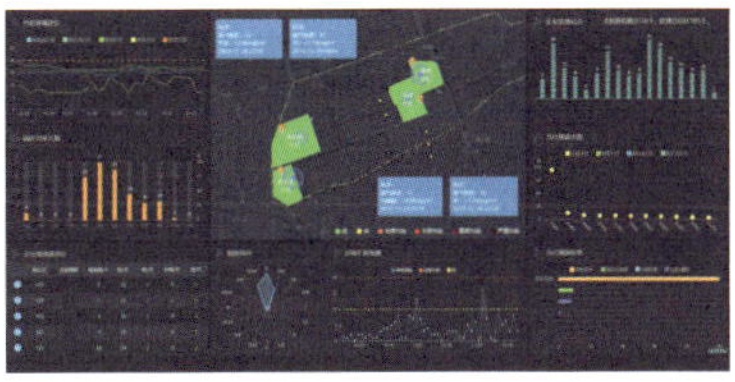

•• 与浙江大学合作共建杭州湾上虞经济技术开发区异味评价体系

切实加强科研能力建设，牵头和参与的“垃圾焚烧飞灰无害化资源化利用技术与装备示范及验证评价体系构建”等3项课题作为浙江省科技厅“领雁”项目成功立项。主持和参与的3项科研项目，均获2020年度浙江省科技进步三等奖，“十三五”水专项子课题顺利完成验收，有效推动前沿新技术在监测领域的应用。

•• 牵头课题作为省科技厅“领雁”项目成功立项

荣誉奖励

浙江省生态环境大数据重点实验室纳入省科技厅培育建设名单；科研项目“太湖流域（浙江片区）水环境管理技术集成及综合示范”获浙江省科学技术进步三等奖；科研项目“钱塘江饮用水源异味敏感物质快速甄别、溯源及安全防控策略”获浙江省科学技术进步三等奖；科研项目“基于色谱/质谱技术的高性能挥发性有机物现场分析仪的研制与应用”获浙江省科学技术进步三等奖；建设项目“智能环保嗅辨师”获全国环境互联网大会“2021年度智慧环保创新十大案例”；《2016—2020年浙江省生态环境质量报告书》获评生态环境部办公厅优秀报告书；浙江省生态环境监测中心获评生态环境部办公厅“重点行业企业用地土壤污染状况调查表现突出集体”；浙江省生态环境监测中心获评中共浙江省委、省人民政府全省“五水共治”工作先进集体；浙江省生态环境监测中心获评浙江省生态环境厅“2021年度

科研项目“太湖流域（浙江片区）水环境管理技术集成及综合示范”获浙江省科学技术进步三等奖

科研项目“钱塘江饮用水源异味敏感物质快速甄别、溯源及安全防控策略”获浙江省科学技术进步三等奖

科研项目“基于色谱/质谱技术的高性能挥发性有机物现场分析仪的研制与应用”获浙江省科学技术进步三等奖

考核先进集体”；3人获评生态环境部办公厅“重点行业企业用地土壤污染状况调查表现突出个人”；1人获生态环境部办公厅“三线一单”工作表现突出个人；1人获浙江省人民政府办公厅“浙江省打赢蓝天保卫战成绩突出个人”。

浙江省科学技术厅文件

浙科发基〔2021〕79号

浙江省科学技术厅
关于印发2022年度省级重点实验室
认定和培育建设名单的通知

2022年度省级重点实验室培育建设名单

一、认定“浙江省农业智能装备与机器人重点实验室”等30

•• 浙江省生态环境大数据重点实验室纳入省科技厅培育建设名单

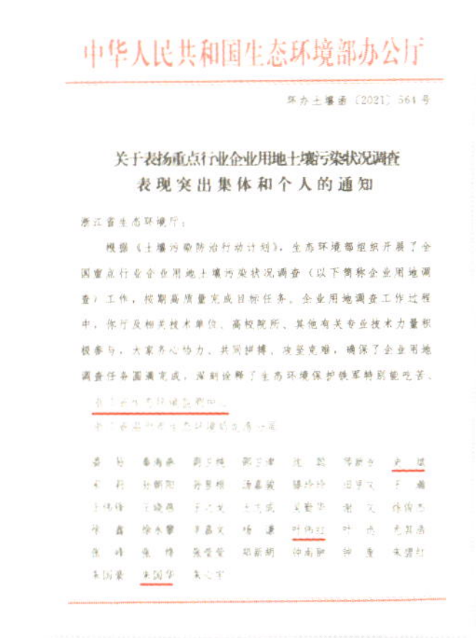

中华人民共和国生态环境部办公厅

环办土壤函〔2021〕561号

关于表扬重点行业企业用地土壤污染状况调查
表现突出集体和个人的通知

•• 浙江省生态环境监测中心获评生态环境部办公厅重点行业企业用地土壤污染状况调查表现突出集体和个人

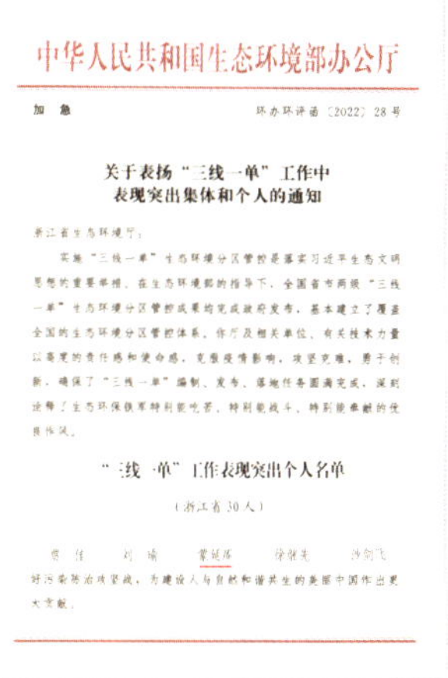

中华人民共和国生态环境部办公厅

加急　环办环评函〔2022〕28号

关于表扬“三线一单”工作中
表现突出集体和个人的通知

“三线一单”工作表现突出个人名单

（浙江省30人）

•• 1人获生态环境部办公厅“三线一单”工作表现突出个人

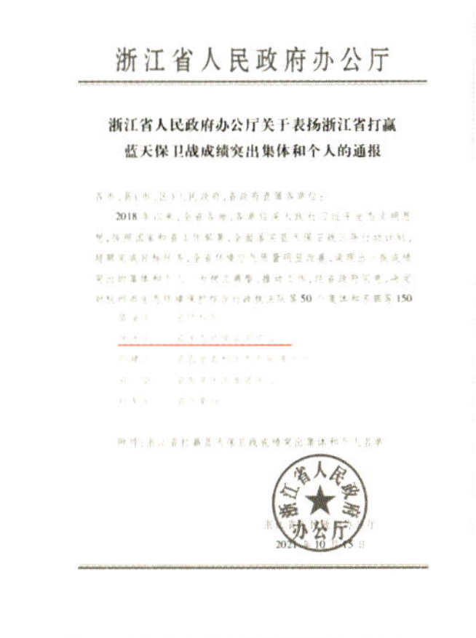

浙江省人民政府办公厅

浙江省人民政府办公厅关于表扬浙江省打赢
蓝天保卫战成绩突出集体和个人的通报

•• 1人获浙江省人民政府办公厅“浙江省打赢蓝天保卫战成绩突出个人”

2022年是实施“十四五”规划的关键之年，浙江省生态环境监测中心将继续以习近平新时代中国特色社会主义思想为指引，以监测先行、监测灵敏、监测准确为导向，以支撑深入打好污染防治攻坚战为主线，以减污、降碳、强生态为工作着力点，持续提升生态环境监测能力，全面深化监测领域改革创新，切实推进监测队伍建设，为高水平绘好新时代“富春山居图”，高质量发展建设共同富裕示范区提供强有力的支撑。

2021

浙江省杭州
生态环境监测中心这一年

2021年是“十四五”的开局之年，也是全面建设社会主义现代化国家新征程、向第二个百年奋斗目标进军的开局之年，浙江省杭州生态环境监测中心在圆满完成“十三五”各项任务的基础上，紧密结合国家及省市相关要求，在杭州市生态环境局和浙江省生态环境监测中心的正确领导下，在各部门的支持关心下，坚持“专业、专注、守正、创新”的理念，提高塑造变革能力，建设变革型组织，以环境质量持续改善为核心，以服务环境管理和提升监测能力为主线、创建“一流监测中心”为目标，充分发挥环境监测核心主力军与“领头雁”作用，扎实开展各项监测工作。

党建工作

●坚持党建引领，强化责任担当。

•• 杭州市生态环境局局长孙国方赴监测中心宣讲十九届六中全会精神

以党史学习教育为主线，以每月15日党员主题党日活动为载体，不断促进党建和业务同发展，把学习全会精神作为深化党史学习教育的重要内容，切实把思想和行动统一到六中全会精神上来，坚持以习近平生态文明思想统领生态环境监测各项工作，以开展中心“能力提升行动”为契机，全力形成抓学习、强能力、促落实的良好氛围，争做“两个确立”忠实拥护者、“两个维护”示范引领者。

•• 获杭州生态环境系统“颂歌献给党”朗诵比赛第一名

•• 获杭州生态环境系统党史知识竞赛第一名

●规范组织建设，强化政治统领。

指导退休支部开展换届选举，开展总支和支部委员的增补工作；印发《中共浙江省杭州生态环境监测中心总支部委员会委员和第一、第二支部委员会委员工作分工及党小组长职责》等制度规定；强化组织领导，明确职责分工，确保各项任务落实落细；组织开展“推优入党”工作，不断为党组织输送新鲜血液。

●健全活动机制，丰富组织生活。

严格落实“三会一课”工作制度，通过重温入党志愿书、开展《碳达峰、碳中和》等培训讲座、观看《红船》《长津湖》等主题电影、参加《朱毛会师和古田会议》专题党课等形式，丰富主题活动内容，努力打造“学习型、变革型、服务型”党组织，切实提升基层党组织学习力和战斗力。关心关爱退休老干部，看望3名“光荣在党50年”老党员，征求倾听老干部们对中心的发展建议，从思想上关心、精神上关怀、生活上照顾退休老干部们，尽心尽力、竭尽所能地做好服务保障工作。

●坚持常抓不懈，推进廉政建设。

严格按照“党风廉政建设永不懈怠，作风建设永在路上”的要求，牢固树立拒腐防线，着力完善廉洁防控体系，坚持教育、制度、监督并举，确保思想不“出轨”、行为不“出格”。组织开展岗位风险全面排查，制定廉政风险清单，提出风险防控措施，明确底线，营造风清气正政治生态。

••“六五”环境日毅行活动

••获杭州市直机关“坚定信念跟党走”红色胜迹城市定向赛第二名

••观看爱国主义电影《长津湖》

••退休党支部党日活动，党总支书记陈健松向老干部们介绍新监测大楼基本情况，欢迎大家常回家看看

••看望“光荣在党 50 年”老党员

业务工作

2021年，浙江省杭州生态环境监测中心紧紧围绕生态环境保护中心工作，以服务环境管理和提升监测能力为主线，进一步优化工作流程，谋划编制《杭州市生态环境监测“十四五”规划》，全年整体工作按计划有序开展，顺利完成年初制定的各项计划任务。

●勇挑重担，顺利完成各项监测任务。

围绕生态环境保护主责主业，牵头完成环境质量监测、重点排污单位监督性监测、环境应急监测、执法信访投诉监测等四大类，水、气、声、土壤固废、辐射、生物监测6个方面的常规监测任务，保障国家、省、市环境质量自动监测站点正常运行，全年产生数据960余万条；完成生态环境部下达的采测分离、环境空气挥发性有机物、大气颗粒物组分专项监测等重点专项监测任务；做好空气污染物组分分析数据积累，完成天子岭恶臭监测15次，出动人员200余次，全中心45周岁以下同事全员上岗，力争在下一步空气质量持续改善方面提出决策建议。

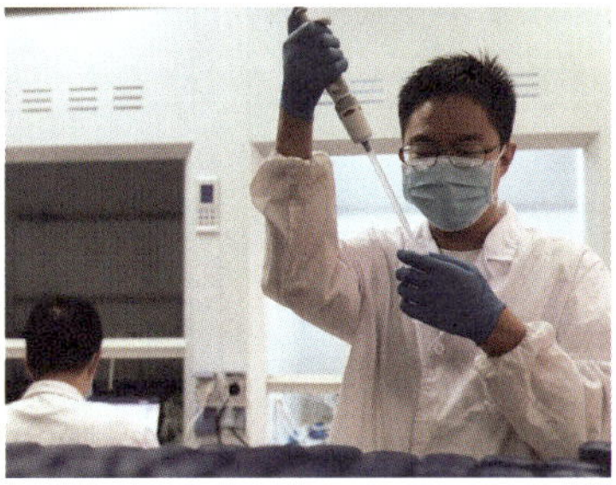

•• 生态环境部国家网土壤环境质量监测

•• 桐庐 eDNA 采样

●平战结合，有力支撑管理工作。

分析编制各类空气质量周报、预报与污染提示专报、水气监测分析月报等400

余份，为市委、市政府和局党组精准施策提供了较好的科学支撑；雷达走航分析报告100余份，其中发现工地扬尘、道路扬尘、裸土无覆盖等各类问题约460个，为基层管理部门精准施策提供事实依据；协助公安部门和执法队完成执法监测36批次，分析样品236个，获得监测数据超600条，全力支撑全市执法行动；圆满完成1次全市应急监测能力评估，顺利完成4起应急事故处置及1次无脚本演习，以“同时应对2起突发环境事件”为标准狠抓应急监测能力提升。

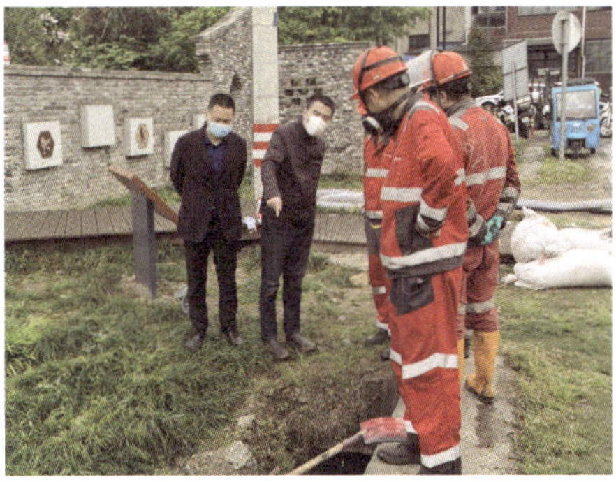

•• 开展余杭博陆化工企业仓库火灾事故应急监测

●精益求精，严守数据质量生命线。

组织技术人员完成46项次监测比对工作，结果均符合要求，其中参加总站、浙江省市场监督管理局、苏沪浙皖市场监管局、浙江省生态环境监测中心、长三角市场监督管理局等组织的10次17个项目能力考核/能力验证和比对活动，涉及水、空气、土壤和辐射4个领域，能力考核结果均为“满意”。

●团结协作，不断强化两个政校合作平台建设。

以政校合作为着力点，用好与浙江大学高翔院士领衔、国科大杭州高等研究院江桂斌院士领衔合作共建“大气污染防治与碳中和联合研究中心”“新污染物分析中心”两大研究平台，通过“厚家底、提本领”，不断推进“研究型”组织建设。

•• 与浙江大学高翔院士领衔团队合作共建“大气污染防治与碳中和联合研究中心”

•• 与国科大杭州高等研究院江桂斌院士领衔团队合作共建“新污染物分析中心”

重点围绕杭州大气环境质量改善、杭州亚运会保障、碳达峰碳中和、杭州市温室气体试点城市建设、新污染物的基础性研究和相关环境监测标准方法体系建设等重大任务开展科学研究与人才培养工作。

●变革创新，持续加强三个试点项目建设。

•• 碳监测专班赴大明山气象站实地考察，就共建大明山碳监测背景点与市气象局领导达成合作意向

重点推进国家生态环境监测AI人工智能实验室试点、实验室系统数字化试点、碳监测试点等3个试点项目建设，全面提升生态环境监测自动化、智能化、信息化能力。以AI智能实验室试点为载体，打造国内领先的第四代水质环境监测智能化系统的“杭州样本”；以市局“生态智卫”场景为指引，整合各类数据平台，建立和完善环境监测数据中枢，深化推进环境监测数字化、数据标准化工作；以碳监测试点为抓手，尽快形成温室气体监测能力，力争在$PM_{2.5}$和O_3协同控制及监测数据综合分析评价等方面有所突破，更好地为中心工作提供支撑。

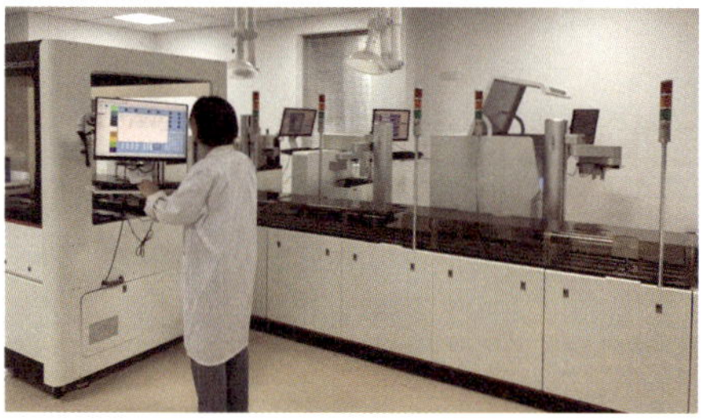

•• AI 智能实验室全景

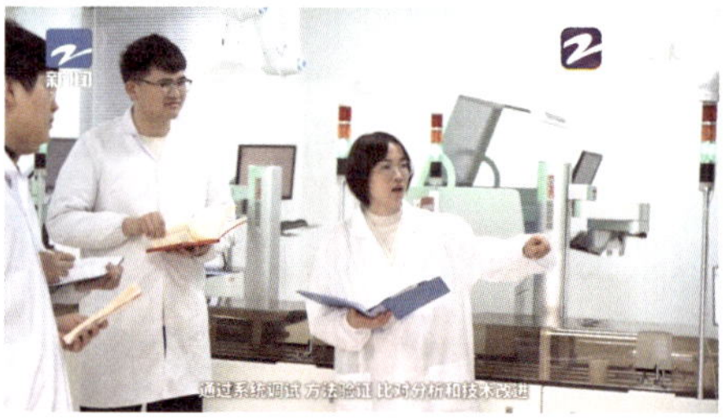

•• 浙江电视台报道 AI 智能实验室项目

●对标对表，不断加强组织队伍建设。

结合单位实际，牵头制定推优考核、“老带新”导师传帮带、年轻干部培养、挂职干部交流等制度，通过各种方式、载体增强单位凝聚力和向心力。在垂改落地、“三定”方案印发的基础上，组织完成内设机构调整、6名正科级领导干部和12名副科级领导干部选拔任用、职工双向选择等工作，优化人员配置、激发干事热情、提升工作效能；组织开展“数字经济时代的生态文明新认知”“碳中和专题”“职工大讲堂”等前沿知识讲座以及业务视频培训20余场，共计700余人次参加；积极与人社沟通争取“退三进二”相关政策，打破近5年无高级工程师晋升的局面，完成2名高级工程师聘任；建立外派干部季度报送挂职报告的交流机制，通过定期在中心职工群分享挂职报告，加强沟通交流，保障外派干部“离岗不离心”；搭建新进人员体系培养，制定科室轮岗学习以及导师“传帮带”“老带新”制度，让新进人员更快熟悉单位业务范畴，最大程度发挥新人潜能。本年度共申请“杭州市臭氧溯源及防控策略研究”“杭州水土生态质量评估及对策研究”2项课题，力争在$PM_{2.5}$和O_3协同控制、环境质量监测等方面寻找突破；本年度共7人入选第二批生态环境监测“三五”人才，其中2人入选“一流专家”，5人入选“技术骨干”，截至目前共有28人入选“三五”人才，其中4人入选“一流专家”，24人入选“技术骨干”；8名同志入选杭州市“131”青年人才培养计划；杭州市高层次D类人才2人，E类人才11人。

●积极协调，稳步推进监测业务用房建设。

这一年来，紧盯监测业务用房年内开工的目标，按照程序规范、并联高效的原则，扎实推进项目建设各项工作。项目推进的同时，开展了新址场地清理和原址清算工作。截至2021年年底，原址清算移交工作已完成，项目EPC完成开标，基本达成年初设定的各项任务目标。目前，已完成开工奠基仪式。

•• 新监测大楼鸟瞰图

•• 颁发“从事环保工作满35周年”荣誉奖

•• 科级领导干部集体任前谈话

荣誉奖励

被总站授予“2021年度能力考核优秀单位”称号；浙江省生态环境监测专业技术比武团体二等奖；“十三五”生态环境质量报告书全国“良好”；

杭州市创建“全国文明城市”工作突出贡献单位；

杭州市生态环境系统“颂歌献给党”朗诵比赛第一名；杭州生态环境系统党史竞赛第一名；杭州市直机关“坚定跟党走”红色胜迹城市定向赛第二名；2020年度杭州市直机关先进基层党组织；2020年度杭州市直机关五星级基层党组织；2020年度党建共建优秀单位；在浙江省生态环境监测专业技术比武中，何平同志获个人综合二等奖，周姗、汪凌佳2名同志获个人综合三等奖；汪凌佳同志获个人理论单项三等奖。张明同志获杭州市“十三五”“最严格水资源管理制度工作个人嘉奖”、

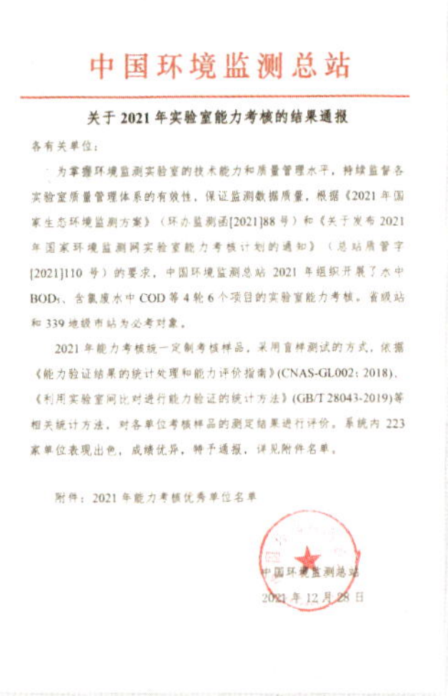

中国环境监测总站

关于2021年实验室能力考核的结果通报

各有关单位：

为掌握环境监测实验室的技术能力和质量管理水平，持续监督各实验室质量管理体系的有效性，保证监测数据质量，根据《2021年国家生态环境监测方案》（环办监测函[2021]88号）和《关于发布2021年国家环境监测网实验室能力考核计划的通知》（总站质管字[2021]110号）的要求，中国环境监测总站2021年组织开展了水中BOD_5、含氯废水中COD等4轮6个项目的实验室能力考核，省级站和339地级市站为必考对象。

2021年能力考核统一定制考核样品，采用盲样测试的方式，依据《能力验证结果的统计处理和能力评价指南》(CNAS-GL002：2018)、《利用实验室间比对进行能力验证的统计方法》(GB/T 28043-2019)等相关统计方法，对各单位考核样品的测定结果进行评价。系统内223家单位表现出色，成绩优异，特予通报，详见附件名单。

附件：2021年能力考核优秀单位名单

中国环境监测总站

2021年12月28日

•• 荣获“2021年度能力考核优秀单位”

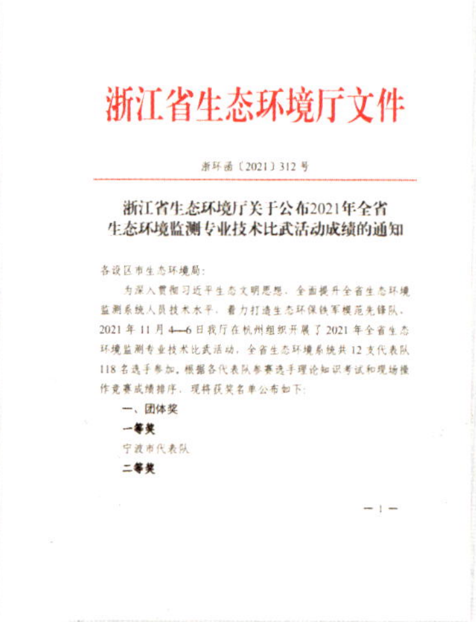

浙江省生态环境厅文件

浙环函〔2021〕312号

浙江省生态环境厅关于公布2021年全省生态环境监测专业技术比武活动成绩的通知

各设区市生态环境局：

为深入贯彻习近平生态文明思想，全面提升全省生态环境监测系统人员技术水平，着力打造生态环保铁军模范先锋队，2021年11月4—6日我厅在杭州组织开展了2021年全省生态环境监测专业技术比武活动，全省生态环境系统共12支代表队118名选手参加。根据各代表队参赛选手理论知识考试和现场操作竞赛成绩排序，现将获奖名单公布如下：

一、团体奖

一等奖

宁波市代表队

二等奖

— 1 —

•• 获浙江省生态环境监测专业技术比武团体二等奖

杭州市“五水共治”、“河（湖）长制宣传信息工作先进个人”称号；施丽莉同志获“2020年度杭州市国际一流营商环境建设成绩突出个人”称号；沈建东同志获美丽杭州、“两山”理论先进个人称号；金嘉佳同志获2021年度质量强市推进工作行政奖励；何平、周姗2名同志获“杭州市职工经济技术创新能手”称号；张宝锋同志获“2021年度优秀生态环境监测工作者”称号；宋卓人同志获“2021年度九三学社浙江省优秀社员”称号；许燕冰同志获“杭州市2020年度反恐怖工作先进个人”称号、“12345”岗位练兵业务先锋和三等奖。

•• 荣获2020年度市直机关“五星级基层党组织”称号

•• 荣获中共杭州市委直机关工作委员会先进基层党组织

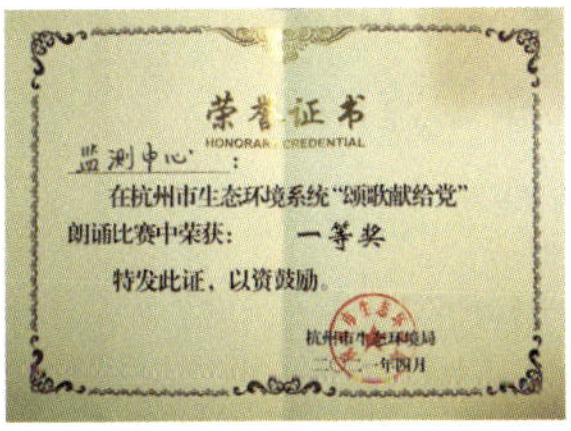

•• 荣获杭州市生态环境系统“颂歌献给党”朗诵比赛一等奖

•• 荣获2020年度党建共建“优秀单位”称号

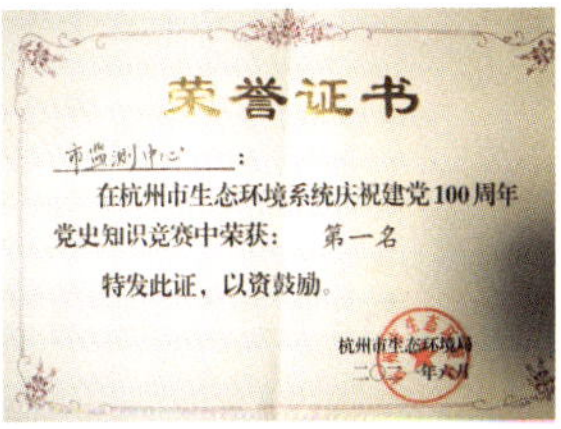

•• 荣获杭州市生态环境系统庆祝建党100周年党史知识竞赛第一名

2022年，面对生态环境管理要求的新变化，浙江省杭州生态环境监测中心将继续深入学习贯彻十九届六中全会精神，按照国家、省市相关要求，以生态环境质量持续改善为目标，以做好亚运环境保障为契机，按照“大胆设想，小心求证”的精神，以力争“省内第一、全国一流”为目标，积极推动“生态环境监测AI人工智能实验室试点”“实验室系统数字化试点”“碳监测试点”三个试点项目发展，继续强化“大气污染防治与碳中和联合研究中心”“新污染物分析中心”两大平台建设，同步加强空气质量监测预报等能力建设，力争在$PM_{2.5}$和O_3协同控制、碳监测和新污染物调查监测等方面上有所突破，不断提升生态环境监测与评价能力，切实发挥“顶梁柱”“生命线”“奠基石”作用，在高质量发展建设共同富裕示范区、“重要窗口”建设中贡献力量，不断推动杭州生态环境监测向广度和深度进军。

2021

安徽省生态环境监测中心这一年

2021年，安徽省生态环境监测中心在安徽省生态环境厅党组的坚强领导和总站的关心指导下，深入贯彻落实习近平新时代中国特色社会主义思想，认真学习党的十九大、十九届历次全会精神，扎实推进党建和党风廉政建设，以高质量党建引领高质量发展，为深入打好污染防治攻坚战提供技术支持和服务保障。

党建工作

●突出抓好思想政治建设。

深入落实全面从严治党总要求，严格执行总支书记负总责、总支委员分工负责、支部书记具体负责的党建工作机制，落细落实“第一责任人”责任，进一步强化政治纪律和政治规矩意识，不断增强“四个意识”，坚定“四个自信”，做到“两个维护”；坚持“思想引领、结合工作”，围绕党史学习教育、习近平总书记“七一”重要讲话精神，通过领导示范学、专家辅导学、互动交流学、载体自主学等多种形式，组织了34次党总支集中学习，其中专题研讨12次；积极利用“学习强国”、宣传专栏、“两微一端”等载体，丰富拓展开展学习教育的方式方法，配发党史等各类书籍500余册，组织党外知识分子开展学党史、跟党走专题交流等活动，召开座谈会，撰写调研报告10篇，切实将学习成果转化为工作实践。

●扎实推进党史学习教育。

成立党史学习教育领导小组，迅速组织召开动员大会进行思想发动，强化政治责任，围绕“党总支+支部+党员”三级学习教育体系，制订学习计划，确保学习教育走深走实。坚持领导带头，以上率下，采取“集中学”与“自学”相结合、“线上学”与“线下学”相结合、“辅导学”与“研讨学”相结合等形式开展学习。聚焦“悟思想”，突出以“研”明理学党史、以“讲”增信学党史、以“悟”崇德学党史，开展“总支书记讲党课”“总支委员讲党课”“支部书记讲党课”“集中观影”“线上线下分享”“观看展览”等

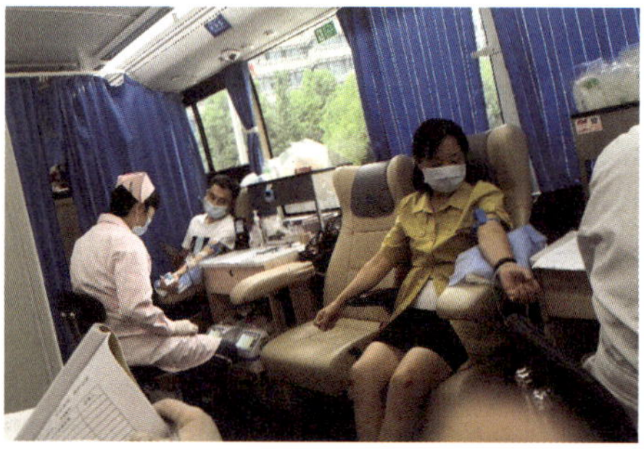

●● 安徽省生态环境监测中心党员积极参加义务献血活动

学习活动，集中开展交流研讨10次，中心领导30余人次交流发言，撰写心得体会30余篇，各支部共研讨40余次，交流发言百余人次，发布信息9篇，在《中国环境报》刊发专题报道1篇。坚持学做结合，始终把“我为群众办实事”实践活动作为党史学习教育的重要抓手，深入开展环境质量持续改善惠民行动、科研创新惠民行动、服务提质增效惠民行动，分别开展面对社会公众、环境科研机构、第三方企业、结对共建乡村以及所在街道社区居民等对象的实践活动9次。

安徽省生态环境监测中心党总支书记朱余同志为离退休党员干部颁送“光荣在党50年”纪念章

结对共建献爱心　点亮群众“微心愿”

业务工作

●全面完成监测任务。

组织开展全省388个地表水监测点、207个空气质量监测点、40个酸雨监测点、141个降尘监测点、151个集中式饮用水水源地监测点、13个土壤重点风险监控点和

3347个城市声环境监测点的监测工作。组织调度全省1067家次污染源和640个入河排污口监督性监测工作。完成全省生态状况遥感调查评估、巢湖和黄山生态地面监测、国家重点生态功能区县域环境质量监测等各项生态监测工作及巢湖蓝藻应急监测等专项工作。加强生态环境质量综合分析，编制的《“十三五”安徽省生态环境质量报告书》获生态环境部嘉奖。牵头编制安徽省“十四五”生态环境监测规划，结合生态环保工作新形势、新要求对规划文本进行修改完善。

●大力加强守正创新。

开展全省空气质量和地表水水质考核评估工作，编写全省空气质量和地表水考核月度综合分析报告。定期发布全省环境空气质量、降尘、地表水和集中式饮用水水源地水质排名。组织开展全省空气质量预报，及时发布重污染天气预警。持续推进挥发性有机物自动监测能力建设，目前所有臭氧超标城市均已按要求建成并与国家联网。同时加强VOCs自动监测数据审核，组织全省技术人员成立数据审核小组，对600余万个数据进行人工审核。完成“沱湖一张图”项目实施。全面廓清流域边界和干支流水系分布、流向，整合流域环境要素信息，绘制沱湖流域水系、闸坝等水利工程位置、监测网络、入河排污口分布，以及主要污染源及治理设施分布的“一张图”，印制《沱湖、洪泽湖流域地图集》，分送各级相关管理部门。精心组织第三届安徽省生态环境监测技术大比武，创新参赛方式，由驻市中心和县级监测机构联合组队扩大参赛范围；拓展比赛内容，在原有基础理论和现场操作的基础上增加综合案例分析，提升综合分析水平。完成46家单位共540人3258项次的监测人员持证上岗考核工作，组织对8家驻市中心开展监测质量巡检，反馈意见160余条。完成全省声环境质量监测质控核查与抽测比对工作全覆盖。协助省厅对承担部分环境质量监测工作的社会检测机构开展60余家次的监测能力测评。

●着力提升智慧监测和科研水平。

启动“安徽省环境空气质量预报预警系统升级及综合分析服务项目”，加强$PM_{2.5}$和O_3协同控制研究，显著提升环境空气质量精细化管理技术支撑水平。此外，安徽省生态环境监测中心全年发表学术论文共36篇，其中10篇被中文核心期刊收录。

•• 在霍山县国家重点生态功能区开展核查

•• 在合肥市包河区开展异味调查应急监测

•• 安徽省生态环境监测中心组织开展驻市生态环境监测机构监测能力专题调研

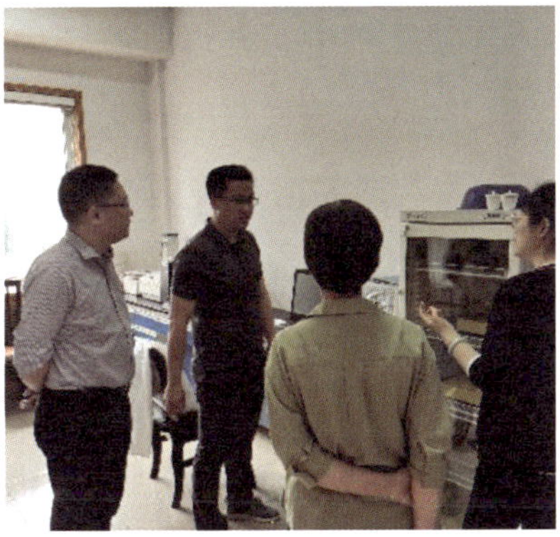

•• 开展驻市生态环境监测中心监测质量管理巡检

荣誉奖励

安徽省生态环境监测中心党总支被安徽省生态环境厅党组评为“先进基层党组织”；在全省生态环境系统“我为党旗添光彩 生态环保当先锋”演讲暨红色经典诵读比赛和“学党史、强信念、跟党走”党史知识竞赛中分别获得团体一等奖；2人荣获生态环境部第二批生态环境监测“尖端人才”称号；16人入选“三五”人才“技术骨干”；3人入选安徽省生态环境系统“10佳20优”典型；1人被安徽省生态环境厅提名为省直机关“十大杰出青年”候选人；8人分别在各类工作中获总站通报表扬，充分展示了生态环境监测人的精神风貌。

荣获全省生态环境系统“我为党旗添光彩 生态环保当先锋”红色经典诵读比赛一等奖

先进基层党组织

党史知识竞赛团体一等奖

中国国际进口博览会感谢信

2022年，安徽省生态环境监测中心认真贯彻落实习近平生态文明思想，牢记习近平总书记考察安徽重要讲话指示批示精神，把党史学习教育结合，深入学习贯彻落实习总书记“七一”重要讲话精神和党的十九届六中全会精神，坚持精准治污、科学治污、依法治污，深入打好污染防治攻坚战，将党史学习教育过程中激发出来的信念信心、热情激情，转化为攻坚克难、干事创业的具体行动，确保“十四五”起好步、开好局。

2021

福建省环境监测中心站这一年

2021年，福建省环境监测中心站坚持以习近平新时代中国特色社会主义思想为指导，深入贯彻党的十九大和十九届历次全会、省委十届十一及十二次全会、省第十一次党代会精神，在福建省生态环境厅党组坚强领导和总站悉心指导下，紧紧围绕提升改善生态环境质量中心任务，以庆祝建党100周年为时间契机，以党史学习教育为主线，以“再学习、再调研、再落实”活动为载体，以生态环境保护铁军先锋队建设为长线任务，坚持推进“讲政治、改作风、有作为、敢担当”，持续加强能力建设和队伍建设，圆满完成年度生态环境监测各项工作任务。

党建工作

●以党史学习教育为主线，推动理论学习走深走实。

坚持深入贯彻习近平新时代中国特色社会主义思想，强化党史学习教育，以“三会一课”为抓手，通过丰富载体、创新形式，多措并举抓牢思想政治建设。全年集中学习17次、专题研讨2次、知识竞赛1次、现场教学1次、主题活动11次、党史学习教育专题党课2次，组织重温入党誓词2次。

•• 参观“百年恰是风华正茂”主题档案文献展

•• “追寻红色足迹 争当绿色先锋”活动

•• 党员过集体政治生日

•• 共建主题党日活动

●以“三再”活动为载体，坚持落实党的群众路线。

成立“再学习、再调研、再落实”活动工作领导小组，制定下发《开展“再学习、再调研、再落实”活动实施方案》，结合工作实际，在全省生态环境监测系统开展学习调研活动，加强与各驻市站、县级站的交流学习。结合业务工作、融合党史学习与党建共建，开展“追寻红色足迹　争当绿色先锋”共建交流活动，引导党员干部走上一线、主动靠前、率先垂范，为基层为群众多办实事。

●以党风廉政建设为抓手，营造风清气正良好生态。

签订《2021年度全面从严治党主体责任书》，层层传导全面从严治党、党风廉政建设、反腐败斗争、意识形态工作的主体责任压力。强化制度约束保障，为党员干部上廉政微党课2次，修订完善《政府采购管理规定（2021版）》，持续抓好“中央八项规定”及其实施细则贯彻落实，推动党风廉政建设与作风建设长效常效。

●以党建创新为驱动，引领群建齐推共进。

以党建意识融入为抓手，通过深化共建、创新举措、打造品牌、塑造典型，引领铁军先锋队建设、精神文明创建以及群建工作。站支部荣获福建省生态环境厅“2019—2020年度先进基层党组织”荣誉称号，成功创建省级精神文明单位、省级青年文明号、省直级巾帼文明岗，傅彦斌同志荣获“福建省优秀科技工作者”称号，积极争创“工人先锋号”“三八红旗集体”。

●以铁军先锋队建设为献礼，隆重庆祝建党100周年。

对标对表《站铁军先锋队建设（2020—2022年）第一阶段实施方案》，组织开展全省生态环境监测系统党史知识竞赛、“党史知识天天学”“共筑百年梦 融合创未来”庆祝建党100周年主题党日、《党史故事100讲》宣传、党史学习教育专题党课《光辉的历程——中国共产党党史及成就》等活动，先后举办了第三届生态环境监测青年论坛、“师道永续 匠心传承”拜师结对、“一周一星”先进典型选树等重大活动。全年共组织3次全省生态环境监测专业技术人员业务技能竞赛，累计24支队伍近370名技术人员参赛，有力提升全省生态环境监测技术水平，推动打造一支技术高超、素质过硬的生态环保铁军先锋队。

•• 举办党史知识竞赛及第三届生态环境监测青年论坛

•• 生态环境监测理论技能竞赛

•• 战略合作签约仪式

•• “师道永续　匠心传承”拜师仪式

业务工作

根据《2021年全国生态环境监测方案》《2021年福建省生态环境监测方案》要求，按时保质保量完成国家、福建省生态环境厅的监测计划任务要求，持续提升水、气、土、生态等各方面监测能力及质量管理能力，加强队伍建设与人才培养，不断健全完善全省生态环境监测网络，为福建省生态文明建设提供坚强有力的监测支持。

●健全夯实全省生态环境监测网络，持续提升监测的“全”。

全省累计建成195座空气自动站、153座水质自动站、1座大气超级站、16座光化学站、389个流域断面、433个小流域断面、1282个土壤点、222个地下水点、

3794个噪声点、3374个农村监测点（断面）。建立涵盖重点排污单位的污染源执法监测与自行监测体系，组织对910家重点污染源开展执法监测、12312家重点排污单位开展自行监测，对103家涉及26个行业的VOCs企业进行抽查抽测。

•• 涉 VOCs 企业监督检查

●构建覆盖全省的全要素生态环境质量监测质控体系，确保数据的"真"与"准"。

加强全省质量管理指导帮扶与能力考核，完成对所有10个驻市站、77个县级监测站的质量体系运行现场检查，组织对全省监测系统79个站的能力考核与296人次的人员持证上岗考核工作。强化对水质自动监测、空气自动监测的巡检与质控，坚持做好地表水采测分离数据审核、小流域监测抽测与比对、土壤与地下水监测质控、农村环境监测质量检查。

•• 水站现场质控检查

•• 参与标准方法验证

•• 人员持证上岗现场考核

•• 土壤现场采样

●持续深化重大活动环境质量保障及专项重点工作。

坚持每日的环境空气预警预报，预报准确率达90%以上。开展福州数字峰会、世界遗产大会、厦门国际投洽会等重大活动环境质量保障；圆满完成全国土壤环境质量详查、环境应急监测及疫情防控监测、生态质量评价（EQI）国家试点等专项重点工作，建成省土壤环境质量样品库大楼，推进省级土壤环境质量综合科研基地建设。

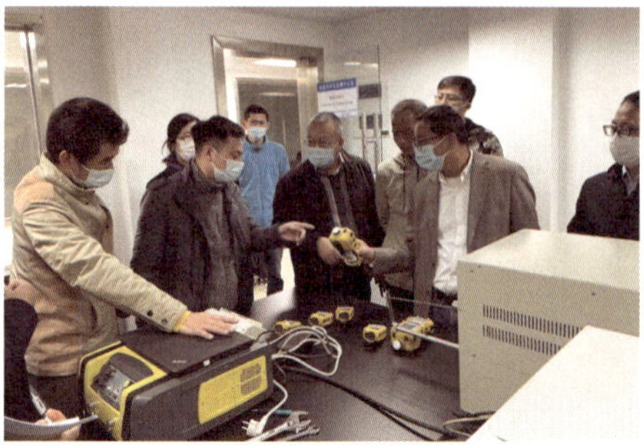

•• 应急监测能力评估

●坚持提升综合能力。

完成全省生态环境监测能力大调查，为推进生态环境监测能力现代化建设提供基础数据支撑。编制完成《福建省“十四五”生态环境监测规划》《三年行动（2020—2022年）福建省环境监测中心站省控空气自动站智能监控系统建设实施方案》《三年行动（2020—2022年）福建省环境监测中心站水质自动站建设及升级改造项目实施方案》《三年行动（2020—2022年）福建省环境监测中心站实验室基础能力建设项目实施方案》《福建省环境监测中心站突发性环境污染事故应急监测预案（2021版）》。完成2021年度27项逾8000万元的政府采购项目。完成“十四五”福建省大气、地表水、土壤、地下水等环境质量监测断面调整设置工作，强化生态环境监测能力建设，规划布局监测发展领域方向。

●持续推进协作创新。

申报省科学进步奖1项、2022年度省科技计划项目2项、省地方标准制修订项目1项、省环保科技计划项目6项。完成“天气气候变化对福建省臭氧污染形成的机理研究”“铅锌矿周边农用地土壤污染安全利用技术研究”2项环保科技计划项目验收。

•• 环保设施公众开放

与生态环境部南京环科所、江苏省环境监测中心、南京大学大气科学学院签订战略合作协议，与南平市生态环境局、省驻南平站围绕环武夷山国家公园生态领域签署战略协作意向，携手建立地区联动、合作共赢、优势互补的合作关系。

•• 机场噪声调查性监测

荣誉奖励

荣获省委、省政府文明办第十四届（2018—2020年度）“文明单位”称号；荣获福建省生态环境厅“2019—2020年度先进基层党组织”称号；站环境统计室及预警预报中心荣获“（2021—2023年）省级青年文明号”称号；荣获福建省生态环境厅、中共福建省委精神文明建设办公室“2021年度‘美丽中国，我是行动者’提升公民生态文明意识行动计划福建省先进典型”称号；荣获总站“2021年实验室能力考核成绩优异”通报表扬；荣获总站“十四五”地下水环境质量考核点位优化调整、地下水监测现状调查等工作通报表扬；荣获生态环境部环境发展中心环境标准样品研究所“协作定值任务”感谢信；荣获总站“2021年第二、三季度地方环境空气质量自动监测站数据联网传输进展”通报表扬；“十三五”

•• 荣获“文明单位”“先进基层党组织”“省级青年文明号”称号

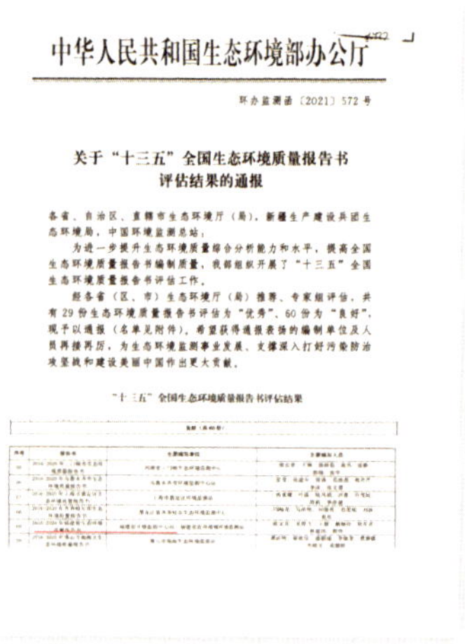
中华人民共和国生态环境部办公厅

环办监测函〔2021〕572号

关于"十三五"全国生态环境质量报告书评估结果的通报

"十三五"全国生态环境质量报告书评估结果

•• 质量报告书获生态环境部通报表扬

福建省生态环境质量报告书荣获生态环境部通报表扬；黄丹青同志荣获福建省人力资源和社会保障厅、福建省生态环境厅"全省生态环境系统先进工作者"称号；傅彦斌同志荣获福建省科学技术协会表彰第七届"福建省优秀科技工作者"称号；胡清华、宋建忠、白亮、傅彦斌等4位同志入选生态环境部第二批生态环境监测"三五"人才之"一流专家"人选名单，郭伟、陈文花等30位同志入选"技术骨干"人选名单；傅彦斌、李玲玉同志荣获生态环境部"重点行业企业用地土壤污染状况调查表现突出个人"称号；陈文

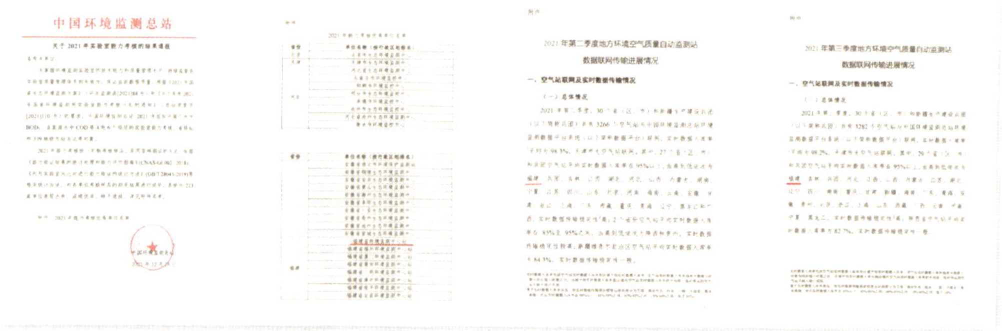
中国环境监测总站

关于2021年实验室能力考核的结果通报

2021年第二季度地方环境空气质量自动监测站数据联网传输进展情况

2021年第三季度地方环境空气质量自动监测站数据联网传输进展情况

•• 实验室能力考核成绩优异及总站通报表扬

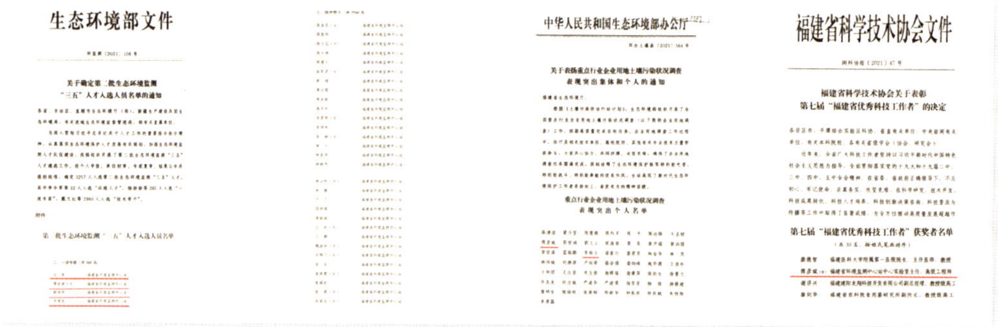
生态环境部文件

关于确定第二批生态环境监测"三五"人才入选人员名单的通知

中华人民共和国生态环境部办公厅

关于表扬重点行业企业用地土壤污染状况调查表现突出集体和个人的通知

福建省科学技术协会文件

福建省科学技术协会关于表彰第七届"福建省优秀科技工作者"的决定

•• "三五"人才入选名单、"重点行业企业用地土壤污染状况调查表现突出个人"及第七届"福建省优秀科技工作者"

花、李师炜等6位同志荣获福建省生态环境厅“2019—2020年度优秀共产党员”称号；胡清华、吴庆辉同志荣获中共福建省生态环境厅党组巡察工作领导小组办公室党支部巡察工作通报表扬；黄艳艳同志荣获中共福建省委精神文明建设办公室省级文明城市实地测评工作通报表扬；沈洁同志荣获共青团福建省直机关工委通报表扬；张福旺同志荣获福建省生态环境厅、福建省住房和城乡建设厅表彰“环保设施向公众开放优秀讲解员”称号；林峰、林显华同志荣获总站“全国声环境监测质量监督核查、机场噪声调查监测及光污染防治研究等工作”通报表扬；林晓杰同志荣获总站“疫情防控应急监测工作”通报表扬；林显华、徐芹磊同志撰写的《关于开展“传帮带”促进人才成长的提案》荣获福建省总工会优秀提案表彰；林晓杰同志撰写的《基层工会加强和改进“党建带工建”工作的实践与思考》荣获福建省直机关工会表彰课题调研获奖文章三等奖。

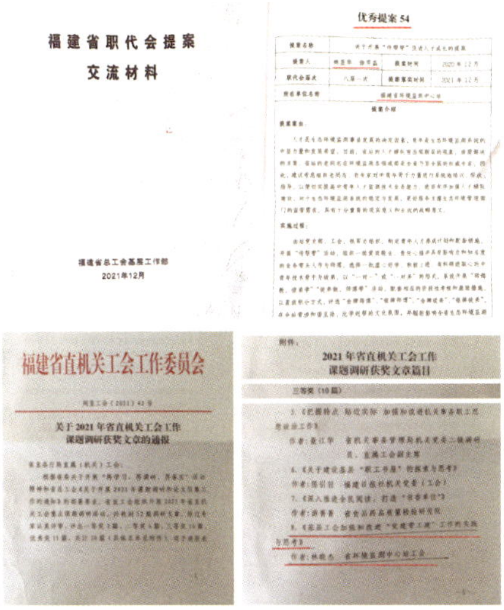
福建省职代会提案交流材料

福建省总工会基层工作部
2021年12月

优秀提案 54

福建省直机关工会工作委员会

关于2021年省直机关工会工作课题调研获奖文章的通报

2021年省直机关工会工作课题调研获奖文章篇目

•• 优秀提案及课题调研受到表彰

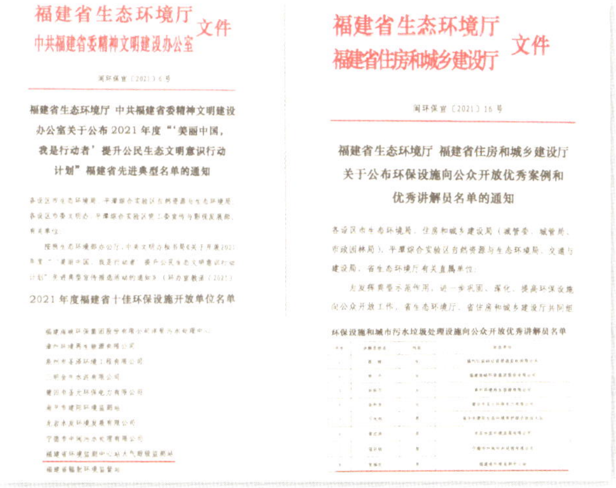
福建省生态环境厅
中共福建省委精神文明建设办公室 文件

福建省生态环境厅 中共福建省委精神文明建设办公室关于公布2021年度“‘美丽中国，我是行动者’提升公民生态文明意识行动计划”福建省先进典型名单的通知

2021年度福建省十佳环保设施开放单位名单

福建省生态环境厅
福建省住房和城乡建设厅 文件

福建省生态环境厅 福建省住房和城乡建设厅关于公布环保设施向公众开放优秀案例和优秀讲解员名单的通知

•• 十佳环保设施开放名单及优秀讲解员

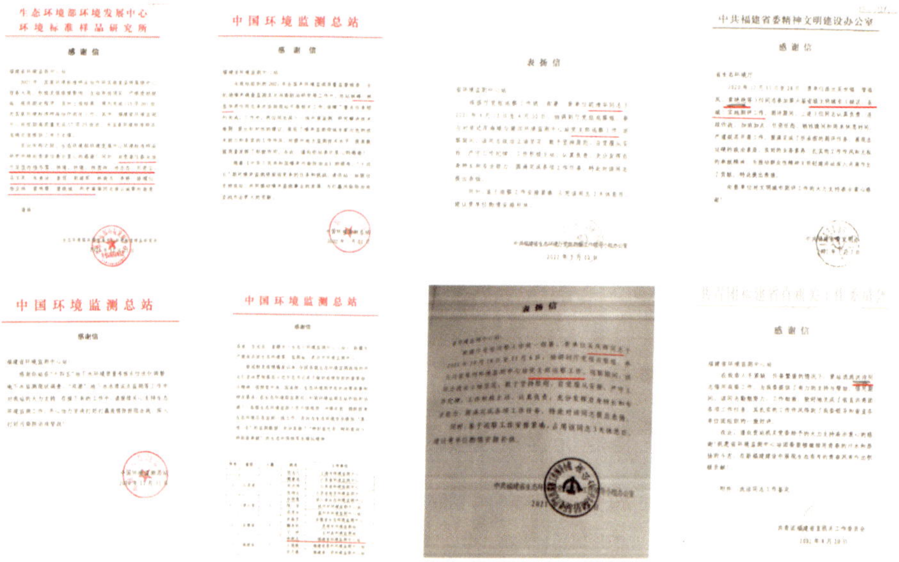
生态环境部环境发展中心
环境标准样品研究所
感谢信

中国环境监测总站
感谢信

表扬信

中共福建省委精神文明建设办公室
感谢信

中国环境监测总站
感谢信

中国环境监测总站
感谢信

表扬信

感谢信

•• 各类感谢信

2022年，福建省环境监测中心站将继续紧紧围绕建设习近平生态文明思想的先行示范区和美丽中国示范省，坚持党建引领，奋进冲刺生态环保铁军先锋队建设（2020—2022）第一阶段目标，持续提升生态环境监测能力水平，坚决打好打赢升级版的污染防治攻坚战，描绘展示“美丽福建”瑰丽画卷，奋力谱写全面建设社会主义现代化强国的福建篇章，胼手胝足，不懈奋斗。

2021

江西省生态环境监测中心这一年

2021年是江西省生态环境监测中心成立年，也是“十四五”规划的开局之年。在江西省生态环境厅党组的坚强领导和总站的指导下，江西省生态环境监测中心以习近平新时代中国特色社会主义思想为指导，以支撑“精准治污、科学治污、依法治污”为目标，做好事业单位改革试点，狠抓生态环境监测能力建设，严守生态环境监测数据质量，抓好固废管理和生态环境评估服务，打造生态环境监测铁军队伍，为助力江西省打好污染防治攻坚战和建设美丽中国江西样板提供了坚实有力的技术支撑。

党建工作

●压实政治建设“责任链”。

坚持把政治建设放在首位，自觉把“两个维护”作为根本政治规矩，结合党史学习教育强化政治理论学习，提升党员干部政治站位，加强党性锤炼，砥砺政治品格。江西省生态环境监测中心主任切实履行党建第一责任人职责，其他党员领导干部认真履行分管范围内的党建责任，坚持党建工作和业务工作一起谋划、一起部署、一起考核，形成一级抓一级、层层抓落实的党建工作格局。

●把牢理论武装“总开关”。

利用“三会一课”、支部书记讲党课、支部交流讨论、干部网络学习、“学习强国”App和党员自学等多种形式开展理论学习，牢记习近平总书记“作示范、勇争先”殷殷嘱托，勇毅前行，争创一流业绩。坚持以党建促业务，加强党建与业务工作同频共振、深度融合，2021年各项重点工作进展顺利，为江西省深入打好污染防治攻坚战提供了强有力的支撑服务。

●提升基层支部“组织力”。

2021年3月以来，江西省生态环境监测中心组织完成了本级6个党支部的组建、选举工作，产生了新支部；组织完成了11个分中心党员的党组织关系转移以及11个分中心党支部换届选举工作；2021年年底，江西省生态环境监测中心328名党员分别纳入17个党支部进行日常管理。此外，江西省生态环境监测中心党代会于2021年12月28日召开，选举产生了第一届党委会。

●绷紧正风肃纪“高压线”。

严格落实“中央八项规定”，深入整治“四风”问题和“怕、慢、假、庸、散”作风顽疾。坚持问题导向、对症下药，深入开展江西省生态环境监测中心个别人员违纪违法案例警示教育，不断完善党内纪律的制度化建设，不断加强监督执纪的力度和水平，使纪律成为真正带电的“高压线”。

●创建精神文明“常态化”。

举办了5期道德讲堂，开设了“先进典型”和“好人榜”宣传专栏，开展抗击疫情、爱国卫生、春蕾一日捐、“送温暖、送知识”“我为群众办实事”等活动。继续加强文明单位建设，连续15年被评为省、市、区级“文明单位”。

•• 江西省生态环境厅党组书记、厅长徐延彬在省生态环境监测中心调研

•• 江西省生态环境厅党组成员、副厅长龙刚，驻厅纪检组指导省生态环境监测中心党委党史学习教育专题民主生活会

•• 杨国华主任参加第三党支部“传承红色文化，弘扬革命精神”主题党日活动

•• 召开中共江西省生态环境监测中心第一次党员代表大会

•• 倪旺珍副主任在中心文明帮建村安义县珠珞村开展走访慰问困难家庭活动

水质土壤监测室开展“2021年全省科技活动周暨科普进校园”主题实践活动

水质土壤监测室开展“我为青年办件事”主题实践活动

省生态环境监测中心工会举办“新时代　新征程　新跨越　新风尚”职工趣味运动会

业务工作

●事业单位改革创出“江西速度”。

在江西省生态环境厅党组的高频指导、高标驱动下，江西省生态环境监测中心按照改革工作方案要求，快速整合原15个单位，于2021年3月30日完成法人登记、社会信用代码赋码、银行开户、人员划转等一系列改革事项，改革工作位列全国、全省前列，创下“江西速度”。

●监测质量管理提供“江西样板”。

江西省生态环境监测中心顺利通过“1+N”多场所国家级资质认定评审，开创了“一张证书多个场所”评审的先河，探索了异地、远程质量管理的新模式，提供了可复制、可借鉴的“江西样板”，得到了生态环境部和江西省人民政府的高度肯定。

●支撑环保工作点亮“绿水青山”。

一是助力蓝天保卫战。发挥牵头作用，会同江西省生态气象中心等单位，建立工作协商机制，为污染防控提供有力支撑。2021年预报准确率为96%；数据审核入库率和传输率分别为100%和99%，分别位列全国第一和第四。**二是**助力碧水保卫战。协助完善重点风险断面水质预警联动机制，配合建立水质日报工作群，不断强化重点断面周边区域水污染监控力度，为完成国考断面年度目标任务和确保赣江干流达Ⅱ类标准提供精准支撑。**三是**助力净土保卫战。完成重点行业企业用地土壤污染状况调查，深入推进工业园区地下水试点监测，持续优化省危险废物监管平台功能，配合开展废铅蓄电池集中收集和跨区域转运试点，并作为先进代表在全国固废管理培训班上做典型发言。

●环保科研项目获得“丰硕成果”。

江西省生态环境监测中心在完成世界银行基金再生铜减排示范项目、牵头或参与十项国家及地方监测标准修订的基础上，又成功申报03专项科研课题，将摸清区域、行业碳排放状况及产业、能源结构底数，为江西省“碳达峰、碳中和”决策提供科学依据。

●服务环保能力得到“显著提高”。

江西省生态环境监测中心从单纯提供监测数据的“搬运工”向综合分析研判的“智囊团”转变，不断供给高质量的综合分析报告，其中《2021年6月5—8日全省臭氧污染过程分析报告》作为专报报送江西省委、省政府，省委书记（时任省长）易炼红专门批示并给予高度肯定。

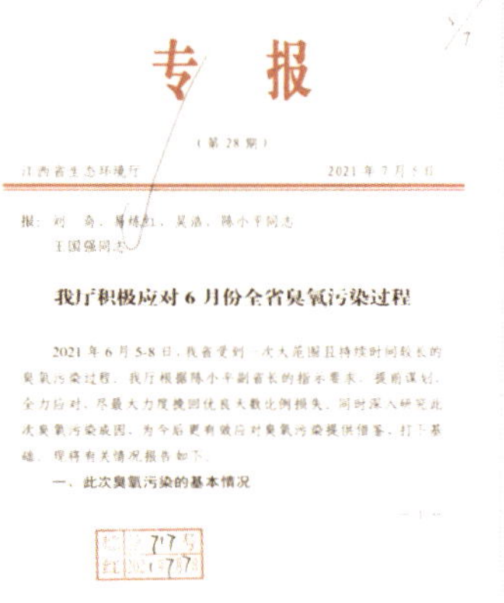
专 报

（第28期）

江西省生态环境厅 2021年7月5日

报：刘奇、易炼红、吴浩、陈小平同志
王国强同志

我厅积极应对6月份全省臭氧污染过程

2021年6月5-8日，我省受到一次大范围且持续时间较长的臭氧污染过程。我厅根据陈小平副省长的指示要求，提前谋划，全力应对，尽最大力度挽回优良天数比例损失，同时深入研究此次臭氧污染成因，为今后更有效应对臭氧污染提供借鉴、打下基础。现将有关情况报告如下：

一、此次臭氧污染的基本情况

省生态环境监测中心专报得到省委书记（时任省长）易炼红高度肯定

●管理制度建设规范“权力运行”。

坚持用制度管人、管事、管权，全中心2021年先后出台了《考勤管理办法（试行）》《政府采购管理实施细则》《工作日程报备制度》等73项制度规定。在省本级试行了钉钉打卡、网上报账等管理举措，并对远程管理和异地监督进行了积极探索。

•• 省生态环境监测中心 2021 年资质认定复评审会议（主会场）

•• 厅党组成员、副厅长舒飞庚在省生态环境监测中心调研土壤和固废工作

•• 杨国华主任一行在南昌县南湖村国考断面调研水质监测与预警工作

•• 曹炳伟副主任与省气象局就发挥气象专业服务精准支撑江西省打赢蓝天保卫战开展座谈

•• 中心在西藏格拉丹东长江源开展环境质量监测和生态调查

荣誉奖励

江西省生态环境监测中心被中共江西省委、省政府授予“第十六届江西省文明单位”称号；

网络和统计评价处被生态环境部授予“重点行业企业用地土壤污染状况调查表现突出集体”称号；

网络和统计评价处被中共江西省委、省政府授予“江西省生态文明建设先进集体”称号；

分析和质量控制处水质土壤监测室被共青团江西省委等部门联合授予“2019—2020年度江西省青年文明号”称号；

江西省生态环境监测中心有29人入选全国第二批生态环境监测“三五”人才，其中4人入选“一流专家”，25人入选“技术骨干”；

中国共产党江西省委员会

中共江西省委 江西省人民政府
关于表彰第七届江西省文明城市、文明村镇和第十六届江西省文明单位的通知

•• 江西省生态环境监测中心荣获“第十六届江西省文明单位”称号

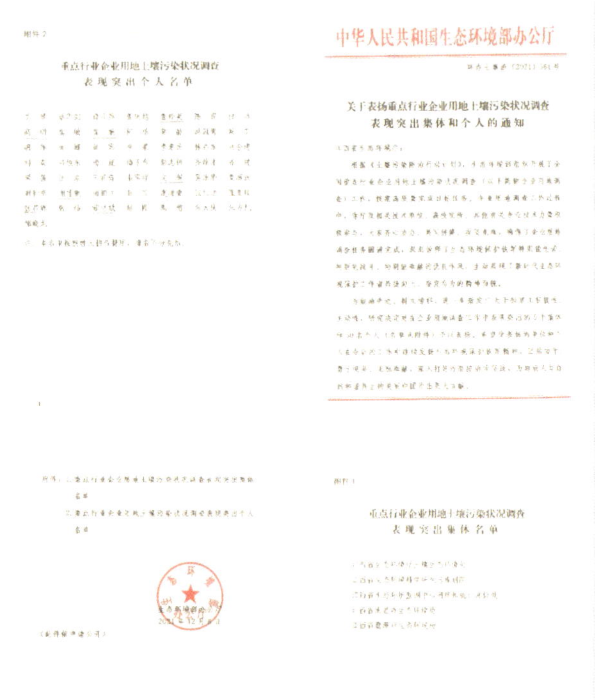
中华人民共和国生态环境部办公厅

关于表扬重点行业企业用地土壤污染状况调查表现突出集体和个人的通知

附件2

重点行业企业用地土壤污染状况调查表现突出个人名单

附件1

重点行业企业用地土壤污染状况调查表现突出集体名单

•• 网络和统计评价处被生态环境部授予“重点行业企业用地土壤污染状况调查表现突出集体”称号

•• 网络和统计评价处荣获“江西省生态文明建设先进集体”

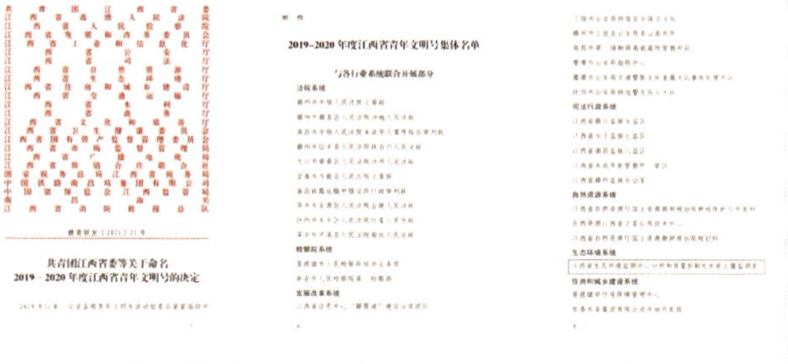

•• 分析和质量控制处水质土壤监测室被授予“2019—2020年度江西省青年文明号”

•• 4人入选生态环境监测“三五”人才“一流专家”，25人入选生态环境监测“三五”人才“技术骨干”

张慧敏同志荣获“全国五一劳动奖章”“省直机关优秀共产党员”“巾帼建功标兵”称号；

陈美芬同志荣获“巾帼建功标兵”称号；

康长安同志荣获“2021江西最美环保人”称号。

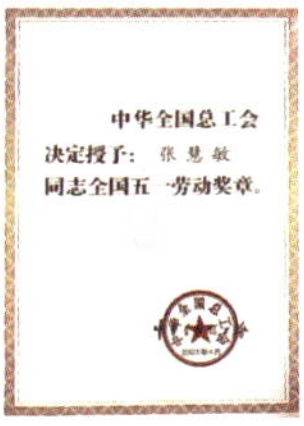

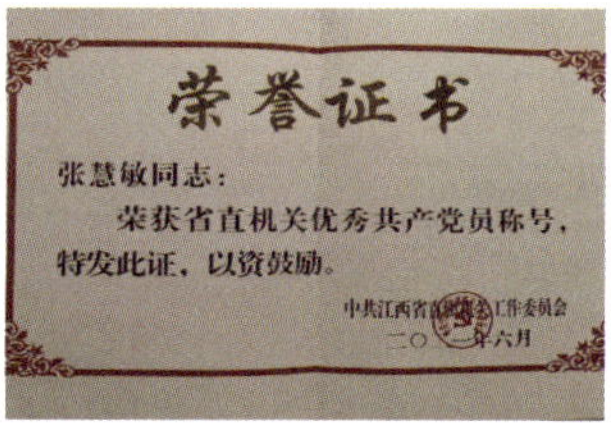

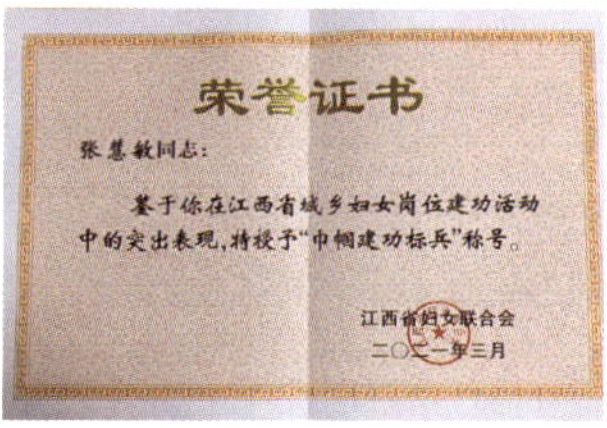

•• 张慧敏同志荣获“全国五一劳动奖章”“省直机关优秀共产党员”“巾帼建功标兵”称号

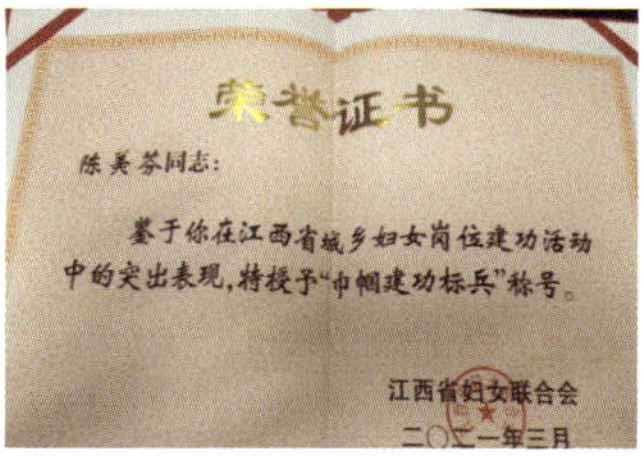

•• 陈美芬同志荣获“巾帼建功标兵”称号

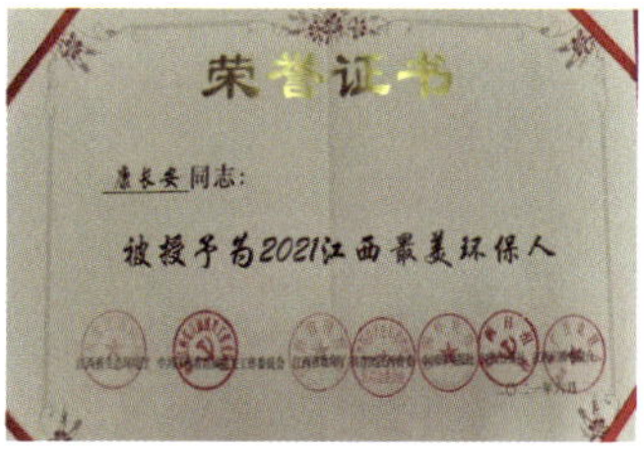

•• 康长安同志荣获“2021江西最美环保人”称号

金牛辞旧岁，瑞虎迎新春。2022年，江西省生态环境监测中心将深入学习贯彻习近平总书记生态文明思想，围绕生态环境保护中心工作，狠抓生态环境监测能力现代化建设、补齐生态环境监测能力短板、提高生态环境监测数据分析水平，严守生态环境监测数据质量“生命线”，抓好固废管理和生态环境评估工作，做好事业单位改革“后半篇”文章。全体干部职工将以虎虎生威的雄风、生龙活虎的干劲、气吞万里如虎的精神，适应新常态、奋力新作为、创造新业绩、树立新形象，以优异成绩迎接党的二十大胜利召开！

2021

山东省生态环境监测中心这一年

2021年是“十四五”开局之年，在山东省生态环境厅和总站的领导与指导下，山东省生态环境监测中心坚持以习近平新时代中国特色社会主义思想为指导，以网络建设、数据质量为抓手，规范完善监测管理，不断拓展业务领域，全面推进信息应用，深化监测数据分析，聚焦重点领域大胆创新，用“真、准、全”的生态环境监测数据为全省环境管理工作提供依据，为深入打好污染防治攻坚战提供支撑保障。

党建工作

●严格政治责任落实。

始终把抓党建作为“第一责任”，制定年度党建工作实施方案并组织实施；落实“第一议题”制度，及时学习贯彻习近平总书记重要讲话、重要指示批示精神和省委、省政府、厅党组的决策部署，不断提高政治判断力、政治领悟力、政治执行力；坚持党建与业务工作同研究、同部署，推动党建与业务互融共进。

•• 山东省生态环境厅党组书记、厅长宋继宝到山东省生态环境监测中心调研

•• 山东省生态环境厅副厅长侯翠荣到中心第二党支部座谈调研

●坚持思想武装。

制订《2021年度理论学习计划》《2021年度党员学习教育计划》，党委理论学习中心组13次集体学习研讨，召开党委（支部）会、党员大会、党小组会及讲党课200余次，开展“主题党日”活动25次，充分利用红色资源开展革命传统教育，每半年组织党员干部撰写思想汇报，分析思

•• “感悟初心·忠诚为民”主题党日活动

想形势、研究意识形态工作，党员、青年干部的思想素养进一步提升。

●狠抓党史学习教育。

印发《山东省生态环境监测中心党史学习教育实施方案》和配档表，组织原原本本学“四史”指定学习材料，开展学习交流辅导8次、红色教育基地现场教育12次、“我为群众办实事”实践活动200余次，进一步坚定了党员干部的理想信念。

党史学习教育动员会

●加强完善党组织机构建设。

完成事业单位并入党员队伍整合，根据工作需要，增选了党委委员，成立第四党支部，进一步规范完善党组织建设。

●持续加强党风廉政建设。

学习贯彻中纪委十九届五中全会、省纪委十一届六中全会精神，举行“六五环境日”普法宣传，开展形式主义、官僚主义、“四风”问题自查自纠和“严真细实快”工作作风建设大讨论，组织岗位廉政风险排查，加强政府采购招标项目检查监督，培养廉洁自律、干事创业的监测队伍。

●深入开展文明创建活动。

举办“亲近自然 环保登山”活动，开展义务植树、爱心捐款、无偿献血、社区服务、“监测知识进校园”等公益活动100余次，举办“环保杯”篮球友谊赛、读书交流、健康知识讲座、瑜伽练习等活动。履行文明单位协作区秘书长单位职责组织开展文明创建活动，成功举办协作区羽毛球比赛。

山东省直机关庆祝建党 100 周年大合唱

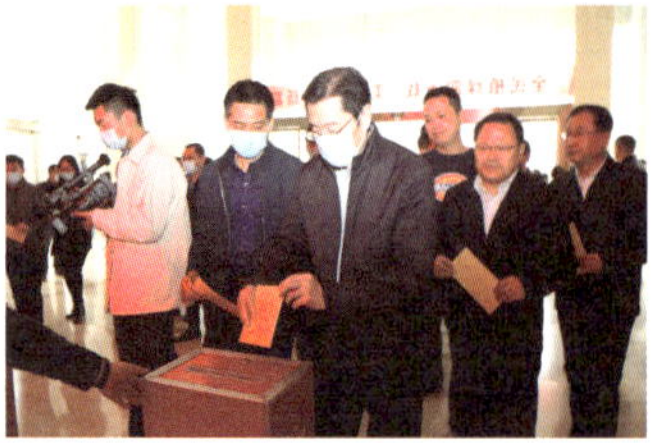

•• 为患病职工爱心捐款

•• 监测知识进校园

•• 张存良在全厅处级干部学习习近平总书记“七一”重要讲话精神专题学习班暨先模事迹报告会上作报告

业务工作

●织密水环境质量监测网络。

按照“应建尽建、全面覆盖”的原则，新建水质自动监测站122个，技术升级178个，共设置全省自动监控断面432个，实现了主要河流和湖库水质自动监测全覆盖和主要污染物的实时监测。461个省控断面继续实施每月地表水“采测分离”。

•• 地表水环境质量采测分离

•• 黄河流域水生生物监测

●提升大气环境质量监测水平。

完成14个$PM_{2.5}$和O_3协同监测站、22个新增省控空气站建设，达到国家“十四五”能力建设方案要求。做好冬奥会保障，完成1094个县级站和乡镇站的联网。空气质量级别和首要污染物预报准确率同比分别提高4.3个和6.3个百分点。开展11市33个重点区域走航监测帮扶。

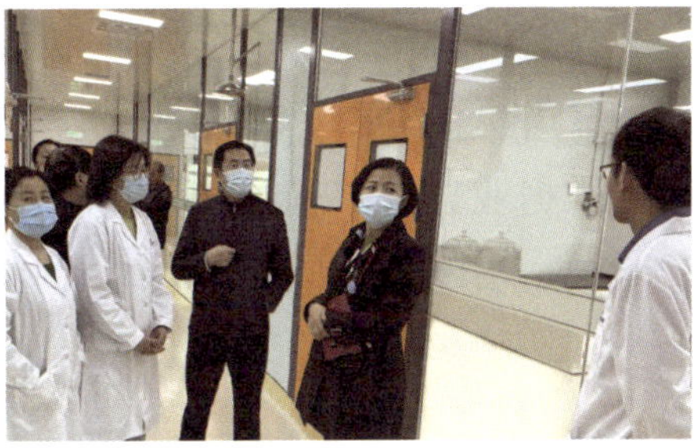

•• 侯翠荣副厅长到二噁英实验室检查指导工作

●圆满完成土壤及生态环境质量监测。

组织完成271个国控点位土壤环境监测任务。开展全省秸秆禁烧每日遥感监测，为秸秆禁烧提供技术支撑。完成2015—2020年全省生态状况遥感调查评估、13个国家重点生态功能区县域生态环境质量监测与评价。

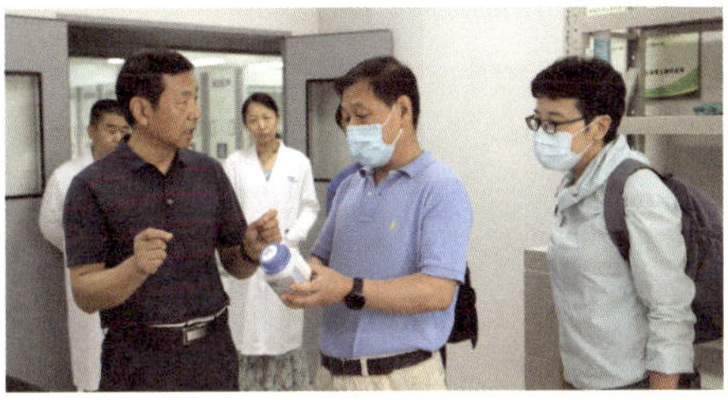

•• 管言明副厅长到土壤样品库调研指导工作

●污染源在线监控企业和点位数量居全国首位。

新增1624个点位与省级联网，联网重点监管企业达6650家10975个点位，发现并推送自动监控日均值超标信息2000余家次。在全国重点行业自动监测数据标记和电子督办试点工作中，率先实现工况参数与国家联网。

●多措并举管控数据质量。

开展全省打击自动监测数据弄虚作假“清源”行动，发现问题排污单位及运维机构单位260家。建成社会生态环境监测机构、污染源自动监测运维机构管理平台，实现社会监测机构和自动监测运维机构全过程链条式管理，查处弄虚作假行为监测机构16家，20余家运维机构因无法满足管理要求退出山东市场。山东省生态环境监测中心能力验证及实验室能力考核结果均为满意。

●生态环境监测信息化取得创新性成果。

坚持大数据思维，依托“互联网+”模式，持续推进生态环境监测信息化建设。“山东省社会生态环境监测机构监测质量管理信息服务系统”“山东省生态环境大数据业务应用平台”和“全省生态环境自动监控系统”等3个项目被山东省大数据局评为 2021年大数据创新应用典型案例，初步建成生态环境监测综合管理信息系统，连续5年荣获山东信息协会网络安全和信息化工作先进单位。在全国生态环境智慧监测创新应用工作会议上作典型发言。

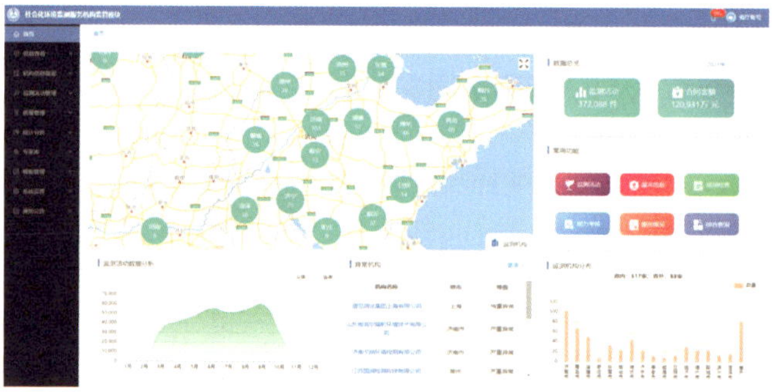

•• 社会监测机构质量管理信息服务平台

●应急监测能力评估名列全国第一。

率先在全国启动驻市中心应急监测能力评估试点。圆满完成5起突发环境事件应急监测，组织开展4次应急监测演练。

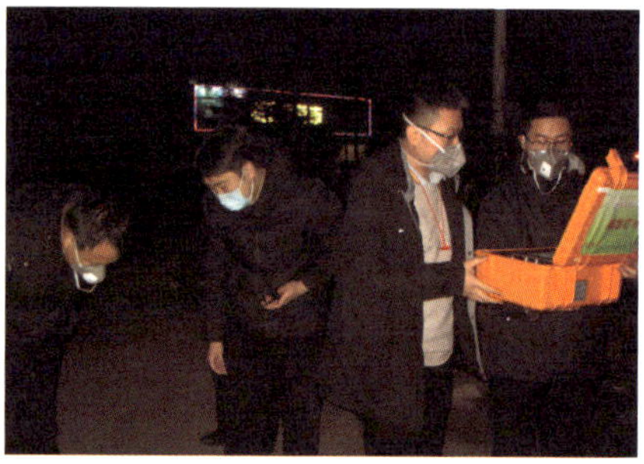

•• 应急监测现场

●不断强化数据分析及技术研究。

编制《山东省环境质量和污染源监测月报》《环境自动监控超标快报》《秸秆禁烧遥感监测日报》等各类报告2000余份。编制发布山东省环境标准12项，发表论文40篇，出版专著1部，获国家专利36项，软件著作权20项。

•• 驻市监测中心现场帮扶指导

•• 在全省检察机关公益诉讼现场勘验与取样技术培训班上授课

荣誉奖励

《山东省生态环境质量报告书（2016—2020年）》在生态环境部评估中获得“优秀”等级。

生态环境部第二批生态环境监测“三五”人才评选中，田贵全、解军2人入选“尖端人才”，金玲仁等11人入选“一流专家”，徐标等45人入选“技术骨干”。

获生态环境部“重点行业企业用地土壤污染状况调查表现突出集体”，刘伟、潘光等7名同志被评为“表现突出个人”。

参加省直机关庆祝建党100周年大合唱比赛，荣获“最佳团队奖”。

社会生态环境监测机构监测数据质量管理信息服务平台入选省数字强省建设大数据创新应用典型案例，生态环境部在全国推广山东做法。

《山东省环境质量和污染源监测月报》4次获厅主要领导批示肯定。

质量管理室获共青团山东省省直机关工作委员会2019—2020年度省直机关“青年文明号”荣誉称号。

张存良获山东省“五一”劳动奖章、“省直机关优秀共产党员”、“新时代岗位建功劳动竞赛标兵个人”。

王东安获“2020年度省直机关群众工作先进个人”称号。

申恒梅、王桂霞、刁鸣雷、汪磊、冯德达获省生态环境厅“环境空气质量突出问题排查整改工作表现突出个人”称号。

吴奉战获郓城县委政法委、县见义勇为协会“见义勇为模范”荣誉称号。

“监测知识进校园”被省委宣传部等14部门评为全省学雷锋志愿服务“四个100”最佳志愿服务项目。

获共青团省直机关工作委员会首届“最美青年志愿服务集体”称号。

《中国环境报》要闻版头条以《提升监测能力　构建技术体系　服务执法监管　山东有机物监测形成拳头》为题报道省监测中心有机物监测工作。

中国环境报

要闻 | 05

责编:马新萍 电话:(010)67164950 传真:(010)67113772 E-mail:zghjbzkyb@sina.com

2021.12.14 星期二

提升监测能力 构建技术体系 服务执法监管

山东有机物监测形成拳头

坚持问题导向，提升监测能力

强化科研创新，构建技术体系

服务执法监管，改善环境质量

党政领导 抓落实

青海省副省长刘涛主持召开专题会议强调

努力把三江源国家公园建设好管理好

西安市委书记方红卫发出动员令

主动认领问题 标本兼治抓整改

•• 《中国环境报》要闻版头条报道省监测中心有机物监测工作

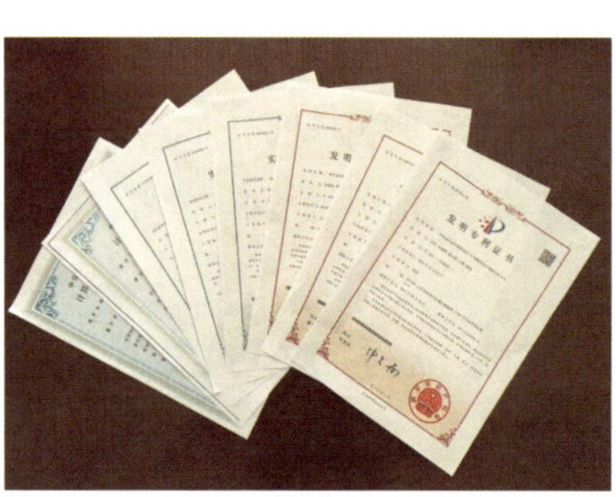

•• 获国家专利 36 项

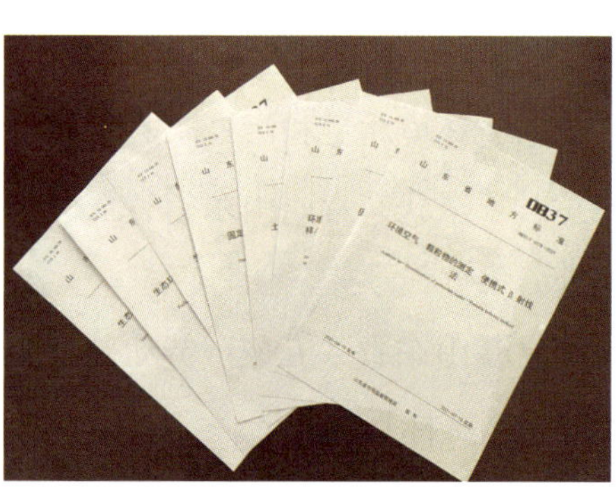

•• 编制发布山东环境标准 12 项

《大众日报》以《守好环保"生命线" 构建生态环境大监测格局》为题报道省监测中心工作。

连续23年获"省级文明单位"称号。

••《大众日报》专题报道省监测中心创新发展纪实

2022年是实施“十四五”规划的关键一年，是全面建设社会主义现代化国家、向第二个百年奋斗目标进军新征程的重要一年，山东省生态环境监测中心将深入学习贯彻习近平生态文明思想，紧紧围绕生态环境保护中心工作，持续推进“严、真、细、实、快”工作作风建设，主动作为、开拓创新，认真谋划新污染物监测，不断提高生态环境监测体系与监测能力现代化水平，以优异成绩迎接党的二十大胜利召开。

2021

山东省济南

生态环境监测中心这一年

云雾润蒸华不注，波涛声震大明湖。这里是济南，一座山、水、天、人融合发展，经济发展与生态文明建设齐头并进的和谐城市。2021年是党的百年华诞，也是“十四五”的开局之年。这一年，山东省济南生态环境监测中心以习近平新时代中国特色社会主义为引领，深入践行习近平生态文明思想和全国生态环境保护大会精神，紧紧把握黄河流域生态保护和高质量发展战略机遇，围绕蓝天、碧水、净土三大保卫战，发挥“支撑、引领、服务”三大作用，奋力推进污染防治攻坚，用监测力量守护泉城蓝天碧水，不断为新形势下生态文明建设贡献力量。

党建工作

绿水青山党旗红，监测铁军争先锋

●筑牢政治思想“压舱石”。

•• “百年风雨铸辉煌，不忘初心跟党走”建党 100 周年合唱比赛

成立党建工作领导小组，专题研究党建工作。制定年度理论学习方案和月度计划，组织“三会一课”80余次、主题党日40余次、谈心谈话100余人次，参观党性教育基地6次。举办主题演讲比赛，参加建党百年合唱比赛荣获“最佳团队奖”。开展“双报到”办实事、解难题，收到社区锦旗，典型做法入选《山东省生态环境系统“我为群众办实事”典型案例汇编》。

•• 参观“让党旗永远飘扬”建党 100 周年主题展

•• 组织“童心守护泉城碧水”环保教育主题党日活动

•• 开展“无偿献血党员先行”主题党日活动

•• “双报到”走进社区宣传垃圾分类知识

•• 党委书记调研预报预警中心

•• “一盔一带，安全出行”交通文明宣传活动

●打造干部队伍“领头雁”。

落实干部竞聘上岗、职称评聘和各类人才政策，完成垂改后首次岗位设置和竞聘，为担当作为干部职工增加绩效考核分值，充分体现“让想干事的有机会、能干事的有舞台、干成事的有地位”。40人获国家“三五”人才称号，引进博士后1名，12人次在国、省、市级会议作典型发言或经验介绍。

●抓实组织建设筑“堡垒”。

以党支部评星定级办法规范支部活动。建立“绿水青山党旗红，监测铁军争先锋”党建品牌，形成以党委为核心的“1+4”党建品牌集群，党建案例入选《山东省生态环境系统机关党建工作优秀案例选编》。29名同志获评中心“优秀党员”，第三支部被评为市直机关“过硬党支部”。

•• “1+4”党建品牌集群建设

●狠抓作风纪律“警戒线”。

对标对表“严、真、细、实、快”作风建设20条措施，开展“作风提升大讨论”，建立班子成员科室联系点制度，实行“一线工作法”。成立纪检工作领导小组，利用《今日纪声》开展常态化廉政教育。严格执行“四位一体”监督制度，实施重要节日廉政提醒和来访人员登记，发放电子问卷调查表，探索与服务单位、政府采购供应商联合构建廉政工作新机制。

业务工作

担当作为履职责，
科研监测结硕果

●入选全国首批碳监测评估试点城市，不断开拓新监测领域。

2021年9月，生态环境部印发《碳监测评估试点工作方案》，济南市作为首批试点城市将在全国率先启动碳监测相关工作。12月，在总站举办的经验交流会上，中心作监测方案编制交流发言。开拓大气监测新领域，为济南市减污降碳工作奠定前期基础。人工智能深挖交通、环境大数据，实现机动车污染物排放清单动态更新。建成济南市源排放清单综合分析系统，实现了源清单结果一键推送空气质量预报预警模型，提高空气预报准确率。以人工智能深挖交通、环境大数据，开创性地构建了车流量预测系统，建立了机动车污染物排放动态清单，满足了管理部门对机动车污染精准治理的迫切需求。

●探索建立水生态监测评价体系，水生态监测走在全省前列。

组织开展了“小清河水生态评价方法研究”，探索建设本地化水生态监测体系和评价体系。参编2项国家淡水生物监测标准技术规范，水生态监测能力走在全省前列。积极筹建黄河流域水生生物实验室和生态地面观测站，为生态环境监测发展夯实硬件基础。

●“小清河济南段水质提升工程试验研究”成功应用，成果有效促进流域水质改善。

“小清河水质提升工程试验研究”顺利结题并成功应用于流域水环境管理，小清河年均水质首次达到地表水Ⅲ类标准，创有监测数据以来最好水平，河段水质改善案例被评为“以督促改见成效”典型示范案例。承担国家自然科学基金项目“典型真核绿藻（*Chlorella vulgaris*）砷代谢关键功能基因的分析及其调控机制研究”、山东省科技创新工程“山东近海环境高效治理关键技术方法研究与示范”课题，研究成果有力地支撑了流域水土环境治理。

●遥感监测扩大到省会城市圈6地市，打破“信息孤岛”，数据共享共用。

2021年夏秋季臭氧污染高峰期间，集中力量对济南、淄博2市VOCs排放高值区进行了遥感解译，首次实现了监测数据跨区域共享共用。完成《山东省省会城市圈裸露地面遥感监测报告》，通过对淄博、泰安等6地市裸露地面进行解译，为省会城市圈颗粒物污染联防联控提供了科学指导。在海上突发环境事件应急监测处置工作中，遥感监测有效协助沿海地市进行了环境评估工作。打破“信息孤岛”，数据共享共用，释放监测垂改红利。

●开展山东省黄河流域生态状况评估，为黄河流域生态保护与高质量发展保驾护航。

完成2015—2020年山东省黄河流域生态状况及变化调查评估，提取了黄河流域山东段生态状况评价各项指标。对生态系统格局、生态系统质量、生态系统服务功能进行了详细评估，针对当前黄河山东段存在的主要生态问题提出治理对策和建议，为黄河流域生态保护与高质量发展奠定坚实基础。

●技术帮扶助力市以下监测垂改，“一总多分”新监测模式顺利落地。

在充分摸底区县分中心监测能力的基础上，编制了《济南市区县站监测能力建设三年行动计划》，勾画市以下监测机构改革三年发展蓝图。连续4年组织优质实验室及岗位能手劳动竞赛，以竞赛评优，激励分中心监测人员学业务、练技能、争先进，提高基层监测队伍技术水平。3个党支部分别与区县分中心结成帮扶对子，一区一策，找准症结，因地制宜的解决区县能力建设问题。以技术帮扶助力济南市“一总多分，分区布局”的新监测模式建设。

•• 氨逃逸试点监测

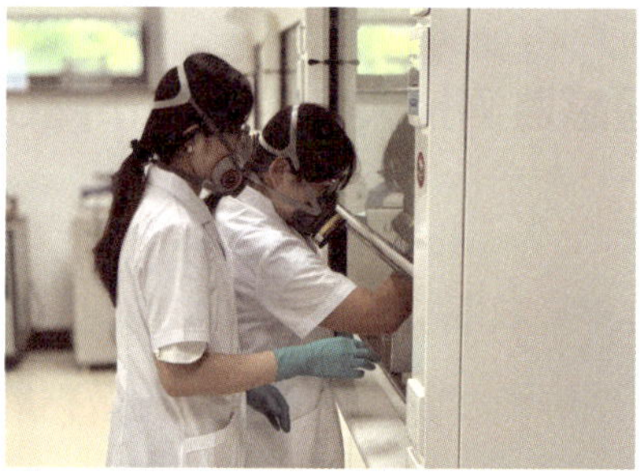

•• 垃圾渗滤液样品分析

•• 碳监测试点选址调查

•• 遥感监测野外核查

•• 土壤环境例行监测

•• 夜间企业监督性监测

•• 重型柴油车尾气监测

•• 黄河突发环境事件应急演练

荣誉奖励鼓士气，再接再厉立新功

荣誉奖励

•• 各类表扬信感谢信

40人获生态环境部“三五”人才“尖端人才”称号；

荣获总站2021年度“能力考核优秀单位”称号；

连续14年获“省级文明单位”称号；

连续2届获“山东省青年文明号”荣誉称号；

1人被评为“山东省生态环境系统改革表现突出个人”；

1人家庭被评为山东省生态环境系统“最美家庭”；

获“绿色星火”公益项目获济南市青年志愿者服务项目铜奖；

1人被评为“济南市优秀科技工作者”；

以第一作者发表论文66篇，其中SCI、EI 及核心期刊20篇，获得专利授权20项，完成地方标准2项，参编2项国家标准技术规范。

•• 获生态环境部“三五”人才“尖端人才”称号

•• 获济南市政府系统优秀调研成果三等奖

•• 获济南市政府系统优秀调研成果优秀奖

•• 获“济南市优秀科技工作者”称号

•• 获济南市青年技术创新能手

•• 获济南市青年志愿者服务项目铜奖

2022年，山东省济南生态环境监测中心将继续牢牢把握监测机构垂改和黄河流域高质量发展机遇，发挥省会城市带头作用，高举“先锋队”的旗帜，拿出“顶梁柱”的担当，紧扣生态文明建设新形势，努力实现传统监测向高质量监测转型，为生态文明建设和新时代社会主义现代化强省会建设贡献更大力量！

2021

山东省青岛
生态环境监测中心这一年

碧海蓝天风帆劲，踔厉奋发正当时。2021年，在山东省生态环境厅和青岛市生态环境局的坚强领导下，在总站和山东省生态环境监测中心的关心指导下，山东省青岛生态环境监测中心深入践行习近平生态文明思想，全面贯彻新发展理念，立足监测事业新发展阶段，凝心聚力，乘势而上，主动融入新时期生态环境保护工作大格局。

这一年，青岛生态环境监测中心坚持以提升监测效能、服务管理决策为宗旨，紧扣“三个治污”，聚焦监测职能定位，围绕省市中心任务，强政治，深化党建品牌建设与监测业务工作互融并进；提能力，“十三五”生态环境质量报告书得到生态环境部通报表扬；敢担当，青岛生态环境监测中心攻坚突击队荣获“山东省青年文明号”称号；创一流，空气质量预报准确率达到全省第一、全国前列；树品牌，着力打造海洋与生态城市特色监测名片；勇创新，共建校地融合监测人才队伍培育基地，持续推进生态环境监测体系与监测能力现代化，为提升城市精细化管理和生态环境质量的持续改善提供坚实的监测保障。

党建工作

●坚持“党建引领”推动工作发展。

坚持以习近平新时代中国特色社会主义思想为指导，围绕“初心铸忠诚、监测当先锋”的党建工作品牌，创新方式方法，精心组织党史学习教育，积极开展支部共建活动，切实把学习成果转化为奋进新时代、展现新作为的激情和动力。全年组织开展“三会一课”、主题党日活动58次，开展学习宣讲32次、志愿服务活动15次，为群众办实事13件，有效提升了基层党建引领示范效应，有力推动了党建工作与监测业务融合并进。

●深入推进“严、真、细、实、快”工作作风建设。

将作风建设纳入工作人员日常绩效考核，按照省厅关于“严、真、细、实、快”工作作风建设《20条措施》要求，认真谋划，细究短板，明确纪律，狠抓落实，把作风建设转化为深入打好污染防治攻坚战的强大助推力，打造攻坚克难的战斗堡垒，力争在重点工作中打造亮点，在专业领域中实现突破，切实提升基层党组织的凝聚力和战斗力。

●锤炼打造生态环境铁军先锋队。

发挥党员在生态环境监测工作中的专业优势和创新能力，组建成立“水土攻坚”“环境监测”“空气预报预警”3个青年尖刀班，积极开展岗位奉献和监测攻坚，在污染防治、应急处置、疫情阻击、重大活动保障等急难险重工作中勇担当、走在前、作表率，发挥先锋作用，彰显铁军精神，以实际行动推动新时期生态环境监测事业的高质量发展。

•• 山东省青岛生态环境监测中心党建风采

业务工作

●夯实监测基础，激发创新活力。

积极拓展生态环境监测领域，统筹开展空气、海洋、生物、核与辐射等多要素监测任务，全年累计获取监测数据8000万个，编制各类分析报告500余份，选派60余人完成中央生态环保督察保障、生态环境部执法检查、省专项监督帮扶等重大攻坚任务。强化环境监测全过程质控监督管理，严守数据质量“生命线”，年内顺利通过14项国家强制性能力验证，63人通过十大类1055项次上岗证考核，监测中心连续获评总站“能力验证考核优秀单位”。加强生态环境监测科研领域融合发展，与中国海洋大学共建“生态环境监测创新应用中心”，探索推动新型监测技术研发应用和高素质监测人才队伍培育。编制国家环境监测标准1项，有效推动了生态环境监测领域科技成果的积极转化。4人次受邀参加“十四届全运会”等重大活动空气质量保障工作，自主研发的臭氧预报新方法在全国大气监测技术交流会作典型发言。

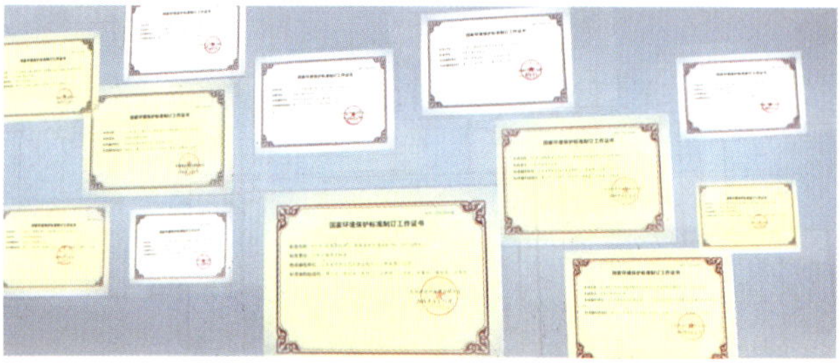

•• 主持国家级生态环境监测标准修订

•• 开展实验室分析

•• 参与国家环境专项执法监测

•• 强化质量管理

•• 建设“生态环境监测创新应用中心”

●立足监测职能，精准服务管理。

建立春季沙尘、夏季臭氧、秋冬季颗粒物的跟踪研判与成效评估工作机制，持续提升空气质量预报产品在环境管理中的实际应用效能。高质量完成《青岛市生态环境质量报告书（2016—2020年）》编制工作，对全市生态环境质量及变化原因进行深入解析。投入使用国内先进的辐射环境监测移动实验室，增强辐射环境监测保

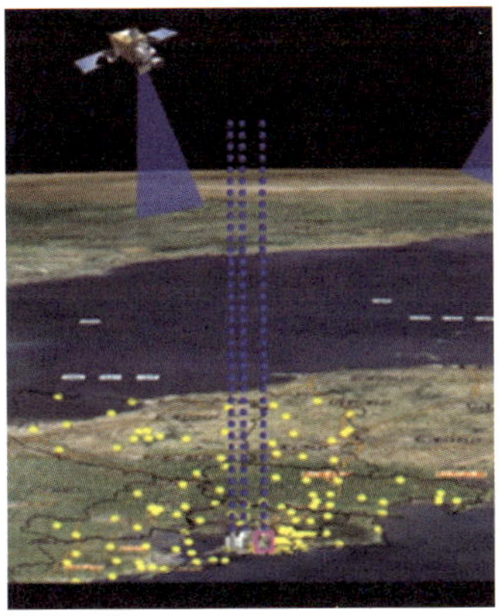

·· 海洋新型遥感监测技术

·· 环境质量报告书获得生态环境部表彰

障水平。综合运用卫星遥感技术手段，高效完成海洋、自然保护区等重要生态系统的环境质量监测与评价。开展生物多样性监测调查，在重点水体实施底栖动物监测，密切跟踪动态变化趋势。建成全新海洋生物标本室，收集涵盖40年来青岛近岸海域各类标本500余件，作为海洋环境教育基地向社会公众开放。实施挥发性有机物（VOCs）排放专项监测，精准服务$PM_{2.5}$与O_3协同控制。加强重点排污单位自动监测联网管理，提升国控重点污染源自动监控数据质量，污染源自动监控数据传输率排名全省第一。

·· 先进的辐射环境监测移动实验室投入使用

·· 建成全新海洋生物标本室对社会公众开放

·· 水体生物多样性监测

·· 建立大气污染物跟踪研判与成效评估机制

·· 挥发性有机物（VOCs）排放专项监测

·· 重点排污单位自动监测比对

●强化应急响应，提升实战能力。

•• 辐射环境监测安全应急演练

配备专业监测车辆及46台套先进的应急监测仪器，有效提升应急监测响应能力。加强应急监测队伍建设，积极备战全省应急监测技术大比武，定期组织开展突发环境事件应急演练，先后完成全省辐射环境安全应急联合演习、胶东国际机场反恐及石化溢油事故等应急实兵演练。按照省厅统一部署，出色完成海上溢油、浒苔处置等多项重大应急监测任务，全力防范和化解各类环境风险隐患。

•• 强化应急监测快速响应

•• 环境应急监测演练

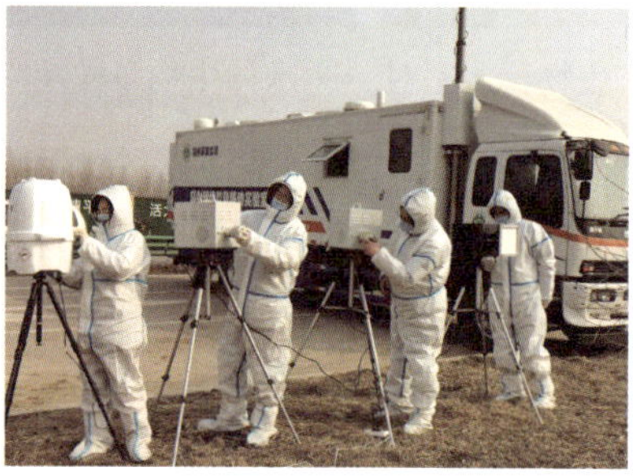

•• 全省辐射环境监测安全应急联合演练

•• 海上应急监测

荣誉奖励

《青岛市生态环境质量报告书（2016—2020年）》获生态环境部通报表扬；被总站授予“2020年度能力考核优秀单位”称号；荣获“省级文明单位”称号；监测攻坚突击队获得“山东省青年文明号”荣誉称号；空气质量预报中心获得“青岛市三八红旗集体”荣誉称号；《空气复合污染监控技术开发及大活动保障示范》分获中国环保产业环境技术进步二等奖、山东省环保产业环境技术进步一等奖；《环境污染物监测技术系列国家环境保护标准的研制及应用》获青岛市科学技术发明三等奖。

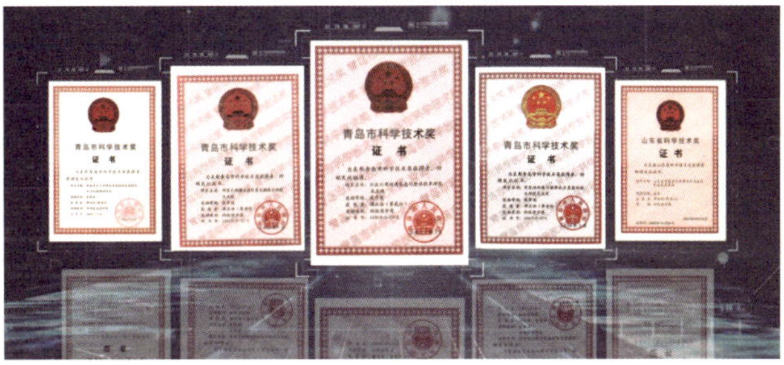

•• 获得科学技术奖励

•• 获得的各项荣誉奖励

新的一年，山东省青岛生态环境监测中心将认真贯彻落实山东省生态环境厅和总站的工作部署，立足“支撑、引领、服务”的监测职能定位，按照习近平总书记提出的“铁军”标准，强化意识，高点发力，创新作为，不断增强监测支撑管理的技术能力和水平，积极探索监测服务管理的有效方式和途径，切实做到监测先行、监测灵敏、监测准确，为精准助力深入打好污染防治攻坚战、推动生态山东和美丽青岛建设贡献监测力量。

2021

河南省生态环境监测中心这一年

2021年，河南省生态环境监测中心在总站的指导关怀下，在河南省生态环境厅党组的坚强领导下，始终坚持以习近平新时代中国特色社会主义思想为指导，坚持贯彻习近平生态文明思想，以确保监测数据质量为核心，以服务生态环境管理与决策为导向，以党史学习教育为抓手，促进红色党建文化和生态环境监测绿色发展深度融合，落实“监测先行、监测灵敏、监测准确”，发挥“支撑、引领、服务”三大功能，按照河南省生态环境厅党组提出的“真抓实干、齐心协力、注重创新、服务发展”的总体要求，努力克服“7·20”特大暴雨灾害和新冠肺炎疫情带来的不利影响，主动担当、积极作为，确保年度各项工作顺利完成。

党建工作

●扎实开展党史学习教育，促进党建业务“双提升”。

河南省生态环境监测中心始终把党的政治建设摆在首位，强化政治责任担当，旗帜鲜明讲政治，严格落实党建责任制，特别是在开展党史学习教育活动以来，将红色党建文化和生态环境监测绿色发展深度融合，推进党史学习教育走实走深。通过编制《党史故事汇编》、“英烈后代讲英烈故事”、参观红色教育基地等形式多样的“学党史，强业务”主题党日活动，让党史学习生动鲜活，入心入脑。积极开展监测技术帮扶、“我为群众讲监测”等实践活动，让党史学习教育和监测业务双向提升，同频共振。

●落实全面从严治党主体责任，深入推进党风廉政建设。

全面落实从严治党，认真履行党风廉政建设主体责任，严格落实“一岗双责”，坚持“谁主管、谁负责”的原则，切实把党风廉政建设融入具体工作。扎实开展作风建设年活动，认真抓好历次各级巡视巡察、审计反馈意见整改落实。坚持每季度召开一次党风廉政建设专题会，逐级签订全面从严治党、党风廉政建设责任书和承诺书、不在营利性企业中兼职和领取报酬承诺书。一级抓一级，层层抓落实，一体推进不敢腐、不能腐、不想腐体制机制，坚决杜绝违反“中央八项规定”和“四风”问题“回潮反弹”。

●守牢意识形态主阵地，激发环境监测正能量。

始终将意识形态工作作为一项极端重要的工作来抓，严格贯彻落实中央、河南省委和河南省生态环境厅党组关于意识形态工作的决策部署，严格落实班子成员意识形态工作责任制，落实“一岗双责”，不断提高政治判断力、政治领悟力、政治执行力。创编《河南省生态环境监测工作动态》，开通“河南生态环境监测”微信公众号，充分展示河南省生态环境监测队伍风采和形象，努力做到办好事情、管好队伍、守好阵地。

•• 召开党总支委员会换届选举大会

•• 召开党总支第一次扩大会议

•• 开展“英烈后代讲英烈故事”主题党日活动

•• 参观郑州二七纪念馆开展主题党日活动

•• 参加总站组织的地下水环境质量监测业务交流和党史学习教育支部联学联建活动

业务工作

2021年，河南省生态环境监测中心紧紧围绕深入打好污染防治攻坚战的目标任务，重点组织做好大气、水、土壤、生态等环境质量监测和分析研判、预测预报与预警，确保年度工作任务全面完成。

生态环境部黄润秋部长、河南省刘玉江副省长一行莅临指导河南省生态环境监测中心

●扎实开展生态环境质量监测。

开展全省环境空气、水、土壤、生态等环境质量监测；完成国家网土壤180个基础点位和185个风险点位采样、制备、分析及质控工作；在全省所有市、县、乡三级开展降尘量监测，实现全省降尘监测全覆盖。

●科学评价生态环境质量状况。

编制各类环境质量分析报告10余类1000多期；高质量编制完成“十三五”生态环境质量报告书，河南省及新乡、洛阳、郑州3市荣获全国“优秀”等级，三门峡、开封2市荣获全国“良好”等级。

●完善自动监测网络建设。

新建3个大气高山站、2个大气背景站，完成新增组分观测站和14个省辖市VOCs站点数据联网；完成6个黄河流域新增省考水站建设，完成全省219个水站与生态环境部联网；建成河南省黄河流域桃花峪生态观测地面站。目前，河南省已初步建成各环境要素统筹、标准统一、天地一体、上下协同、信息共享的生态环境监测网络。组织对省管空气站质控检查1500次、省控水站质控检查348次、其他各类检查500余次，确保自动监测数据“真、准、全”。

●助推预测预报预警精准化。

编发各类环境空气质量预报专报8大类近500期，编制水环境质量预警专报135期，为全省环境空气质量、水环境变化趋势分析研判提供技术支持，有效防范和化解环境风险。

●强化应急环境监测。

面对2021年环境应急事件频发态势，河南省生态环境监测中心迅速响应，认真组织全省生态环境监测系统开展新冠肺炎疫情防控、暴雨灾害以及五里川河锑浓度超标事件应急监测工作，为环境管理决策和确保人民群众饮用水安全提供有力支撑。

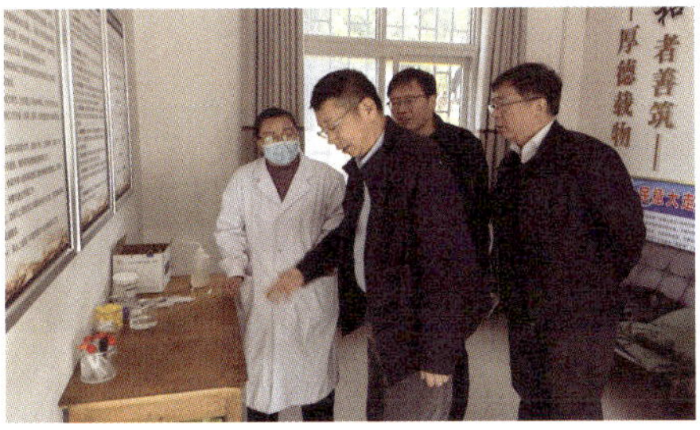

•• 在总站的大力指导下，全力开展五里川河锑超标事件应急监测工作

●加强监测质量管理。

完成16个派驻中心、54个县级监测站、1023人次、977项次的生态环境监测人员持证上岗考核；组织派驻监测中心参加总站能力考核和国家认监委能力验证，河南省生态环境监测中心连续两年荣获“2021年能力考核优秀单位”荣誉称号。

●加强技术帮扶。

建立班子成员分包联系各派驻监测中心和技术帮扶机制，已对全省15个省辖市和济源示范区、42个重点县开展了技术帮扶。指导三门峡、平顶山、商丘3市开展$PM_{2.5}$/O_3“一市一策”协同控制，提高精细化臭氧预报和污染过程分析能力。

•• 成功举办河南省大气污染成因分析和污染防治科技支撑项目启动会暨$PM_{2.5}$和O_3协同防控技术论坛

●营造业务氛围。

举办河南省第四届生态环境监测大比武，营造“比、学、赶、超”的良好氛

围；举办26期“河南生态环境监测线上课堂”和7期线下培训；举办“河南省大气$PM_{2.5}/O_3$协同防控技术论坛”；联合中国环科院共商河南省大气污染防治跟踪技术；多次邀请总站专家参与河南省重大生态环境监测项目论证与研讨，为河南省生态环境监测工作提供有力支撑。

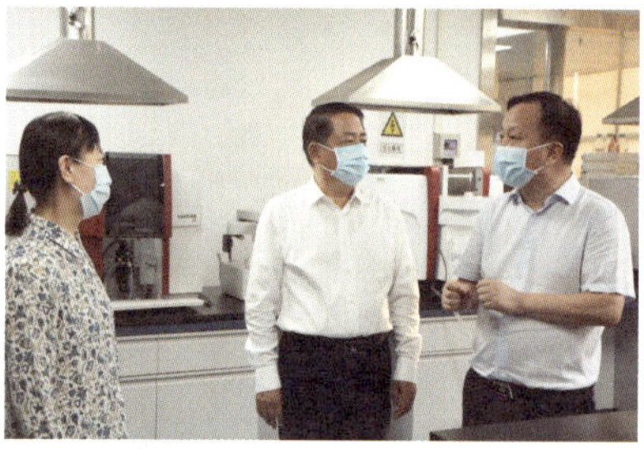

河南省生态环境厅党组书记、厅长王仲田查看河南省生态环境监测中心实验室

召开2021年全省生态环境监测中心主任座谈会暨应急监测现场实训会议

召开河南省生态环境监测中心2021年度自动监测运维工作会议

正式启动河南生态环境监测业务培训线上课堂

对重点县市区开展调研和技术帮扶工作

我为群众讲监测　农大师生学水站

荣誉奖励

《河南省生态环境质量报告书（2016—2020年）》在全国评比中，获得“优秀”等次；被生态环境部表彰为“全国重点行业企业用地土壤污染状况调查表现突出集体”，申进朝、戎征、王振峰3名同志被表彰为“表现突出个人”；被总站授予“2021年能力考核优秀单位”荣誉称号；承担的两项河南省地方标准获颁实施；南淑清同志荣获第二批生态环境监测“三五”人才“一流专家”称号，刘丹等11名同志荣获“三五”人才“技术骨干”称号；郭丽同志被全国妇联表彰为“全国巾帼建功标兵”；秦红伟同志被省委组织部、省人社厅、省财政厅授予“河南省会计领军人才”；马云霞同志被共青团河南省省直机关工委授予“2019—2020年度省直青年

•• 在“十三五”生态环境质量报告书评比中，河南省及新乡、洛阳、郑州3市荣获全国“优秀”等级，三门峡、开封2市荣获全国“良好”等级

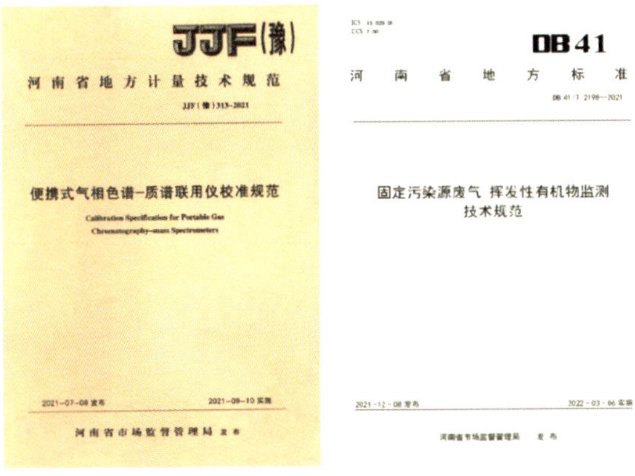

•• 顺利完成两项地方标准的编制，并获颁实施

岗位能手”荣誉称号；彭华、陈纯等30名同志在淮河流域环境与健康工作中表现突出，总站发来表扬信；魏杰同志在国家重点生态功能区县域生态环境质量监测与评价工作中表现突出，总站发来感谢信进行表扬；赵新娜、吴立业、刘洋同志在《水质　草甘膦、草胺膦、氨甲基膦酸、杀木膦和乙烯利的测定　离子色谱-三重四极杆质谱法》方法验证工作中表现突出，总站发来表扬信；王建英、刘丹等18位同志在国家环境标准样品协作测定工作中表现突出，环境标准样品研究所发来感谢信进行表扬。

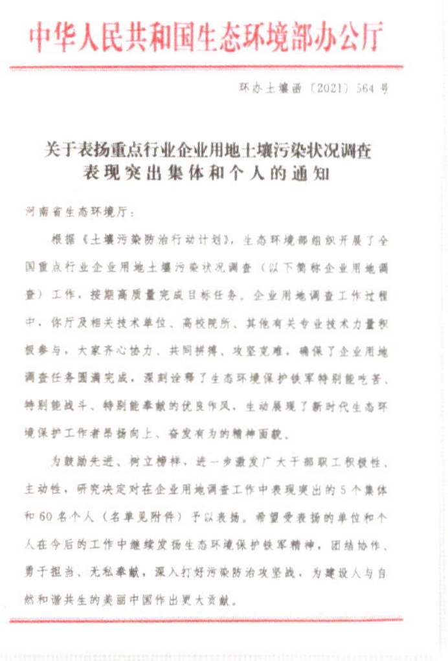

中华人民共和国生态环境部办公厅

环办土壤函〔2021〕564号

关于表扬重点行业企业用地土壤污染状况调查表现突出集体和个人的通知

河南省生态环境厅：

根据《土壤污染防治行动计划》，生态环境部组织开展了全国重点行业企业用地土壤污染状况调查（以下简称企业用地调查）工作，按期高质量完成目标任务。企业用地调查工作过程中，你厅及相关技术单位、高校院所、其他有关专业技术力量积极参与，大家齐心协力、共同拼搏、攻坚克难，确保了企业用地调查任务圆满完成，深刻诠释了生态环境保护铁军特别能吃苦、特别能战斗、特别能奉献的优良作风，生动展现了新时代生态环境保护工作者昂扬向上、奋发有为的精神面貌。

为鼓励先进、树立榜样，进一步激发广大干部职工积极性、主动性，研究决定对在企业用地调查工作中表现突出的5个集体和60名个人（名单见附件）予以表扬。希望受表扬的单位和个人在今后的工作中继续发扬生态环境保护铁军精神，团结协作、勇于担当、无私奉献，深入打好污染防治攻坚战，为建设人与自然和谐共生的美丽中国作出更大贡献。

●● 荣获生态环境部“重点行业企业用地土壤污染状况调查表现突出集体荣誉”称号

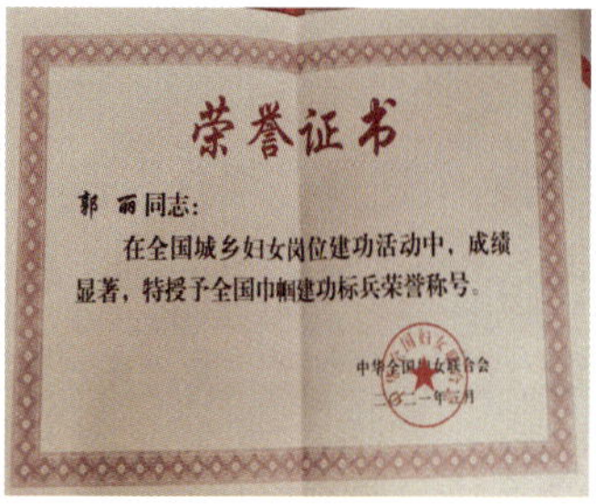

●● 郭丽同志被全国妇联表彰为全国巾帼建功标兵

●● 秦红伟同志被授予“河南省会计领军人才”荣誉称号

●● 马云霞同志被授予“省直青年岗位能手”荣誉称号

2022年，河南省生态环境监测中心将继续深入学习贯彻党的十九大、十九届历次全会和全国生态环境保护工作会议精神，立足新发展阶段，贯彻新发展理念，构建新发展格局，深化和完善河南省生态环境监测机制和体制改革，努力推动河南省生态环境保护高质量发展，为谱写新时代中原更加出彩的绚丽篇章贡献力量，以优异的成绩迎接党的二十大胜利召开！

2021

湖北省生态环境监测中心站这一年

2021年，湖北省生态环境监测中心站（以下简称湖北省站）坚持以习近平新时代中国特色社会主义思想为指导，全面贯彻党的十九大及十九届历次全会精神，严格落实生态环境部、总站和湖北省生态环境厅的决策部署，带领全体干部职工锚定目标，锐意进取，真抓实干，较好地完成了“十四五”开局之年各项工作任务。

党建工作

突出政治统领，持续推进全面从严治党向纵深发展

●提高政治站位。

认真贯彻新时代全面从严治党的总体要求和习近平总书记关于全面从严治党的重要讲话精神，深刻认识环境监测工作的政治属性，始终在政治立场、政治原则、政治方向上同党中央保持高度一致，自觉用实际行动践行“两个维护”。

●强化思想武装。

坚持党委中心组引学领学。组织开展“学史明理增信崇德力行”4期青年系列读书交流会、“学党史悟思想”红色教育活动、党委中心学习组集中研讨活动、“支部书记讲党史”党课比赛活动、“学史力行”岗位大练兵活动、观影学史活动、“学党史开新局”工作调研活动，研究策划“我为群众办实事”项目，充分汲取党的百年奋斗历史经验，用之指导实践、推动工作、促进发展。

●压实主体责任。

强化领导到位。年初研究出台《2021年党风廉政纪检工作要点》《党委理论学习中心组（扩大）2021年学习教育活动方案》，召开全面从严治党工作推进会。年中对党风廉政建设工作、支部工作、意识形态领域工作进行专题研究。年底对全面从严治党工作进行述职考评，确保全面从严治党工作有序推进。强化责任到位。建立党委、党委成员、支部、支部书记全面从严治党主体责任清单和科室（中心）负责人“一岗双责”责任清单，形成一级抓一级、层层抓落实的责任体系。强化督办到位。坚持每月在中层干部例会上将党建工作和业务工作一起谋划部署、检查督办。

●营造政治生态。

严格落实民主集中制，全年共组织召开党委会50余次，政府采购、人事招聘任免、职称职务晋升晋级、评先评优、专项资金使用等重大事项均由党委会集体决策。严肃组织生活，严格落实组织生活制度，组织生活的原则性、战斗性明显增强。强化正风肃纪，切实加强纪律规矩教育，每月组织学习党内法规和廉政警示案例，每季度开展一次廉政谈话，在重要节日之前，对作风建设、纪律规定反复重申，让警钟长鸣。严格监督执纪，持续释放失责必问、问责必严的强烈信号，2021年，针对预算执行进度缓慢和不规范问题，对7人次进行了提醒谈话。

•• “我为群众办实事”：生态环境监测设施公众开放

•• 唱红歌庆祝建党 100 周年

•• 赴红色教育基地开展红色教育

•• 集体宣读入党誓词

•• 开展土壤采样现场联合党日活动

•• 庆祝建党 100 周年《走进新时代》MV 录制

•• 全面从严治党推进会暨党史学习教育动员大会

•• 站党委换届

业务工作

突出事业为上，奋进新时代新征程展现新形象新作为

●生态环境监测网络体系和能力向现代化迈进。

生态环境监测网络体系不断完善，遥感监测网络覆盖省、市、县三级，监测网络要素齐全、覆盖全面，基本能够反映全省生态环境质量现状。实验室分析能力大幅提高，成功申报1项国标、1项地标编制及多项省厅科研项目。信息化水平稳步提升，一朵云（生态环境监测私有云）、一个库（生态环境监测数据资源中心）、一平台（LIMS一体化信息平台）基本建成，实现全省监测数据资源集成共享，并与国家联网互通。

●支撑服务引领作用向全方位拓展。

按照生态环境部、总站、省厅工作部署，优质高效完成全年各项例行监测任务。深入开展全省地表水环境质量、空气环境质量综合分析等工作，挖掘数据资源，努力做到说清环境质量状况，说清变化趋势，说清污染成因来源机理，不断提高支撑服务引领能力水平。完成“湖北空气”App开发建设，实时发布湖北省所有国控、省控空气自动站的监测数据。在省厅官网、官微发布城市空气质量实时监测数据、日报、月报、未来5天预报、地表水水质月报、地级以上城市集中式生活饮用水水源地水质状况月报等监测信息，充分保障公众对环境质量的知情权，监测工作社会影响明显上升。

●监测工作体制机制运行向规范化升级。

切实发挥省站在全省监测系统技术方面的龙头作用，协调全省监测系统合力做好国控地表水采测分离、土壤、地下水、农村、生态等方面环境监测工作。切实发挥省站沟通协调服务的核心纽带作用，加强对异常监测数据的现场核查、会商、技术审查及与上级部门沟通协调等工作。切实发挥省站数据资源中心平台作用，加强数据共享，支撑地方智慧环保建设，为地方生态县域考核、文明城市创建等工作提供服务。干部人才队伍建设向高质量发展。湖北省站党委一直重视干部队伍建设，通过招聘录用、职称评聘、中层干部选拔、向上交流、人才推荐等多种方式，不断优化年龄结构、提升学历层次、科学专业组成、完善梯队建设，畅通交流渠道，干部队伍干事创业的主动性、积极性和创造性得到有效激发。

••湖北省大气复合污染研究中心揭牌仪式

••全省监测系统采测分离监测技术交流暨实验操作技能演练比武活动

••湖北大学——湖北省生态环境监测中心站研究生工作站揭牌

••生态质量监测现场采样

•• 实验室分析

•• 土壤采样现场培训地市监测骨干

•• 应急演练现场监测

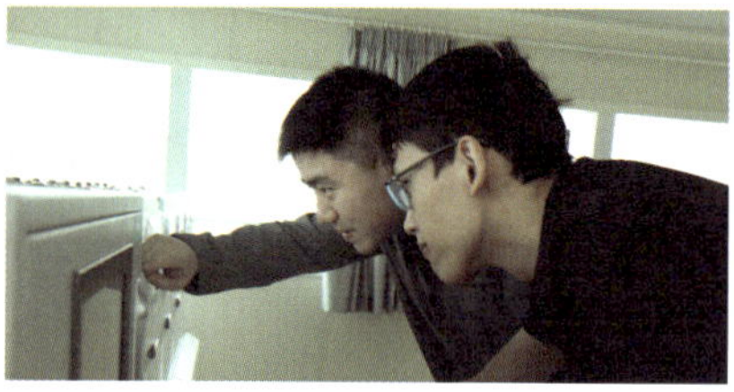

•• 长江湖北段干流水质执法船巡航巡测

荣誉奖励

湖北省站被生态环境部评为“重点行业企业用地土壤污染状况调查表现突出集体”；郭丽、熊晶、万晓帆被生态环境部评为“重点行业企业用地土壤污染状况调查表现突出个人”；湖北省站参加国家环境监测网实验室4次能力考核和1次能力验证，考核结果均为“满意”，被中国环境监测总站评为“2021

•• “享受湖北省政府专项津贴专家”证书

年能力考核优秀单位”；《湖北省生态环境质量报告书（2016—2020年）》在生态环境部评比中获得“良好”等次；宋国强被评为生态环境部生态环境监测“尖端人才”、程继雄等5人被评为“一流专家”、吴昊等19人被评为“技术骨干”；陈楠获得“享受省政府专项津贴专家”荣誉；张思伟获得省直机关工委“优秀党务工作者”荣誉；办公室（党群办）党支部、土壤室党支部、分析测试中心党支部获得湖北省生态环境厅“先进基层党组织”荣誉。汪丽华、汪义、雷汶龙获得湖北省生态环境厅“优秀共产党员”荣誉。郝中豫获得湖北省生态环境厅“文明职工”荣誉；多人因工作中表现突出，收到总站、生态环境部执法局、湖北省人民政府政务督查室、厅机关感谢信。

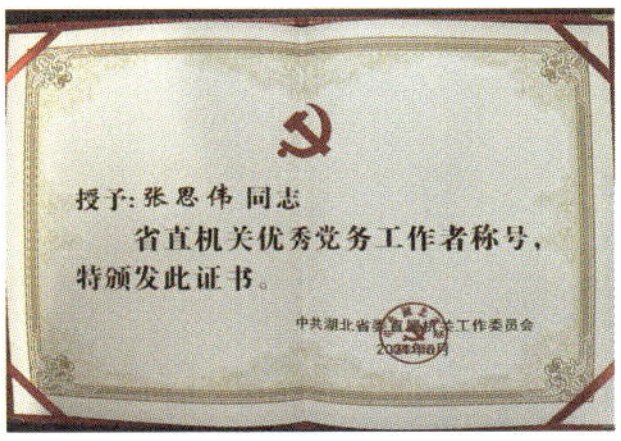

获“省直机关优秀党务工作者”称号

春季集中整训表彰大会

建党 100 周年“两优一先”表彰大会

2021

湖南省生态环境监测中心这一年

岁序常易，华章日新。2021年是建党100周年，也是“十四五”开局之年，对湖南省生态环境监测系统来讲，更是奋斗、付出、奉献、收获的一年。一年来，随着生态文明建设进入减污降碳协同增效期，生态环境监测领域任务进一步拓展，深入打好污染防治攻坚战对监测工作提出更高、更新的工作要求；生态环境质量监测工作按照“十四五”监测工作要求全面铺开……面对艰巨繁重的工作任务，湖南省及驻市州生态环境监测中心和衷共济、踔厉奋发、主动担当、真抓实干，十个“新”意实现了“十四五”起步之年良好开局。

党建工作

●党史学习教育收获“新”成效。

时值党的百年华诞，湖南省生态环境监测中心党委一以贯之地将政治建设摆在首位，以党建为引领，始终坚持“大党建、大学习、大发展”，推动党建和业务的深度融合。党建活动开展得有声有色，参加湖南省生态环境厅青年理论学习组党史学习分享会荣获“一等奖”，《监测铁军战旗红》荣获湖南省生态环境厅庆祝建党100周年文艺汇演“特等奖”，参加厅系统党支部书记微党课比赛，省及驻市州中

•• 在“七一”建党 100 周年厅系统举办的文艺汇演上，省中心荣获“特等奖”

心6个党支部获奖。基层党组织建设不断提升，各驻市州中心党组织完成换届选举和机构调整，衡阳、邵阳、益阳3个驻市州中心党组织升格为党委；湖南省生态环境监测中心分析技术党支部被评为“厅示范党支部”。“党建红”引领“生态绿”取得新进步，各级各部门党史学习教育、“我为群众办实事”等活动走深走实，在建党100周年之际交出了一份亮眼的成绩单！

•• 湖南省生态环境监测中心分析技术党支部被评为“厅示范党支部”

●文化建设展现“新”风貌。

宣传工作上台阶，依托“湖南生态环境监测”官微平台，60余篇推文被“学习强国”平台、人民网、新湖南、红网等中央、省级主流媒体刊发，以厅直管直属单位中唯一一家单位在2021年全省生态环境宣传教育工作会议上作典型经验推介；精神文明建设创佳绩，全年文明创建量化考核取得突破百分的好成绩。监测文化深入人心，持续开展“最美身边人、监测逆行者”“监测湘军、砥砺前行”等监测典型先进模范人物专题宣传，整个监测系统红色、绿色、特色文化蔚然成荫，行业文化感染力、亲和力、吸引力进一步提升。

●队伍建设呈现“新”局面。

坚持把党的政治纪律和政治规矩挺在前面，全面落实从严治党要求，配合做好湖南省生态环境厅第一轮政治巡察，狠抓党风廉政责任落实；驻市州中心内设机构、岗位优化调整设置基本完成，驻市州中心高、中级岗位结构比例分别从20%、40%提升至35%、45%，高级岗位数量由原来的162个提高至242个，增幅近50%，达到湖南省同类事业单位中最高比例。

●● 湖南省生态环境监测中心党委书记余涛同志主持召开中心组（扩大）理论学习专题会议

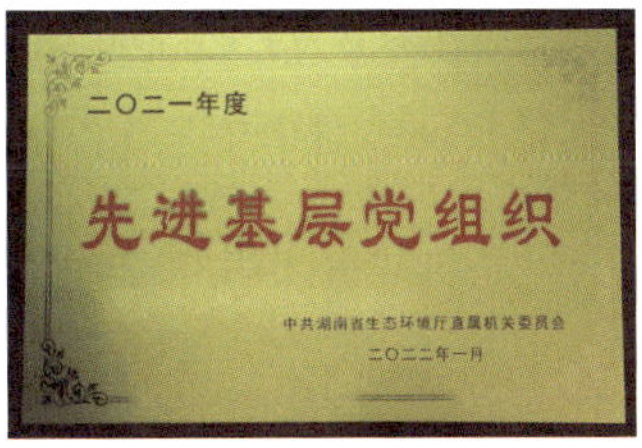

●● 湖南省生态环境监测中心2021 年度被评为“先进基层党组织”

业务工作

●监测领域实现“新”发展。

大气、水、土壤、酸雨、声环境、农村及生态等常规环境要素监测及数据审核工作全面完成，全年共上报手工监测数据同比增加约140%；洞庭湖芦苇区水质跟踪监测、涉铊企业监测、城市黑臭水体监测、底泥监测、大气沉降重金属监测等10余专项监测工作稳步推进；在此基础上，完成湖南省2021年国家重点生态功能区县域生态环境质量监测评价的现场核查和数据审核，启动“湘资沅澧水生态状况调查”和“八大公山森林生态系统地面调查”监测领域新工作；有效配合完成了第二轮中央生态环保督察、《2021年湖南生态环境警示片》拍摄、农用地土壤污染状况详查等重点工作任务；所制定的《排污单位自行监测技术指南涉铊企业废水》，更是填补了铊污染物自行监测规范性指导文件的空白。

•• 监测湘军日常监测作业

•• 土壤采样现场

•• 废水采样现场

•• 全省环境空气自动监测运维交叉大检查

●支持服务迎来"新"突破。

历时五月有余，高质量编制完成《"十三五"生态环境质量报告书》，在生态环境部组织的报告书评估中，省级报告书获"优秀"等次，永州、长沙、湘潭、衡阳市级报告书获"良好"等次，在总站组织的报告书检查中，岳阳、湘西市级报告书得到点名表扬，创造历史最好成绩；编制《2020年湖南省生态环境状况公报》并首次发布公报图解，受到各界一致好评，同时，省市环境质量联合会商实现常态化，为深入打好污染防治攻坚战提供了有力支撑保障。

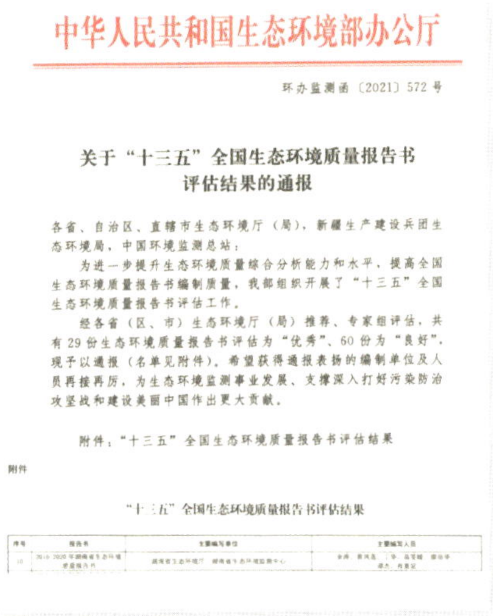

中华人民共和国生态环境部办公厅

环办监测函〔2021〕572号

关于"十三五"全国生态环境质量报告书评估结果的通报

各省、自治区、直辖市生态环境厅（局），新疆生产建设兵团生态环境局，中国环境监测总站：

为进一步提升生态环境质量综合分析能力和水平，提高全国生态环境质量报告书编制质量，我部组织开展了"十三五"全国生态环境质量报告书评估工作。

经各省（区、市）生态环境厅（局）推荐、专家组评估，共有29份生态环境质量报告书评估为"优秀"、60份为"良好"，现予以通报（名单见附件）。希望获得通报表扬的编制单位及人员再接再厉，为生态环境监测事业发展、支撑深入打好污染防治攻坚战和建设美丽中国作出更大贡献。

附件："十三五"全国生态环境质量报告书评估结果

附件

"十三五"全国生态环境质量报告书评估结果

序号	报告书	主要编写单位	主要编写人员
10	2016-2020年湖南省生态环境质量报告书	湖南省生态环境厅 湖南省生态环境监测中心	[illegible]

●● 主编的《"十三五"生态环境质量报告书》在生态环境部组织的国家级评比中获得"优秀"等级

●能力建设迈出"新"步伐。

湖南省三年监测能力提升项目进入实质性实施阶段，完成仪器设备优化调整以及约4.1亿元资金的预算评审材料报送；环境空气复合监测站、组分站、空气质量预警预报决策支持平台已应用到每日预测预报工作中，颗粒物移动监测走航车已成为各地查找污染成因的一大利器；全省25个重点断面开始实现流量监测自动化；3172个省级土壤环境质量监测点位完成布设，成为全国为数不多布设了省级土壤监测网络的省份之一，长沙、株洲、衡阳、邵阳、张家界以及郴州6个驻市中心完成土壤监测能力标准化配置；“十四五”声环境质量监测点位优化调整顺利完成；湖南省生态环境厅拨付用于重金属污染监测重点实验室硬件能力建设项目资金全部完成验收，并首次获得湖南省生态环境厅20万专项资金设立开放基金。

●预警预报取得“新”进步。

湖南省空气质量预报决策支持平台已实现全省14个城市未来7天趋势预报能力，与气象部门的合作与会商进一步深化，大气预警预报能力不断提升，2021年全省空气质量24小时跨等级、单等级、AQI预报准确率分别达91.7%、69.1%、64.2%，同比分别上升1.2个、2.2个、1.5个百分点，年底预报并启动了全省空气质量区域橙色预警，有力地支撑了省厅区域联动Ⅱ级应急响应，助力抢回11个重污染天，有效缓解了区域重污染天气影响，得到分管湖南省领导以及湖南省生态环境厅领导的充分肯定。全省水环境大数据联网及预测预报信息平台投入使用，可对未来3天的水质类别进行预报，并在平台上开展未水重金属污染预测预报试点，“手工+自动+模型预测”的水环境重金属污染监测体系初步形成。

●应急监测取得“新”胜利。

邵阳洞口锑污染、常德安乡“鱼抬头”、长沙湘江漏油、邵阳隆回铊异常、衡阳衡东砷中毒、郴州永兴铊浓度异常、住友橡胶纠纷、资江干流娄底益阳段锑浓度异常等突发环境应急事件频发，受到湖南省委和生态环境部领导的高度重视和直接批示指示，全省各级监测部门迅速响应，高质量完成了各项应急监测工作任务，为应急处置工作提供了有力支撑，并首次开展了突发环境事件应急监测复盘推演及工作研讨，将5个突发环境事件复盘推演工作纳入省级“案例教学库”。

●质量管理得到“新”加强。

完成14个驻市州监测中心、28个县级监测机构的质控检查，初步建立了环境空气复合监测站质控体系，首次组织开展了组分站质控检查12点次；圆满完成湖南省重点行业企业用地调查质控工作，以优秀等级通过验收；顺利通过国家市场监管总局6年一次的资质复评审与考核工作，完成9个标准的变更、27个项目的扩项，获取监测能力280项，长沙等8个监测中心顺利通过资质认证复评审，监测数据有效性、合法性进一步得到保障。

●先进典型诠释“新”担当。

经过一年的艰辛奋斗，环境监测系统涌现出一大批敢于担当、善于作为的先进典型，在监测事业发展中奋发进取、建功立业。在湖南省第十五届监测大比武中，省直废水样品采集组荣获团体一等奖、省直分析技能组荣获团体二等奖，黄钟霆、刘妍妍、陈燕荣获“湖南省技术能手”荣誉、并被授予“湖南省五一劳动奖章”荣誉称号，刘妍妍被授予“湖南省巾帼建功标兵”及“湖南省青年岗位能手”荣誉称号。其中黄博同志更是为监测事业献出了青春和生命；潘海婷持续驻扎吐鲁番援疆帮扶，刘琳娜两度奔赴雪域高原山南市进行技术援藏；彭英湘等3人被生态环境部评为全国“三五”人才“一流专家”，郭卉等52人被生态环境部评为全国“三五”人才“技术骨干”；此外，还有多人在环保督察、政治巡查、环境质量报告书编制、县域生态环境质量与评价、应急监测等工作中受到表彰表扬。

••技术人员备战省生态环境监测专业技术人员大比武

荣誉奖励

入选“全国环保设施和城市污水垃圾处理设施向公众开放优秀案例（2017—2021年）”之“优秀组织案例”；荣获“湖南省技术能手”称号；荣获湖南省第十四届生态环境监测专业技术人员大比武应急监测比武“一等奖”；湖南省大气污染气象条件预报技术及其应用荣获“湖南省科学技术进步奖”；《“十三五”湖南省生态环境质量报告书》荣获生态环境部优秀奖；在重点行业企业用地土壤污染物状况调查中荣获表现突出集体。

•• 湖南省大气污染气象条件预报技术及其应用荣获“湖南省科学技术进步奖”

•• 荣获湖南省第十五届生态环境监测专业技术人员大比武废水样品采集组“团体一等奖”

•• 荣获湖南省第十五届生态环境监测专业技术人员大比武分析技能组“团体二等奖”

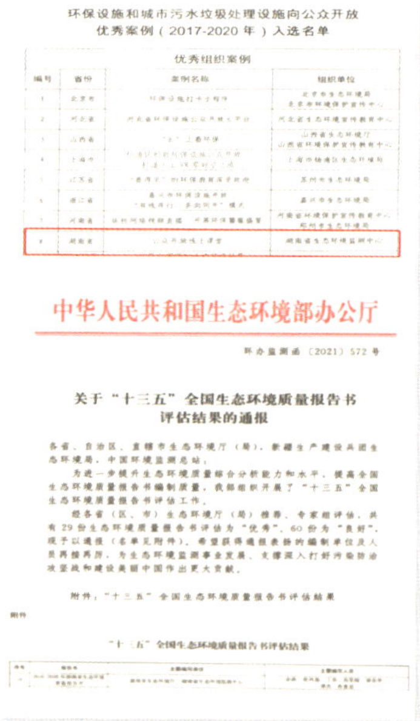
环保设施和城市污水垃圾处理设施向公众开放
优秀案例（2017-2020 年）入选名单

优秀组织案例

编号 | 省份 | 案例名称 | 组织单位

中华人民共和国生态环境部办公厅

环办监测函〔2021〕572 号

关于“十三五”全国生态环境质量报告书评估结果的通报

各省、自治区、直辖市生态环境厅（局），新疆生产建设兵团生态环境局，中国环境监测总站：

为进一步提升生态环境质量综合分析能力和水平，提高全国生态环境质量报告书编制质量，我部组织开展了“十三五”全国生态环境质量报告书评估工作。

经各省（区、市）生态环境厅（局）推荐、专家组评估，共有 29 份生态环境质量报告书评估为“优秀”、60 份为“良好”，现予以通报（名单见附件）。希望获得通报表扬的编制单位及人员再接再厉，为生态环境监测事业发展、支撑深入打好污染防治攻坚战和建设美丽中国作出更大贡献。

附件：“十三五”全国生态环境质量报告书评估结果

附件

“十三五”全国生态环境质量报告书评估结果

中华人民共和国生态环境部办公厅

关于表扬重点行业企业用地土壤污染状况调查表现突出集体和个人的通知

附件

重点行业企业用地土壤污染状况调查表现突出集体名单

志行万里者，不中道而辍足。2022年即将召开党的二十大，也是湖南省生态环境监测三年能力建设项目的深入推进之年。新的一年，思路上坚持稳中求进工作总基调，立足新发展阶段，贯彻新发展理念，构建新发展格局；目标上牢牢把握生态环境监测面临的历史机遇，锚定方向，奋发作为，不断推动生态环境监测工作高质量发展；部署上坚持以支撑“三个治污”为核心，落实“监测先行、监测灵敏、监测准确”要求，进一步强化“支撑、引领、服务”三大功能，全面提升生态环境监测基础能力，促进全省监测队伍“一盘棋”；措施上聚焦监测主责主业，不断拓展丰富监测领域，全力推进能力建设，深化质量控制管理，确保监测数据“真、准、全”；同时，优化机构队伍建设，打造生态环境保护铁军先锋队。

2021

广东省生态环境监测中心这一年

2021年，在广东省生态环境厅的坚强领导和总站的正确指导下，广东省生态环境监测中心以习近平新时代中国特色社会主义思想为指导，抓实党史学习，强化政治引领，凝聚强大合力，队伍面貌焕然一新，高质量完成国家和省下达的各项监测任务，推动垂改落地见效，监测系统全省“一盘棋”格局初步形成，现代化生态环境监测网络建设提质增效，为深入打好污染防治攻坚战提供了坚实的技术保障。

党建工作

广东省生态环境监测中心党委紧紧立足垂改实际，统筹谋划、上下联动，一体推进广东省生态环境监测中心和驻市站党建工作。

●强化政治建设。

严格落实“第一议题”制度，坚持把学习习近平新时代中国特色社会主义思想作为头等大事和首要政治任务，第一时间召开党委会、领导班子会50余次传达学习、研究部署。推进重要事项闭环落实，建立重要事项台账，抓好跟踪督办，确保各项重点工作部署件件抓到位、项项有落实。

●抓好思想教育。

一体推进省市两级监测队伍党史学习教育，开设“交流课堂、特色课堂、实地课堂、线上课堂”，召开专题学习会和研讨会10多次，建立“星期五集中学习”制度，举办东江干部学院党史学习培训班，赴红色教育基地实地开展学习，发布党建动态和心得体会260余篇、“党史天天读”125篇、党史学习简报19期。

•• 集中观看庆祝中国共产党成立 100 周年大会

•• 开展“学党史、祭英烈”活动

•• 2021 年广东省生态环境监测中心党委理论学习中心组第一季度党史专题学习研讨

•• 到广州市生态环境监测站进行党史学习教育督导

•• 广东省生态环境监测中心党史学习教育培训班

•• 广东省生态环境监测中心学习贯彻十九届六中全会精神干部大会

●规范组织建设。

重新组建广东省生态环境监测中心党委、纪委和所属党支部，选优配强党务干部队伍，制定抓党建工作责任清单，定期督促检查各支部党建工作落实情况。

•• 广东省生态环境监测中心党委举行“党员先锋队”授旗仪式

•• 广东省生态环境监测中心党委2021年7月党员政治生日会

●推进廉政建设。

组织省市两级召开全面从严治党工作会议、党风廉政建设和反腐败斗争工作会议，全体人员、第三方服务商共同签署廉洁自律承诺书，对11个驻市站开展全面从严治党和政府采购检查，加强廉政警示教育，营造风清气正的政治生态。

•• 广东省生态环境监测系统党风廉政和反腐败工作会议

●为群众办实事。

聚焦群众“急难愁盼”问题，围绕“我为企业把好脉”“我为群众讲监测”“我与职工心连心”“我是环保志愿者”四个品牌，开展“我为群众办实事”主题党日活动28次，动员身边党员为群众办实事66件。

•• 走访慰问“光荣在党 50 年”老党员

业务工作

●主动服务攻坚战取得新成效。

紧盯国家考核目标任务，强化综合分析研判，为精准治污、科学治污、依法治污提供有力的支撑。

环境质量会商分析。每月牵头组织华南所、广东省环科院、广东省气候中心、驻市站等单位开展环境质量会商，聚焦重点环境问题，深入分析原因，形成高质量决策报告，为环境管理和污染防治出谋划策。高质量完成“十三五”生态环境质

•• 总站陈善荣站长调研省中心

•• 总站吴季友书记调研省中心

量报告书编制工作，省级、深圳、肇庆3套报告书被生态环境部评为“优秀”，广州、佛山、东莞以及佛山南海区4套报告书被评为“良好”，创历年最好成绩。

空气质量监测与预警。充分发挥华南区域空气质量预报预警中心的作用，在重点地区开展VOCs走航观测、无人机侦查，为华南地区及各地市提出精细化管控建议，密切跟踪大气污染过程，提前预警全年22次污染过程。

广东省暨华南区域 2021 年空气质量监测与预报技术培训班

水环境监测与预警。重点针对国考断面加密监测，编制水质日报、周报、月报，精细分析评估水质状况。推动陆海联动综合分析，围绕重点海湾查找问题、预判趋势、提出对策。成功预警水质异常事件96起，组织开展北江流域叶绿素异常应急监测，以及11起赤潮、溢油应急监测，有效保障了全省水质安全。

土壤、生态等监测工作。完成土壤国家网和省级网监测任务，被生态环境部授予“重点行业企业用地土壤污染状况调查表现突出集体”称号。完成生态环境状况评价、雷州半岛红树林和南岭森林生态监测、农村监测、噪声监测等各项任务。

配合中央环保督察。组织驻市站全过程全天候配合中央环保督察组开展现场监测，不辞辛苦，通宵达旦，第一时间、最快速度提供准确监测数据，翟青副部长在督察期间两次表扬广东省监测队伍的铁军作风。

环境应急监测。妥善应对突发环境事件15起，被省厅授予“广东省环境应急工作表现突出集体”。组织完成新冠肺炎疫情防控应急监测，与卫健部门共享数据，报送周报26期，有效保障了新冠肺炎疫情防控期间的环境安全。

污染源和执法监测。完成国家下达的外省15家垃圾焚烧厂、省内7个行业50家企业的二噁英监督性监测工作。开展执法监测、行政复议、专项检查等工作。

广东省生态环境监测中心配合省厅开展污染源执法监测

新冠肺炎疫情期间，广东省生态环境监测中心测试室党支部发挥环保铁军精神赴浙江开展二噁英监测

●推进监测能力建设实现新突破。

监测网络建设。广东省生态环境监测网络已全面覆盖环境质量、生态质量和污染源，预报预警和追因溯源能力明显提升。“双碳”和氨试点监测工作正式启动。

实验室能力建设。完成实验室升级改造项目验收和同位素实验室技术验收，高分通过国家实验室认证认可评审及上岗考核。

信息化建设。构建监测全过程业务管理系统，推动省、市、县三级业务协同，实现省市两级人、财、物、事的集中管理。

•• 通过 CMA 现场复评审

●推动垂改落地迈出新步伐。

聚焦重点难点，在保持平稳过渡与激发队伍活力上努力寻求改革“最优解”。完成广东省生态环境监测中心内设机构调整、中层干部选聘和人员优化配置工作。坚持“走出去、沉下去”，全面调研21个驻市站，深入了解基层实际困难与问题。完成驻市站行政、组织架构建设，干部人事管理权限和党组织关系调整，领导班子选配，以及人员划转工作。正在推进驻市站内设部门设置和资产财务上收工作。加快建设改革后的管理制度体系，统筹谋划广东省生态环境监测中心与驻市站有效协同，上下“一盘棋”。构建全省统一的监测质量管理体系，实施监测质量专项检查，推广应用实验室全过程管理系统，逐步统一全省监测质控要求和操作规范。开展专项培训16场，涵盖新进人员、技术人员、管理人员等3030人次。

•• 广东省质量管理技术培训班

•• 组织“我为群众讲监测”活动（广州鸦岗水站）

荣誉奖励

主持或参与了多项国家级和省部级科研项目。广东省生态环境监测中心23人入选全国监测“三五”人才，获得广东省环境保护科学技术一等奖2项，获得生态环境部和广东省生态环境厅授予的多项集体荣誉，以及“广东省五一劳动奖章”、全国监测青年科技人才、广东省环境科学青年科技奖等多项个人荣誉。

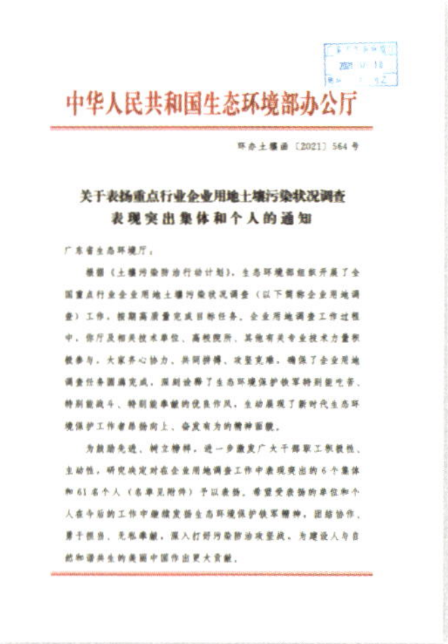

中华人民共和国生态环境部办公厅

环办土壤函〔2021〕564号

关于表扬重点行业企业用地土壤污染状况调查表现突出集体和个人的通知

广东省生态环境厅：

根据《土壤污染防治行动计划》，生态环境部组织开展了全国重点行业企业用地土壤污染状况调查（以下简称企业用地调查）工作，按期高质量完成目标任务。企业用地调查工作过程中，你厅及相关技术单位、高校院所、其他有关专业技术力量积极参与，大家齐心协力、共同拼搏、攻坚克难，确保了企业用地调查任务圆满完成，深刻诠释了生态环境保护铁军特别能吃苦、特别能战斗、特别能奉献的优良作风，生动展现了新时代生态环境保护工作者昂扬向上、奋发有为的精神面貌。

为鼓励先进、树立榜样，进一步激发广大干部职工积极性、主动性，研究决定对在企业用地调查工作中表现突出的6个集体和61名个人（名单见附件）予以表扬。希望受表扬的单位和个人在今后的工作中继续发扬生态环境保护铁军精神，团结协作、勇于担当、无私奉献，深入打好污染防治攻坚战，为建设人与自然和谐共生的美丽中国作出更大贡献。

重点行业企业用地土壤污染状况调查表现突出集体

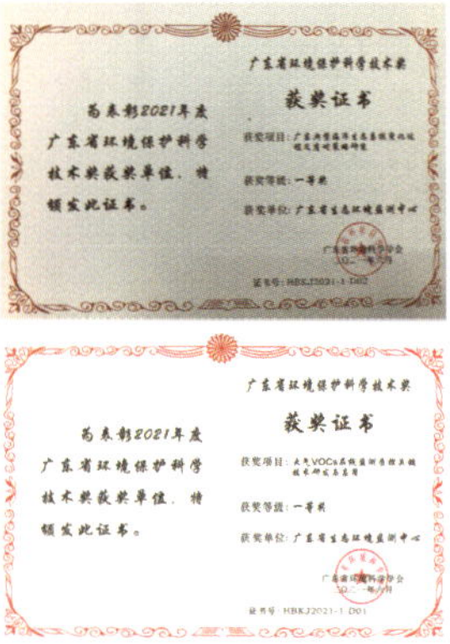

2021年度广东省环境保护科学技术一等奖

广东省直机关优秀共产党员

中国生态环境监测青年科技人才

广东省五一劳动奖章

2022年，广东省生态环境监测中心将着力推进以下重点工作：一是实施监测系统质量建设年，坚持党建质量和数据质量两手抓。二是落实落细垂改“后半篇”文章，打造全省“一盘棋”的工作格局。三是强化污染防治攻坚战服务支撑，主动编制高水平决策报告。四是统筹全省监测能力建设，推动生态环境监测网络高质量发展。五是加强人才队伍建设，建立全省一体化人才交流培养机制。

2021

广东省深圳

生态环境监测中心站这一年

2021年，面对垂直管理制度改革后的新形势、新任务，广东省深圳生态环境监测中心站深入学习贯彻习近平新时代中国特色社会主义思想和党的十九届六中全会精神，牢牢把握生态环境监测转型发展趋势，按照监测先行、监测灵敏、监测准确的工作总要求，推动构建无缝嵌入深圳生态环保治理体系的现代化生态环境监测体系，着力推进生态环境监测事业高质量发展。

党建工作

●强化思想政治教育。

通过多种形式组织学习习近平新时代中国特色社会主义思想。开展党史“七步学”，通过集中学习、主题研讨、读书分享、专题党课、知识竞赛、现场教学、讲坛活动等形式，多维度、多层次引导党员干部层层深入、学深悟透；组织开展红色观影活动、“沉浸式”红色现场教学、“铁军行动党旗红”结对共建活动，开展主题党日活动。

•• 总站站长陈善荣同志莅临深圳生态环境监测中心站调研指导

•• 举办党史知识竞赛

•• 党总支书记、站长熊向陨同志讲党史学习教育专题党课

•• 创新举办党史读书分享会

•• 组织党员开展红色现场教学

●发挥先锋引领作用。

发动环境监测党员先锋队以身作则、率先垂范，始终冲在海洋监测、二噁英监测、应对新冠肺炎疫情监测、应急监测等急难险重苦工作的最前线；依托“一站两平台”（监测中心站+环境监测志愿服务队+自然学校）组织开展系列“我为群众办实事”实践活动，组织开展“世界地球日”志愿服务集市、“我为群众讲监测”水站开放日、环保理念进社区、进学校等科普活动，《中国环境报》、深圳卫视、《深圳晚报》等媒体先后报道。

•• 成立环境监测志愿者服务队

•• 开展“我为群众讲监测”水站公众开放日活动

●开展庆祝建党100周年系列活动。

创新推出庆祝建党100周年系列活动，开展“党建+监测”党员讲坛、摄影比赛、篮球比赛等主题活动，树立一批优秀党员典型，拍摄《旗帜》主题MV，举办庆祝建党100周年展览，加大宣传影响，弘扬伟大建党精神。

●狠抓党风廉政建设。

严格遵法学法守法，严格执行廉洁纪律，做到廉政问题逢会必讲，开展“第二议题”廉政警示教育，签订廉政责任书和廉洁自律承诺书，开展廉政谈话，建立劳务派遣人员廉政档案，梳理完善防控措施，制修订内部管理制度。

业务工作

●率先开展碳监测评估试点。

率先在全国监测系统开展城市大气温室气体、海洋碳汇监测试点工作，为减污降碳协同增效提供导引；启动高精度温室气体监测，开展走航监测；协助总站在杨梅坑、田心山开展区域生态系统碳通量监测试点。

●深入构建全覆盖监测网络。

支撑臭氧、$PM_{2.5}$联防联控，开展城市颗粒物组分网、重点地区117种VOCs监测，对污染天气进行分析研判；组织对深圳市361条河流429个断面及56座水库开展高频次监测；开展地表水国控断面、重点攻坚国考断面干支流加密监测；完成全年三期广东省粤港澳大湾区近岸海域（珠海至汕尾）环境质量监测及组织协调工作。

•• 完成全年三期广东省粤港澳大湾区近岸海域环境质量监测

●稳妥做好应对新冠肺炎疫情生态环境监测。

组织开展应对新冠肺炎疫情生态环境应急监测，向有关部门报送监测日报。组织开展“国际酒店”隔离场所室内空气、垃圾焚烧二噁英监测。

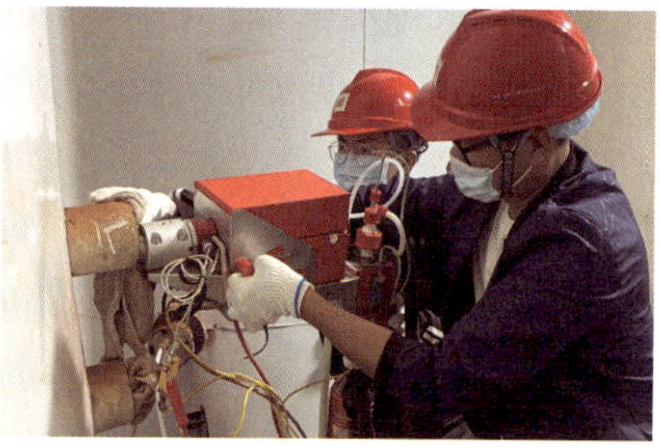

•• 技术人员在50℃高温环境中开展新冠肺炎疫情期间二噁英监测

●快速反应，开展应急专项任务。

开展饮用水水源地安全生产大排查专项监

测，参与深圳市应急、反恐备勤，严格落实24小时值守制度；完成了香港火灾引发大气污染、龙华观澜富士康废气处理设备火灾、龙华茜坑居民小区不明气体污染等突发环境事件应急监测；参与省环境突发事件应急演练大比武获冠军；作为深圳市环境监测与辐射防护行动组的牵头部门参加广东省第十一次核事故应急演习暨大亚湾/岭澳核电站场内、场外联合应急演习，得到评估团的一致肯定，评估结果为最高等级“优”。

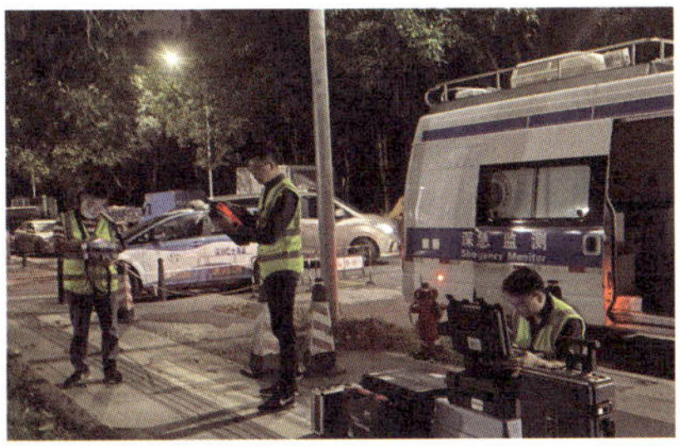

•• 开展环境监测应急工作

•• 深圳监测中心站牵头市环境监测与辐射防护行动组圆满完成广东省第十一次核事故联合应急演习工作

●扩展业务领域，夯实履职能力基础。

强化能力建设，完成2022年度省级环保专项“生态环境监测网运维”项目入库资料上报；推进“海洋生态环境保护基础设施能力建设”“智慧实验室建设”2个项目列入深圳市发展改革委 “十四五”规划重大项目库；完成海洋项目建设意向书、实验室升级改造项目和碳监测项目建议书编制前期工作；开展智能实验室建设前期调研论证；核与辐射环境安全监管监测系统项目完成全部18个站点电磁辐射自动监测站建设；拓展监测业务，开展生态业务化监测，对生态监测站点周边5个群落进行植物调查和昆虫多样性调查，获取昆虫样品；完成珠江口流域水质遥感监测工作；开展东江31个点位水生态调查枯水期野外采样工作；试点海洋微塑料研究监测；开展水、气、土壤、沉积物样品中《斯德哥尔摩公约》持久性有机污染物（POPs）监测工作；参加总站2021年国家环境监测网实验室能力考核，获评

•• 技术人员进行实验室样品分析

“能力考核优秀单位”；参加ERA国际能力验证，结果全部满意；参加中实国金煤工业分析（煤中全硫）国际能力比对，结果满意；完成国家环境标准样品研究所环境标准样品协作定值，受到标样所专函感谢；参加国家海洋监测中心能力考核春、夏、秋共3期，结果均满意。《深圳市生态环境质量报告书（2016—2020年）》获评优秀；国家野外科学观测站获科技部批准建设，成为全国生态环境系统又一国家级科技平台。

荣誉奖励

组织申报的“广东大湾区区域生态环境变化与综合治理国家野外科学观测研究站”正式获科技部批准建设，为深圳市新增又一国家级科研创新平台；

组织编制的《深圳市生态环境质量报告书（2016—2020年）》连续六届蝉联生态环境部五年环境质量报告书优秀奖（一等奖）；

深圳监测中心站4名应急人员参加的深圳市生态环境局代表队勇夺广东省第三届突发环境事件应急演练大比武冠军，参与项目获省环保科技奖一等奖1项，二等奖3项；

参与广东省第十一次核事故应急演习获评“优秀”；

连续六年获“广东省城市空气质量预报能力建设与信息发布先进集体”；

《深圳市生态环境质量报告书（2016—2020年）》连续六届蝉联生态环境部五年环境质量报告书优秀奖（一等奖）

团支部获“2020—2021年度深圳市直机关工委系统五四红旗团支部”；

参与的科研项目获广东省环境保护科学技术奖一等奖1项，二等奖3项，入选《深圳市2021年优秀创新生态环境科学技术、成果白皮书》1项；

郑锦淳同志在深圳市委宣传部举办的“学习强国”深圳学习平台上线两周年总结表彰大会被授予“学习之星”荣誉称号（全市共20名）。

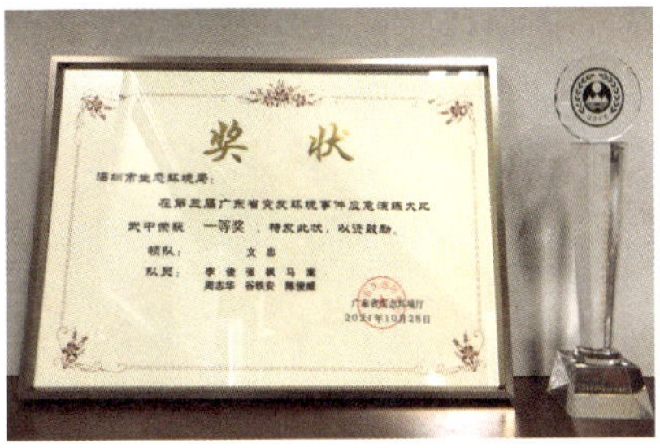

深圳监测中心站4名应急人员参加的深圳市生态环境局代表队勇夺广东省第三届突发环境事件应急演练大比武冠军

团支部获“2020—2021年度深圳市直机关工委系统五四红旗团支部”

郑锦淳同志被授予“学习之星”荣誉称号（全市共20名）

新时代、新阶段、新理念、新格局呼唤新的发展。2022年深圳环境监测人牢记使命担当、勇于先行示范，始终围绕支撑深圳率先打造人与自然和谐共生的美丽中国典范，化压力增添动力、抢先机应对新局，“十四五”期间以服务减污降碳协同增效为总牵引，加紧构建以环境质量监测为核心，碳监测和生物多样性监测为两翼，高质量人才队伍和设施支撑、高新领域和新型污染物监测能力支撑、高效率数据分析和信息化支撑的现代化的生态环境监测体系（一“核”两“翼”三“支撑”），深入打好污染防治攻坚战，为生态保护、应对气候变化探路，切实发挥生态环境保护“顶梁柱”作用。

2021

广西壮族自治区
生态环境监测中心这一年

2021年，广西壮族自治区生态环境监测中心全面落实习近平总书记视察广西时提出的“四个新”总要求和“广西生态优势金不换”的殷切嘱托，以服务好全区生态环境中心工作不断擦亮“山清水秀生态美”金字招牌为目标，切实发挥生态环境监测“铁军先锋队”作用，全力服务打好广西污染防治攻坚战。

党建工作

●以“树品牌，谱新篇”为主题，推动支部工作创新发展。

在党总支部打造“铁军先锋，这里有我”党建工作主品牌，在三个下辖党支部打造“服务基层，这里有我”“质量优先，这里有我”“绿色监测，这里有我”党建工作子品牌。通过监测技术指导帮扶、助力乡村振兴、“微心愿”帮扶等深入服务基层。举办防范生态环境统计造假、弄虚作假大宣贯活动，筑牢党员干部思想防线。成立“蕙标工作室”“当当工作室”，营造创先争优良好氛围。

•• 举办防范生态环境统计造假、弄虚作假大宣贯活动

●以支部达标创优为载体，促进党建工作标准规范。

顺利通过自治区直属机关工委组织的党支部达标创优考核验收。作为区直机关工委党校党支部标准化规范化现场教学点，至今已有36批次共计1396人前来学习交流。在自治区生态环境厅支部达标创优台账资料现场观摩会上作经验介绍。编制《中共广西壮族自治区生态环境监测中心总支部党建工作制度汇编》，建立完善政治理论学习制度等24项制度，使支部党建工作趋于规范化、常态化和主动化。

•• 举办访谈式廉政党课

●以党史学习教育为抓手，推动学习型支部建设上台阶。

组建中心“690nm学党史兴趣小组”，以“兴趣驱动学习，党史化雨润人”为目标，推出电梯宣传183期，打造移动的党史学习课堂。开展专题学习研讨9期，创新开设党史学习教育专题学习记录本，推动党史学习教育入脑入心。组织开展党史知识竞赛、讲党史故事比赛、大合唱比赛等形式多样的学习活动，带动中心其他党员干部积极主动融入党史学习中。

•• 召开“690nm 学党史兴趣小组”研讨会

•• 参加广西壮族自治区生态环境厅大合唱比赛

●以党建引领业务为目标，服务保障污染防治攻坚中心工作。

由党员组成的大气预报团队充分发扬生态环保铁军精神，365天全年无休，持续为大气污染防治攻坚行动提供预报保障。党员带头攻坚，组织各驻市中心按时按质按量完成全年水环境质量监测任务。建立“技术帮扶+质量监督”的工作机制，组织选派10多名党员技术骨干深入基层一线“一对一”指导采样、实验分析工作，推动国家网土壤监测点位监测工作高质量完成。

•• 开展漓江垃圾清理文明实践活动

•• 赴湘江战役纪念馆开展“追忆峥嵘岁月赓续红色血脉”主题党日活动

业务工作

●支撑污染防治攻坚卓有成效。

大气复合污染观测研究成效显著，得到自治区领导的肯定。成为华南区域首个具备1—3月空气质量长期预报能力的省级监测中心。实现环境质量监测PPP模式示范项目全国“零突破”、实现全区“空—天—地”秸秆焚烧综合立体监控网“零突破”、全国首创秸秆焚烧指数概念实现预报能力“零突破”。南流江流域水质预测预报平台实现业务化“零突破”，首次实现流域水质和流域污染负荷的预警功能。高质量完成国家网土壤环境监测工作，高标准完成耕地土壤污染成因排查和分析工作。

召开广西农用地土壤污染状况详查评估总结工作汇报会

●形成全区监测系统“一盘棋、一家人、一股劲”格局。

通过季度监测例会，扎实有序推动监测垂改，共协调解决各市实际困难和各类重点难点问题91个。建成“1+6”即自治区生态环境监测培训中心和6个培训分中心，共举办各类培训班14期总计1909人次。正式运行全区统一的监测系统质量管理体系文件，实现全区“1+14”个生态环境监测中心生态环境监测工作“同步走”。建成广西生态环境监测质量管理系统，实现对全区生态环境监测“人、机、料、法、环、测”各要素的统一监管。

举办广西国控区控监测站点运维基础保障检查培训班

●有效提升全区应急监测能力水平。

组织2场自治区级别、3场跨市级别、6场市级应急监测实战演练，演练频次创广西历史新高，拓展了广西“1+7”即一个全区中心和7个区域分中心应急监测联动体系，打造了2小时应急监测圈。

成功举办 2021 年全区生态环境应急监测综合演练暨技能竞赛活动

●稳步推进生态质量综合分析和生态状况评价。

承办上半年广西生态环境质量形势分析专家研讨会，形成广西生态环境质量形势分析报告为自治区党委政府献计献策。统筹开展水环境DNA调查、水生态监测、乡村生态系统以及生态质量试点监测，开展区内全流域水生态摸底调查，为“十四五”全面开展生态质量监测奠定坚实基础。

广西壮族自治区党委副书记、自治区主席蓝天立参观广西壮族自治区生态环境监测中心在“2021 年全国科技活动周广西活动暨第十三届广西科技活动周广西创新驱动发展成就展”的展位

荣誉奖励

获得自治区直属机关工委授予的“先进基层党组织”称号；获得自治区妇联授予的“广西三八红旗集体”称号；获得自治区生态环境厅授予的2020年度事业单位定期奖励集体嘉奖；在美国环境资源联合会（ERA）组织的国际能力验证活动中被

认定为“卓越实验室”；获得自治区科学技术协会授予的2021年广西高校“云上科普“联合行动优秀组织单位；《广西空气质量预报预警系统》项目在广西信息化优秀案例征集评选活动中荣获“优秀案例奖”；秦旭芝被评为“2021年广西最美环保人”；梁柳玲被自治区科协等10部门评选为2021年“八桂科普大行动”先进个人；白海强获得自治区人力资源和社会保障厅颁发的全区事业单位及工作人员脱贫攻坚记大功奖励。

•• 获自治区直属机关工委授予的“先进基层党组织”称号

•• 获自治区妇联授予的“广西三八红旗集体”称号

•• 美国环境资源联合会国际能力验证报告及卓越实验室证书

•• 获自治区科学技术协会授予的2021年广西高校“云上科普”联合行动优秀组织单位

••《广西空气质量预报预警系统》项目在广西信息化优秀案例征集评选活动中荣获“优秀案例奖”

•• “2021广西最美环保人”——秦旭芝

2022年，广西壮族自治区生态环境监测中心在总体工作要求上，做到“六个在前”（学在前、干在前、行在前、冲在前、严在前、廉在前）有行动见成效；在党建工作上，开展“党员带头、激情工作”主题活动，持续擦亮党建工作品牌，提振每一位党员的干事创业激情；开展“清廉监测”建设，着力打造清廉班子、清廉队伍、清廉服务，推动党内政治生活更加规范，权力制约监督机制更加完善；在业务工作上，重点抓好生态质量监测、应急监测、科研、综合分析等专项，实现业务工作大发展大跨越。

2021

广西壮族自治区海洋环境监测中心站这一年

2021年，广西壮族自治区海洋环境监测中心站（总站南海近岸海域环境监测西站），以习近平新时代中国特色社会主义思想为指导，全面贯彻党的十九大和十九届历次全会精神，深入贯彻习近平生态文明思想和全国海洋生态环境保护大会精神，紧紧围绕广西壮族自治区生态环境厅中心工作和国家海洋生态环境质量监测网络布设要求，积极谋划拓展海洋生态环境监测和科研工作，切实发挥“顶梁柱”和“生命线”的作用，为打好污染防治攻坚战，助推美丽海湾建设和向海经济高质量发展提供强有力的技术支撑。

党建工作

●创新理念，党建与业务深度融合发展。

紧紧围绕业务发展、锐意进取这条主线，不断探索党建工作创新开展的多个结合点，完善各科室年度综合绩效考评指标，建立月工作例会制度，推动党建工作与业务工作深度融合，切实做到党建工作和业务工作一起谋划、部署、检查和考核，使党建引领与业务发展同频共振，共同发展。

●用好两个平台，确保党史学习教育活动取得实效。

在开展常态化学习教育的基础上，积极利用共产党员活动日、党员政治生日开展特色教育活动，通过开展“缅怀先烈　感恩党　唱支山歌给党听”“学党史办实事，文化下乡助力乡村振兴”等主题党日活动，激活党员内生动力，淬炼党员党性意识，筑牢初心使命，强化责任担当。

•• 中秋党史知识竞赛

•• “缅怀先烈　感党恩　唱支山歌给党听”主题党日活动

•• “学党史办实事，文化下乡助力乡村振兴”主题党日活动

●找准结合点，提升为民办实事服务水平。

与乡村振兴结合，组织党员深入平孟村、英罗村开展党建活动，助力乡村振兴；与工业振兴相结合，选派1名党员干部作为防城港工业振兴特派员，帮助企业解决问题；与创城工作相结合，组织党员进“三无小区”入户调查，积极帮助小区居民解决实际问题；与群团工作相结合，支持和指导工青妇等群团组织开展形式多样的主题活动，增强全站职工的幸福感；与新冠肺炎疫情防控相结合；组织党员职工无偿献血，助力解决新冠肺炎疫情防控用血紧张问题。

•• 捐资助农活动，助力乡村振兴

•• 对“三无小区”进行大扫除

●树强党建品牌，助推海洋生态环境监测高质量发展。

加强宣传报道，擦亮树强“海上监测先锋队”品牌，2021年以来，海上先锋队的故事分别在《中国环境报》《广西日报》刊登，同时，广西壮族自治区海洋环境监测中心站首次联合开展的布氏鲸调查工作也得到中央电视台、广西电视台、《广西日报》等主流媒体的争先报道，通过主流媒体的宣传报道，充分展现了广西海洋生态环境监测队伍的铁军风貌，以及广西壮族自治区海洋生态环境保护所取得的成效。在北海市委、市直机关工委直管的92个党组织中，广西壮族自治区海洋环境监测中心站党总支被评为“先进基层党组织”。

•• 海上监测先锋队开展党日活动

•• 海上先锋队开展党史学习教育

•• 央视对广西壮族自治区海洋环境监测中心站开展的布氏鲸调查工作进行报道

业务工作

●海洋生态环境监测闯出新路子。

优化广西壮族自治区海洋监测布点，新增近海监测点24个，向南延伸270海里，实现北部湾海域监测全覆盖，拓展重点海域持久性有机污染物、中越交界海域海漂垃圾和微塑料等新兴污染物监测。同时新增茅尾海红树林调查，拓展布氏鲸、中华白海豚等珍稀海兽调查、渔业资源和环境基因多样性调查，更加全面掌握北部湾生态环境保护主要成效。

•• 开展渔业资源调查

•• "十四五"生态环境监测首航

•• 布氏鲸调查监测

●海洋生态环保服务工作迈出新步伐。

编制完成广西"十四五"海洋环境保护规划、广西114个直排入海排污口整治成效调查与对策研究报告、沿海风险物质应急监测技术手册和应急监测能力调研报告等综合研判报告，编制实施《"十三五"广西海洋生态环境质量报告书》《广西近岸海域污染防治2021年度行动计划》《茅尾海环境综合整治规划》《北海铁山港近岸海域入海排污总量削减方案》。开展茅尾海专项监测分析、磷污染示踪、水动力水质模拟工作，助力茅尾海综合整治，配合广西生态环境厅海洋处推进“防城港企沙港区赤沙作业区1号泊位和2号泊位工程”等涉海项目事中事后监管试点工作，服务广西壮族自治区重大项目。完成5个海洋自动监测站升级改造，推进广西近岸海域水质自动监测网络布点优化调整，强化重点海湾实时监控能力。

海洋自动监测站升级改造

●海洋环境科研展现新作为。

积极推进科研平台建设，共建北部湾海洋资源环境与可持续发展广西实验室；开展海水养殖污染防治及尾水排放状况调研、面源污染智能监测与解析技术研究，申报海水养殖废水排放地方标准制定，为海洋养殖污染防治提供支撑。并着力推进环境监测科研科普化，组织开展形式多样的科普宣传活动，完成广西海洋生态环境监测科普展厅一期建设，力争2022年完成建设并开放使用，争取将其建成广西区海洋生态科普特色“蓝馆”。

“六五”世界环境日科普宣传

●海洋生态环境监测铁军彰显新担当。

以岗位锻炼砺精兵，完成应急监测预案修订，采取“双无”形式（无预先通知、无脚本）开展应急监测实战演练，检验应对突发环境事件的反应能力。以实验室资质认定复查评审和持证上岗考核为契机，加强岗位练兵，以练促提升，并以优异成绩顺利通过国家级资质认定复查评审和持证上岗考核。以党建引领强铁军，加强党史教育，设立“海上临时党小组”，引领海上监测先锋队高效完成各项监测工作。

通过国家级资质认定复查评审和持证上岗考核

•• 2021 年广西沿海城市突发环境应急监测暨应急处置联合演练

•• 组织技术人员以练促提升

荣誉奖励

广西壮族自治区海洋环境监测中心站获2021年北海市市直机关工委“先进基层党组织”称号；广西壮族自治区环境监测中心站环境监测室，被授予“2019—2020年度广西青年文明号”称号；9人获生态环境部授予生态环境监测“三五”人才“技术骨干”称号；李天深获“2021广西最美环保人”荣誉称号；罗金福、陈进营被广西生态环境厅授予“十三五”脱贫攻坚工作突出个人；洪鸣、刘燕2人获广西壮族自治区生态环境厅2020年度记功；覃燕丽获北海市优秀党务工作者；洪鸣获北海市市直机关优秀共产党员；苏子幸、韩国光分别获广西区生态环境系统“感恩党，党史故事我来讲”比赛二等奖和三等奖；获广西壮族自治区生态环境厅主办“唱支山歌给党听”歌咏比赛一等奖；获广西壮族自治区生态环境厅主办“迎新春　开新局”主题贺年视频比赛第一名。

•• 获 2021 年北海市市直机关工委“先进基层党组织”称号

2022年，广西海洋生态环境监测中心站将继续深入学习贯彻习近平新时代中国特色社会主义思想及生态文明思想，主动担当作为，紧紧围绕建设新时代中国特色社会主义壮美广西“1+1+4+3+N”目标任务体系，以“保优提质、减污降碳，强基础、增效能、护生态、促发展、防风险”为主线，着力构建科学、高效、全面的海洋生态环境监测体系，紧贴环保重点拓展海洋生态环境监测工作，围绕重点环境问题强化海洋生态环境保护支撑服务，为扎实推进新时代中国特色社会主义壮美广西建设提供强有力支撑，持续擦亮广西“山清水秀生态美”金字招牌。

2021

海南省生态环境监测中心这一年

2021年是中国共产党成立100周年，是“十四五”开局之年，也是全面建设社会主义现代化国家新征程的起步之年。在海南省生态环境厅的坚强领导下，海南省生态环境监测中心以习近平新时代中国特色社会主义思想为指导，立足新发展阶段，紧扣生态文明建设新形势，深入贯彻习近平生态文明思想，坚持监测先行、监测灵敏、监测准确，突出保障监测数据“真、准、全”，全力推进生态环境监测体系现代化及各领域工作纵深向前，严守生态环境监测数据质量“生命线”，守护海南绿水青山，为海南生态环境保驾护航。

党建工作

2021年，海南省生态环境监测中心党支部坚持以习近平新时代中国特色社会主义思想为指导，认真贯彻落实党的十九大及十九届历次全会和省委历次全会精神，学习贯彻习近平总书记“4·13”重要讲话、中央12号文件精神和习近平总书记对海南生态文明建设和生态环境保护工作的重要指示批示精神，使党员们在海南自由贸易港建设过程中增强“四个意识”、坚定“四个自信”、做到“两个维护”。

●党建引领促发展，充分发挥党支部战斗堡垒作用。

坚持以党史学习教育活动为牵引，深入学习贯彻十九届六中全会精神，习近平总书记关于自贸港建设的重要讲话和指示批示，坚持用党的新时期创新理论武装头脑，推动学习成果不断向助力工作实践转化。

●扎实开展党史学习教育，献礼建党百年。

以庆祝建党100周年为主题，组织全体党员开展内容丰富的活动学习，利用“学习强国”平台开展党史知识测试，赴海南省规划展览馆、南海博物馆和史志馆分别开展现场研学主题党日活动，引导党员干部以史为镜、以史明志、知史爱党、知史爱国，推动红色基因传承。7月1日当天组织全体党员干部职工观看习近平总书记“七一”重要讲话并进行集体宣誓。

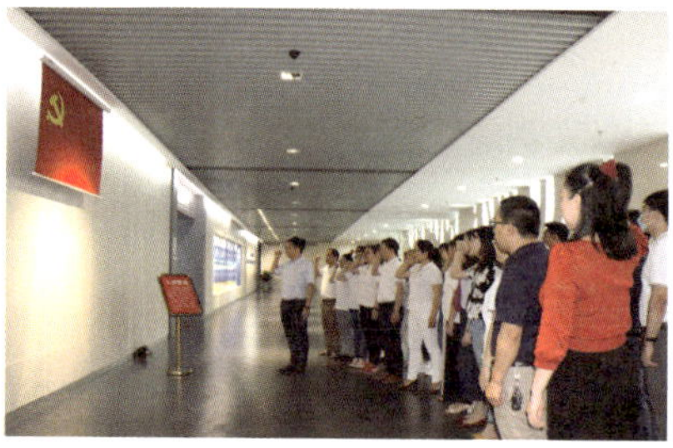

•• 庆祝建党 100 周年党员宣誓

•• 赴海南省史志馆开展主题党日活动

•• 党员先锋队授旗仪式

•• 党员赴海口演丰地区人民革命纪念园开展主题党日活动

●加强党员全过程管理，推动支部建设标准化、规范化。

深入贯彻落实新时代党的组织路线，认真对标《中国共产党党和国家机关基层组织工作条例》要求，以提升组织力为重点，突出政治功能，推动基层党组织全面进步、全面过硬。试行党员积分管理制度，加强党员队伍先进性和纯洁性建设，创建“比学赶超”机制，实现党建和业务联动推进、深度融合，为推动各项工作再上新台阶提供了思想保证和精神力量。

•• 海南省生态环境监测中心党员参加“永远跟党走”万人朗诵活动

•• 在陵水高土村小学开展图书捐赠志愿者活动

•• 工会组织开展职工生日会

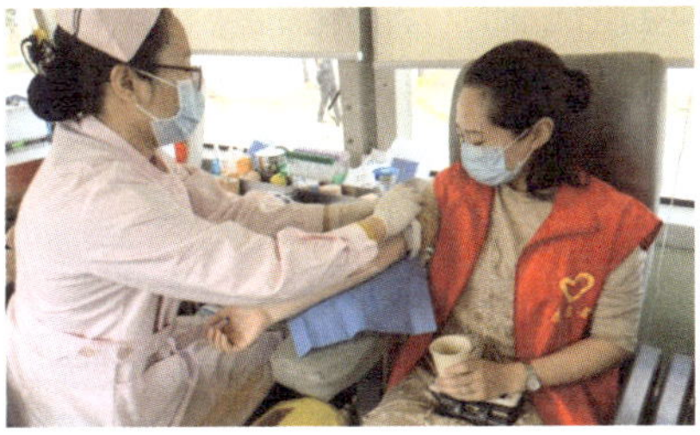

•• 志愿者献血活动

•• “童心向党”六一主题党日活动

业务工作

●高水平服务自贸港，做好生态环境质量“侦察者”。

2021年海南省环境空气质量优良天数比例为99.4%，$PM_{2.5}$浓度为13微克/立方米，O_3浓度为111微克/立方米，全年无中度及以上污染天气。地表水水质总体为优，水质优良比例为92.2%，全省县级及以上城市集中式饮用水水源地水质达标率为100%，农村万人千吨、乡（镇）村饮用水水源地水质达标率有所提升；近岸海域水质总体为优，优良水质面积比例为99.8%。

●全面贯彻改革部署，做好新领域拓展“攻关者”。

首次实施“湾长制”重点港湾海水水质监测、省控地下水及土壤环境质量监测；试点开展城镇内河湖采测分离；开展热带雨林国家公园生态环境试点监测；大胆试行新型污染物监测，对海南省18个市县30个城市（镇）集中式饮用水水源地开展四大类50种抗生素本底水平调查监测，创新性地开展入海河口微塑料试点监测。

●紧贴重大生态环境政策措施，做好政策落实的“接单者”。

依据生态环境部试点工作方案和生态环境智慧监测创新应用技术指南，结合海南省工作需求和基础，积极开展“水质 AI 智能采测服务体系创新与示范应用”“生态环境遥感监测管理应用系统”等生态环境智慧监测创新应用试点工作，被纳入生态环境部试点范围，不断提升海南省生态环境监测领域智能化、智慧化水平。

●推深做实监测基础保障，全力支撑生态环境监管。

全年共出具约12万个手工监测数据，发布700余万个环境空气质量监测数据，编制《“十三五”环境质量报告书》《年度环境状况公报》《年度环境质量报告书》，各类环境质量日报、周报、月报、季报、期报、专报近1800份。

•• 2021 年春季西沙群岛环境质量调整监测

•• 监测人员在西沙群岛进行水色及透明度监测

•• 监测人员参加海上应急演练

•• 首次受邀参加全省海上综合应急演练

•• 监测人员开展土壤采样

•• 2021 年新入职员工培训

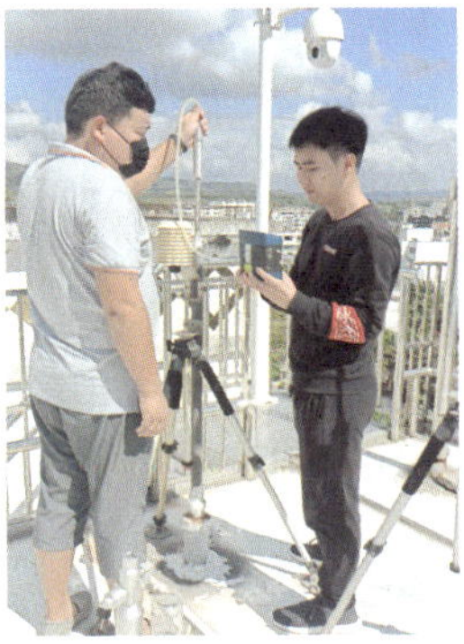

•• 开展空气自动站核查

•• 开展噪声抽测比对

•• 《“十三五”生态环境质量报告书》

•• 2021 年全体职工合影

荣誉奖励

海南省五一劳动奖状；《“十三五”全国生态环境质量报告书》优秀；“重点行业企业用地土壤污染状况调查表现突出集体和个人”；2020—2021年度海南省省直机关“先进基层党组织”；2020—2021年度海南省省直机关“模范职工之家”；2021年省直机关第二批“标准化党支部示范点”；首届省直机关廉政建设微视频创作大赛优秀奖；海南省生态环境厅机关党委庆祝建党100周年表彰“先进基层党组织”。

•• 邹伟主任代表中心参加全省五一劳动奖表彰

•• 获得省直机关“模范职工之家”称号

•• 7名党员获得省厅庆祝建党100周年表彰

海南省五一劳动奖状
证　书
海南省总工会决定
授予海南省生态环境监测中心
海南省五一劳动奖状。
海南省总工会
2021年4月

•• 获五一劳动奖状证书

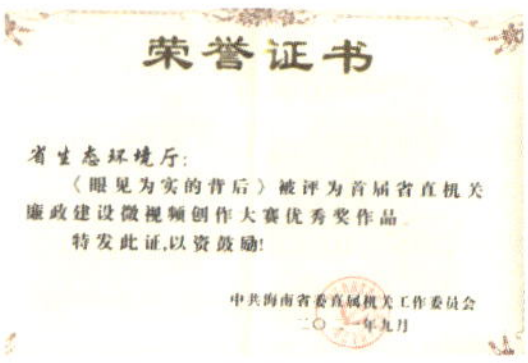
荣誉证书
省生态环境厅：
《眼见为实的背后》被评为首届省直机关廉政建设微视频创作大赛优秀奖作品。
特发此证，以资鼓励！
中共海南省委直属机关工作委员会

•• 获省直机关廉政建设微视频创作大赛优秀奖

•• 荣获省直机关“先进基层党组织”称号

•• 荣获省厅“先进基层党组织”称号

中共海南省委直属机关工作委员会文件

琼直党工〔2021〕14号

关于命名省直机关第二批
“标准化党支部示范点”的决定

省直各单位、各驻琼单位直属党组织：

2021年是中国共产党成立100周年，是“十四五”规划的开局之年。自省直机关推进标准化党支部工作以来，省直机关各级党组织以习近平新时代中国特色社会主义思想为指导，全面贯彻习近平总书记关于海南工作的重要讲话和重要指示批示精神，增强“四个意识”、坚定“四个自信”、做到“两个维护”，认真贯彻落实《中国共产党支部工作条例（试行）》等党内法规规章，牢固树立党的一切工作到支部的鲜明导向，扎实推进党支部标准化建设，配强班子、建强队伍、落实组织生活制度，不断提升组织力，在推进海南自由贸易港建设等重大任务中，充分发挥党支部的战斗堡垒和党员的先锋模范作用，涌现出了一批[illegible]有力、

-1-

党员队伍担当有为、工作机制健全完善、服务中心成效显著、党建活动特色鲜明的标准化党支部。为充分发挥示范引领作用，推动基层党组织全面过硬、全面进步，省委直属机关工委决定命名省直机关100个党支部为第二批“标准化党支部示范点”。

希望被命名的党支部以此为新的起点，更加严格标准要求，创新党建工作“打造”支部“品牌”，推动党建与业务深度融合，不断取得新的进步，更好地发挥示范引领作用。省直机关各级党组织要深入践行新时代党的建设总要求，围绕海南自由贸易港建设对党建工作提出的新任务新要求，认真学习“标准化党支部示范点”的好经验、好做法，不断提高党支部建设质量，团结带领广大党员群众开拓创新、勇闯敢试，以党建创新引领工作创优，为加快海南自由贸易港建设贡献力量。

中共海南省委直属机关工作委员会

-2-

省发展和改革委员会社会发展处党支部
省土地储备整理交易中心党支部
省旅游和文化广电体育厅中国（海南）南海博物馆党支部
海南省生态环境监测中心党支部
省农业农村厅省南繁管理局党支部
省农业农村厅省种子总站党支部
省工业和信息化厅中小企业处党支部
省商务厅自由贸易港改革发展处党支部
省科学技术厅办公室党支部
省财政国库支付局核算管理处党支部
省财政国库支付局社保站党支部
省技师学院环境保护工程系党支部
三亚技师学院电气工程系党支部
省教育厅职成教处党支部
省平山医院行政党支部
海南省卫生健康职业学院学生管理党支部
省公安厅刑事警察总队警犬训练基地党支部
省公安厅禁毒总队党支部
省琼山强制隔离戒毒所十一大队党支部
省三亚强制隔离戒毒所教育矫治党支部
省民政厅省福利彩票发行中心党支部

-4-

•• 关于命名省直机关第二批“标准化党支部示范点”的决定

中华人民共和国生态环境部办公厅

环办监测函〔2021〕572号

关于“十三五”全国生态环境质量报告书
评估结果的通报

各省、自治区、直辖市生态环境厅（局），新疆生产建设兵团生态环境局，中国环境监测总站：

为进一步提升生态环境质量综合分析能力和水平，提高全国生态环境质量报告书编制质量，我部组织开展了“十三五”全国生态环境质量报告书评估工作。

经各省（区、市）生态环境厅（局）推荐、专家组评估，共有29份生态环境质量报告书评估为“优秀”、60份为“良好”，现予以通报（名单见附件）。希望获得通报表扬的编制单位及人员再接再厉，为生态环境监测事业发展、支撑深入打好污染防治攻坚战和建设美丽中国作出更大贡献。

附件：“十三五”全国生态环境质量报告书评估结果

生态环境部办公厅
2021年12月9日

（此件依申请公开）

•• 关于“十三五”全国生态环境质量报告书评估结果的通报

2022年，海南省生态环境监测中心将深入贯彻习近平生态文明思想和习近平总书记关于海南生态文明建设、生态环境保护、生态环境监测的一系列重要讲话、重要指示，紧紧围绕自贸港建设和生态文明建设的工作大局，下足数字化、智慧化、品牌化功夫，加快传统监测向高质量监测转型，主动做好自贸港建设生态环境质量、污染防治攻坚战、环保督察整改成效三大数据支撑，以优异成绩迎接党的二十大胜利召开。

2021

重庆市生态环境监测中心这一年

2021年，在总站的悉心指导和重庆市生态环境局的坚强领导下，重庆市生态环境监测中心坚持党建引领，聚焦监测主业，克服任务重、时限紧、强度大等困难，取得了一串串亮眼数据和成绩。全年编制手工监测报告约3100份，较2020年同期增加约7%；有效获取手工监测数据约31万条、自动监测数据约1300万条，较2020年同期分别增加约11%、60%；每日开展水质日报、空气质量预报，每月进行环境质量会商，全年发送污染预警信息800余条，提供大气、水等各类分析材料约1200份，针对性提出科学性、前瞻性建议1000余条，为重庆市空气质量优良天数达到326天，评价空气质量六项指标连续两年全部达标，74个国控断面水质优良比例达到98.6%（高于国家考核目标1.3个百分点），土壤环境风险得到有效管控提供了强有力支撑，实现了“十四五”良好开局。

2021 年 7 月重庆市生态环境局党组书记、局长吴盛海调研中心工作

党建工作

●聚焦主责主业，强化党建引领。

严格落实“一岗双责”，不断压实主体责任，全年召开中心党委会19次、中心组理论学习会7次，建立定期督查机制、定期提醒机制，定期专题研究并督促检查全面从严治党、意识形态等方面重点工作，实现党建与业务工作同部署、同实施、同检查、同考核。

●聚焦理论学习，提升党性修养。

创新“周五讲堂”等学习载体，发挥“学习强国”、“红岩魂”、重庆干部网

召开党史学习教育动员大会

中心领导带队开展党史学习教育活动

络学院等平台作用，不断强化理论学习和党性教育，确保思想上、政治上、行动上始终同以习近平同志为核心的党中央保持高度一致。

●聚焦组织建设，筑牢战斗堡垒。

严格落实“三会一课”、开展主题党日、组织生活会等近400次，党政主要领导严格履行双重组织生活并带头讲党课，党内政治生活从严从实。

•• 开展支部活动

•• 开展主题党日活动

•• 开展主题党日活动

•• 开展工会活动

●聚焦一线基层，抓好为民服务。

深入开展党史学习教育，对标对表完成各项学习任务，用心用情开展“我为群众办实事”实践活动，调研区县饮用水水源水质情况和研究解决黑石子垃圾处理厂臭气扰民问题。

•• 中心领导参加“我为群众办实事”活动

●聚焦风险防范，持续正风肃纪。

围绕重点工作和重点环节，查找廉政风险点51个，制定防控措施120条，制定“谈心谈话制度”，开展谈心谈话450余人次，扎实开展“以案四说、以案四改”警示教育，常态化加强纪律作风教育监督，风清气正的政治生态持续巩固。

•• 召开“七一”表彰大会

业务工作

●强力推进能力现代化建设。

科学编制《“十四五”监测能力现代化建设方案》。新增实验室6000余平方米，正按全国一流标准升级改造。筹备质控实验室、计量实验室建设，融合应用多种先进技术手段，全面提升应急监测、实验室分析能力。推进信息化建设，加快建立以中心为核心，覆盖所有区县的全市生态环境监测实验室管理系统。全力提升预警预测能力，加速推进水质预警预测平台（一期）、空气质量预警预报平台（二期）建设。

●精准服务蓝天保卫战。

创新打出“高科技+专家组”蓝天保卫组合拳，积极借助激光雷达、走航监测、地基超光谱试点观测等高科技手段，充分发挥专家智库优势，快速定位污染源区域，精准溯源污染成因，形成了“信息实时收集、成因专业分析、建议及时提出”的快速反应机制，全年共提出各类建议600余条，发送临界污染预警信息700余条，全力支撑科技治污、精准治污。

•• 顶烈日采废气

•• 举行大气会商

●全面助力碧水保卫战。

开展重点河流体检监测，全面及时掌握重庆市重点河流水质情况。聚焦不达标流域、重点河流，开展污染溯源技术帮扶，有效解决沉疴痼疾。加强预警预测能力建设，新建市控自动监测站20个，在全国率先将市级自动监测数据用于水质评价考核，建成重庆市生态环境监测数据管理和分析系统、重庆市水环境预警预报系统、重庆市水质自动监管平台3个大数据系统。全年技术支持各级河长巡河100余次、各类河流综合整治调度会督战会近20次，发出预警60余次，提供各类分析材料200余份。

•• 采集水样

•• 蹚水过河奔赴采样点

●深入配合净土保卫战。

受总站委托，组建21人的监督检查组，远赴他乡圆满完成了南方15个省市2021年土壤风险点质量监督检查，并作为组长单位，对福建、湖南等地完成土壤国控网质量监督检查。

•• 开展土壤采样

●着力提升应急监测能力。

组织开展5次全市突发环境事件应急监测实战演练，首次实现全市监测站全覆盖。首次完成全市监测站应急监测装备及实验室分析能力现场检查，确保发生突发环境事件时“拉得出、用得上、测得准”。开展全市应急监测技术培训及应急事件处置复盘，全年响应或指导区县站突发环境应急监测31次，为妥善处置环境应急事故提供了有力保障，得到了国家应急指挥中心的充分肯定。

•• 开展应急监测实战演练

●扎实开展监测试点工作。

开展碳监测评估试点工作，完成工作方案编制，确定3方面工作重点，以此增强重庆市碳监测能力，全面支撑减污降碳协同增效。启动智慧监测创新试点工作，扎实推进各项前期准备工作，积极开展智慧监测创新应用建设方案顶层设计，全力提升重庆市智慧监测水平。

•• 召开碳监测评估试点推进会

●积极探索监测科研创新。

狠抓研究型单位建设，新增省部级科研项目7个，实现自然科学基金项目零突破。启动农村生态与土壤监测技术研究中心、生态安全研究中心、计量实验室等平台的筹建工作，积极创建国家重点实验室。加强与高校、科研院所合作，联合重庆大学成功获批博士后科研工作站。推进与四川省站监测合作，着力提升两地生态环境监测能力，助力成渝地区双城经济圈建设。整合市区（县）监测力量，开展科研项目市区联动，有效提升全市监测科研水平。

●● 举行中干及技术骨干培训班结业仪式

●● 举行技术大比武活动

荣誉奖励

在生态环境部组织开展的全国重点行业企业用地详查工作中，中心荣获表现“突出集体”称号，龚玲、刘萍等7位同志荣获“表现突出个人”称号；

●● 荣获重庆市生态环境局讲党史故事比赛二等奖

在总站组织开展的全国声环境质量监督核查工作中，中心成绩名列全国第一；

在总站组织开展的全国省级监测站应急监测能力评估中，中心成绩名列前茅，得到总站领导和各位专家的高度肯定；

荣获2021年总站组织开展的4轮实验室“能力考核优秀单位”称号；

58人荣获全国第二批生态环境监测“三五”人才称号，比第一批增加了40余人；

2人荣获2021年全市监测技术大比武一等奖，14人进入前60名；

重庆市生态环境监测中心第十二党支部荣获局系统“先进基层党组织”称号，6人荣获“优秀共产党员”称号、2人荣获“优秀党务工作者”称号。

荣获“全国重点行业企业用地详查表现突出集体”和“表现突出个人”称号。

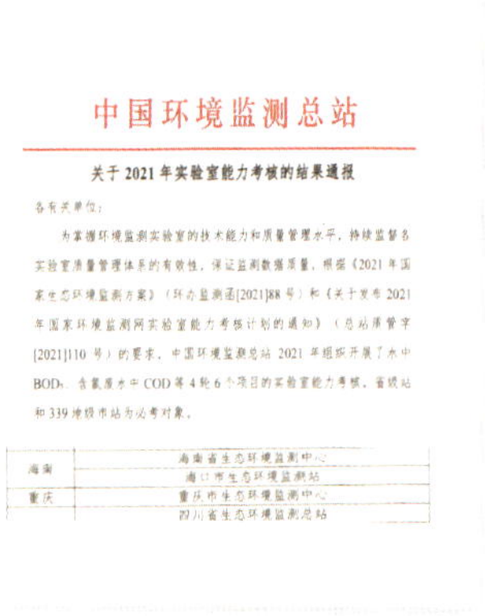
中国环境监测总站

关于2021年实验室能力考核的结果通报

各有关单位：

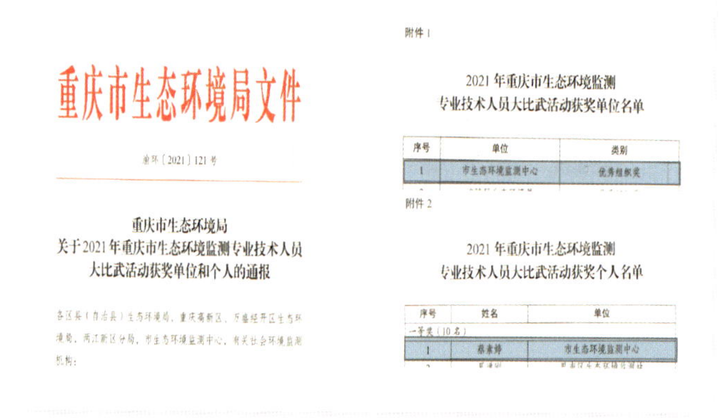
重庆市生态环境局文件

渝环〔2021〕121号

重庆市生态环境局
关于2021年重庆市生态环境监测专业技术人员大比武活动获奖单位和个人的通报

附件1

2021年重庆市生态环境监测专业技术人员大比武活动获奖单位名单

序号	单位	类别
1	市生态环境监测中心	优秀组织奖

附件2

2021年重庆市生态环境监测专业技术人员大比武活动获奖个人名单

••荣获2021年实验室“能力考核优秀单位”称号

••荣获2021年重庆市监测技术大比武一等奖

2022年，我们将继续认真贯彻落实习近平生态文明思想，以党的十九届六中全会精神为指引，紧扣新形势，抓住新机遇，开拓创新、锐意进取、埋头苦干，狠抓监测能力现代化建设，着力提高监测数据分析能力水平，坚决守好环境监测数据质量这条“生命线”，实现“大监测”、确保“真、准、全”，有力支撑、引领、服务“大保护”，全面支撑深入打好污染防治攻坚战，为建设山清水秀美丽之地贡献最大力量！

2021

四川省生态环境监测总站这一年

2021年，四川省生态环境监测总站深入学习贯彻习近平新时代中国特色社会主义思想，特别是习近平生态文明思想，在总站的大力指导下，在四川省生态环境厅的领导下，扎实有序开展党史学习教育，用党的创新理论武装头脑、指导实践，不断提高政治判断力、政治领悟力、政治执行力。同时强化责任担当，不忘初心、牢记使命，坚实支撑打好新冠肺炎疫情防控阻击战、污染防治攻坚战，靠前思考，主动融入，充分发挥环境监测顶梁柱的作用，为美丽四川建设提供了“真、准、全”的监测数据。

党建工作

●强化理论学习，用党的创新理论武装头脑、指导实践、推动工作。

四川省生态环境监测总站党委带头深入学习贯彻习近平新时代中国特色社会主义思想，特别是习近平生态文明思想，在学懂弄通做实上下功夫，工作中做到监测先行、监测灵敏、监测准确。

●扎实有序开展好党史学习教育。

四川省生态环境监测总站党委加强组织领导，印发实施方案，明确学习内容，规定时间节点，引导全站上下学党史、悟思想、办实事、开新局。

•• 庆祝中国共产党成立 100 周年暨表彰大会

•• 参加庆祝中国共产党成立 100 周年歌咏比赛

●抓好意识形态工作。

四川省生态环境监测总站党委将意识形态工作作为党的建设的重要内容，与党的建设同部署、同落实、同考核。

●全面从严治党。

认真执行全国和全省生态环境系统全面从严治党视频会议要求；印发《中共四川省生态环境监测总站委员会落实全面从严治党主体责任清单》；对照“严、真、细、实、快”的要求，锤炼工作作风；动态梳理廉政风险点，签订履行廉政建设责任承诺书；按照驻厅纪检监察组要求，做好“以案为鉴”警示教育。

业务工作

●强帮扶和业务培训。

开展新冠肺炎疫情防控和大气污染防治攻坚帮扶，编制《生态环境业务工作实战手册　生态环境监测篇》，开办各类培训班30余场，协助完成四川省2021年生态环境系统非辐射类环境监测标兵能手省级竞赛比武，有力提升全系统监测业务水平。

●强化防控结合，开展疫情环境安全监测。

严格落实新冠肺炎疫情防控工作的各项要求，制定《疫情防控预案》《疫情防控环境安全监测及疫情环境污染防治专项督导帮扶工作方案》。开展涉疫区、隔离点、涉疫医疗机构的废水余氯监测和21市（州）涉疫地区疫情监测调度和环境安全评估工作，向厅新冠肺炎疫情领导小组报告疫情防控环境安全快报86期。

●融入污染防治攻坚主战场，做好监测“顶梁柱”。

四川省生态环境监测总站正实现从单一监测向测评结合、从被动服务向主动融入、从技术服务向决策支撑转变。

一是开展预防人为干扰监测的暗察暗访、启动地表水环境质量“9+X”监测新模式、加强重污染天气形势研判评估、水环境预警等工作，发布大气、地表水日报、预警预报和“测管协同”联动分析报告共600余期，切实加强了监测与执法、监管的协同，支撑了四川省今年大气、水环境质量提升的工作。**二是**积极开展非法处置污泥案件环境监测，参与人为干扰大气、地表水自动站事件调查，利用生态遥感技术，及时发现生态环境问题，提供4批次、数百个点位的线索信息以及全省环境质量监测数据，全面支撑四川省迎接中央生态环境保护督察工作。**三是**强化数据分析，高质量完成支撑全省环境空气质量、地表水水环境质量考核排名的技术工作和《“十三五”生态环境质量报告书》编制。利用土壤监测结果为土壤分类施策开展源头管控、土壤污染治理修复提供了技术支撑。**四是**及时完成了5起应急监测，并指导市州成功处理了7起应急污染事件；联合甘肃、陕西省监测站共同建立了《甘陕川突发水环境事件联合应急监测预案》，增强了环境安全应急监测的实战能力。**五是**与生态环境部卫星中心开展战略合作，发现了生态环境破坏、自然保护区人类活动、侵占饮用水水源保护区等200个生态环境问题，并初步开展了川藏铁路建设、生态保护红线、大气污染的遥感监测工作。

●当好标杆，提升监测科研水平。

履职国家“三大中心”牵头作用，利用人工智能新技术，提升环境空气预测预报水平；四川省环境空气24小时预报准确率达98%，水环境预报预警已具备未来7天水质趋势性预报能力；申报“持久性有机污染物（POPs）检测”重点实验室；主持和参与“成渝$PM_{2.5}$化学组分和光化学污染立体监测网设计与建设”等7个国家和省级科研项目；参与出版《水环境质量预测预警方法技术指南》《城市空气污染预报》等专著；发表论文25篇（其中北大核心11篇，SCI 1篇）。

•• 参加演讲比赛

•• 参加健步走活动

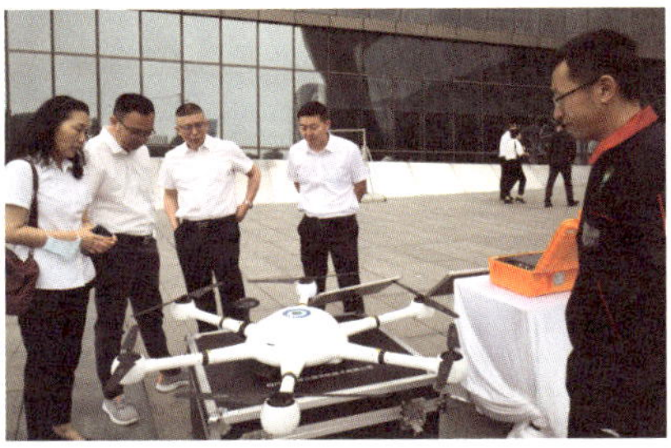

•• “六五”环境日领导察看监测设备

•• 标兵能手省级竞赛选手理论考试

•• 参加标兵能手省级竞赛比武

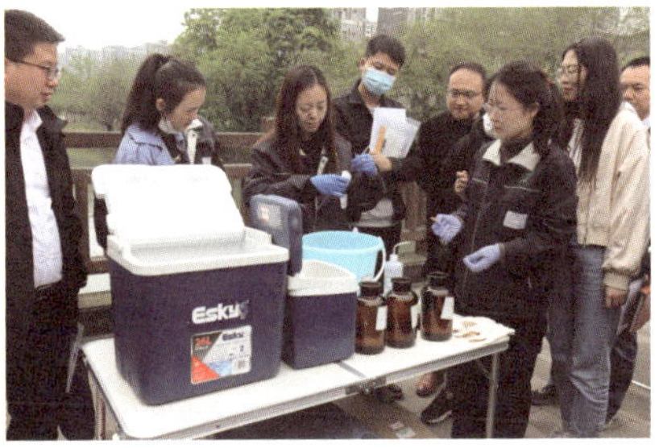

•• 四川省本级监测业务培训

荣誉奖励

四川省生态环境监测总站青年理论学习小组被机关党委评为“青年学习先进集体”。赖欣同志被机关党委评为“青年学习先进个人”；

参加四川省生态环境厅组织的庆祝中国共产党成立100周年暨“颂歌献给党·奋进新征程”歌咏比赛，合唱《新的天地》荣获二等奖；

6名党员荣获“光荣在党50年”纪念章；

刘强同志荣获四川省五一劳动奖章；

廖乾邑同志荣获2021年四川省第四届“最美基层环保人”荣誉称号；

欧发刚同志被四川省委省政府表彰为“脱贫攻坚先进个人”；

赖欣同志荣获四川省生态环境厅组织的“讴歌百年辉煌 奋进崭新征程”演讲比赛三等奖；

于飞、李维刚同志被机关党委表彰为“优秀共产党员”；综合室党支部被机关党委评为“先进基层党组织”；

在生态环境部确定的第二批生态环境监测“三五”人才入选人员名单中，杨朋入选 “尖端人才”，史箴、张丹入选“一流专家”，陈雨艳、罗碧容、张巍、柳强、杜云松、易丹、刘宏、王若男、唐兆军、黄芸、胡圆园、刘强、邓国海、蒋燕、吴艳娟、于飞、李贵芝、靳皓琛、席英伟、曹攀、蒋华英、王宇星、吴虹霁、杨瑷瑷、李波兰、饶芝菡入选“技术骨干”。

•• 赖欣获得演讲比赛三等奖证书和奖杯

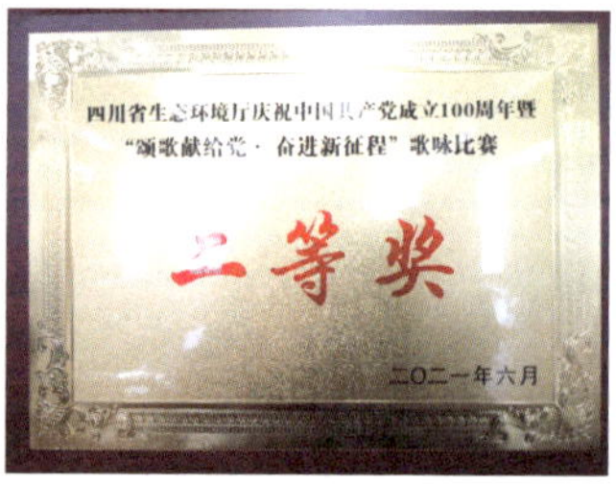

•• 歌咏比赛二等奖

2022年，四川省生态环境监测总站将传承以伟大建党精神为源头的精神谱系，埋头苦干，勇毅前行，以优异成绩迎接党的二十大和省第十二次党代会胜利召开。将主要做好以下七个方面的工作：一是扎实推动党建工作。继续深入学习习近平新时代中国特色社会主义思想，加强制度的建设和执行，把全面从严治党推向纵深。二是加强天、空、地一体化监测网络建设。完善大气组分站网络；构建水、气省级自动监测质量保障体系；实施数据共享，提升智慧监测能力。三是持续提升环境质量预报预警能力。加快构建气象—水资源—环境质量—污染源等多维数据库，完善环境污染源清单，提升运算能力，加强各类预测预报多模型的集成，实现多维度和多参数模拟，提升精细化预警预报能力。四是强化"测管协同"联动时效性。完善应急监测手段，提升自动监测数据运用，整合走航、遥感、污染源、应急、执法等监测数据，提高环境风险排查能力，提升"测管协同"快速反应实效。五是补齐生态质量监测与评估短板。建设生态地面监测站，启动区域生态质量评价，构建生态红线、水生生物监测技术体系，推进碳监测体系建设，启动黄河源头地下水监测工作，开展川藏铁路沿线生态遥感监测。六是加强环境监测科研能力。布局构建POPs检测重点实验室，进一步拓展持久性有机污染物和新型污染物的分析研究，开展重点流域新型污染物现状调查和农用地污染成因分析；开展"成渝$PM_{2.5}$化学组分和光化学污染立体监测网设计与建设""琼江流域地表水污染成因诊断和流域控制单元管理研究"等科研项目的研究。七是强化能力建设。加强学术交流和对全省监测技术人员业务能力的培训，积极指导县区监测站能力考核。

2021

四川省成都
生态环境监测中心站这一年

2021年，四川省成都生态环境监测中心站在四川省生态环境厅、成都市生态环境局的坚强领导和总站的支持指导下，紧扣精准治污、科学治污、依法治污，不断加强生态环境监测队伍建设，增强生态环境监测业务能力，主动服务高水平保护和高质量发展。

党建工作

●一是狠抓意识形态工作，深入开展党史学习主题教育。

强化理论知识学习，以专题组织生活会、宣讲会等形式，深学党的历史。创新学习形式，赴仪陇、夹金山等地开展学党史主题教育活动，开展庆祝中国共产党成立100周年暨“七一”表彰大会，以“一把手”讲党课、现场教学、研讨交流、体验式教学等形式，锤炼干部职工忠诚干净担当的政治品格。

•• 党史主题教育培训班赴“红军长征翻越夹金山纪念馆”参观学习

●二是积极创新党建活动，不断强化廉政建设基础。

与环境监察执法总队及兄弟监测站等相关单位开展结对党建活动，加强沟通联系，形成工作合力。开展干部作风整顿活动，完善廉政风险防控机制，观看专题警示教育片，集中学习党内法规，切实增强全体干部职工的廉洁意识。

•• 开展“服务基层”主题党日活动

•• 开展“大学习、大调研、大走访”活动

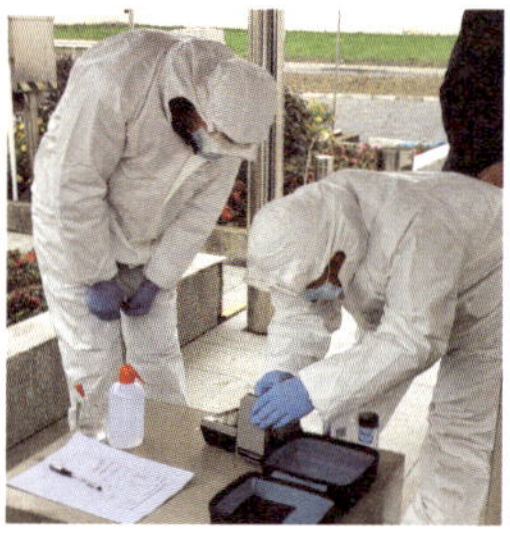

•• 开展“新冠肺炎疫情”应急监测

●三是不断强化深学细悟实干，扎实开展“大学习、大调研、大走访”活动。

站班子带头宣讲，深入各区（市、县）监测站调研走访，充分听取干部群众意见建议和困难诉求，研究制定整改方案，有效推动问题解决，真正做到为群众办实事，把群众团结到党组织周围，进一步增强党组织的凝聚力和战斗力。

●四是不断增强组织堡垒作用，凝心聚力抗击疫情。

充分发挥党员先锋模范作用，在疫情应急监测等工作中，冲锋在前，深入疫区，对139家隔离点、定点医院等重点场所开展监督性监测，编制应急监测快报180期，形成班子带队“包片联系”制度，对全市疫情监测工作开展帮扶指导，扎实筑牢组织堡垒作用。

业务工作

●扎实环境质量监测基础，助推环境质量持续改善。

高质量完成各类环境监测任务，出具监测数据1000余万个、各类分析报告4000余份。开展108个市生态补偿断面监测，累积拟扣金额925.6万元，有效促进了全市环境质量持续改善。

●强化“测管协同”深度，助力高效执法精准打击。

按照执法、监测、法规、信访等联动配合的“大协同”思路，创新开展全市涉案审会监测报告技术审核工作，对100个案件的监测全流程资料进行技术审核，保证执法有效性。组织完成辖区内1085家重点排污单位执法监测、50单信访投诉监测工作。建立24小时应急值班制度。会同市总队、市公安局环侦支队等多部门联合开展打击企业违法排污行为的“夜查”执法行动。

●推进碳监测评估试点，先试先行贡献成都经验。

积极开展碳监测技术研究，编制《成都市碳监测评估试点工作方案》，在总站的指导下，细化实施内容，有序开展试点监测，为城市碳排放量核算结果校验和碳监测评估技术方案体系建设贡献成都经验。

●推动大气污染防治“一号工程”，助力打赢蓝天保卫战。

制定《成都市环境空气质量自动监测站运行管理办法》，建立大气环境质量监测管理制度体系，拓展37个项目资质能力，完成12个国控站点气态污染物在线自动监测仪器设备更换，实时监控全市数据变化，科学研判污染变化趋势，为管理部门提供决策支撑。

●创新水环境监测形式，支撑打好碧水保卫战。

联合制定《成都市大气、水污染防治约谈办法（试行）》《地表水环境质量排名方案（试行）》等制度。开展水环境质量预报预警工作，探索融合手工监测数据和自动监测数据，启动沱江流域河湖水生态环境质量监测方法研究与试点示范项目、水环境新污染物监测研究（全氟化合物）项目，为成都市水污染治理提供技术支撑。

●建设生态监测网络，构建生态综合观测能力。

创建灵岩山、白水河生态状况观测站点，按照“一站多点”的布局模式，联合建成国家生态综合监测站，逐步形成地面观测和生物多样性监测能力。

●扎实“全员监测”行动，打造环境监测新格局。

制定全市生态环境监测培训方案，针对不同人员，科学设置10个培训主题，通过现场授课、视频直播和实战演练等方式率先在全省开展综合能力提升系列培训。对全市生态环境系统、省厅第一监察专员办和各兄弟市开展培训20余场、近4000人次参训，对全市300余环境监察执法人员开展采样技术考核，积极构建“人人懂监测、人人会监测”的全员监测大格局。

●精准结对技术帮扶，共建共享共同提升。

制定结对技术帮扶方案，站班子带队赴雅安、阿坝监测站开展帮扶交流，派4名专业技术骨干蹲点帮扶20天，交流学习近100人次；接收阿坝、雅安站15人到成都监测站跟岗学习3个月；开展线上线下培训10余次。通过线上线下课堂培训、跟岗培训、蹲点帮扶等培训方式，提升监测业务能力。建成“成德眉资”监测站联席会议制度，定期会商热点难点工作，提升服务污染防治攻坚能力。

●严格监督检查工作，提升环境监测数据质量。

配合市生态环境局开展社会化环境监测机构全覆盖监督检查工作，重点查处弄虚作假违法行为，完成132家社会环境监测机构和15家自动监测设备运维机构的监督检查。配合省、市核与辐射管理部门完成140家核技术利用单位监督检查工作。

●强化人才培养力度，锤炼环境监测铁军队伍。

建立健全人才梯队建设机制，开展 “导师带徒”活动，充分发挥技术骨干“传、帮、带”作用。通过“走出去，请进来”等方式，开展全方位专业技能培训，提升干部队伍综合素质。

●提升科研技术水平，支撑打好污染防治攻坚战。

成功申报《烟气HCl、CO连续监测系统校准规范》。参与起草《固定污染源废气　含氧挥发性有机物的测定　气相色谱-质谱法》团体标准。与各大高校、科研院所等签署战略合作、实践基地协议，借智借脑提升技术研究能力。

●稳扎监测“大比武”范围，提升全市监测技术能力。

以“实战”形式为主，成功举办2021年成都市生态环境监测专业技术人员“大比武”活动，全市22支应急监测团队和117名业务骨干参加竞赛，以赛代练，切实提升全市应急监测水平。

●创新对外宣传形式，打造环境监测公众名片。

开展大厅文化建设，发布政务信息127条、简报30余篇，制作并推出“心之所向，一苇以航”“百年党史忆峥嵘”等10余个宣传视频，通过微信公众号、视频网站等宣传生态环境监测日常工作；举办二江寺国控水站、熊猫基地辐射自动站等公众开放日、科普教育活动近10次。多方面、多角度切实加强生态环境监测宣传教育，让更多公众了解监测，参与环保。

生态环境部书记孙金龙、四川省副省长陈炜调研黄龙溪水环境保护工作，现场观看采样测试

四川省成都生态环境监测中心站举行“揭牌仪式”

举办 2021 年成都市生态环境监测专业技术人员“大比武”活动

成都市生态环境系统行政管理人员监测业务培训

支撑中央环保督察，开展现场快速监测

“导师带徒”活动拜师仪式

开展“汛期”应急监测

开展辐射监测“科普进校园”活动

荣誉奖励

在生态环境部第二批生态环境监测“三五”人才评选中，4名同志入选“一流专家”，32名同志入选“技术骨干”；

获全国“二污普”表现突出集体，余月娟被评为“全国表现突出个人”，胥云博、刘霞被评为“全省表现突出个人”；

连续四年荣获国家“能力考核优秀实验室”称号；

获“2021年度四川省辐射环境自动站运维优秀单位”称号；

在2021年辐射环境事故应急演练中获成效突出单位，陈怡、谢利平获突出个人；

获成都市生态环境系统“先进基层党组织”荣誉称号；

获成都市锦江区“共驻共建示范单位”荣誉称号；

张夏同志获“成都市五一劳动奖章”“巾帼建功标兵”荣誉称号；

王焘获四川省生态环境系统“每月之星”；

谢翔、侯晓玲、陈厉妮等12人获2021年成都市生态环境监测专业技术人员“大比武”业务骨干奖。

获“共驻共建示范单位”荣誉称号

获“先进基层党组织”荣誉称号

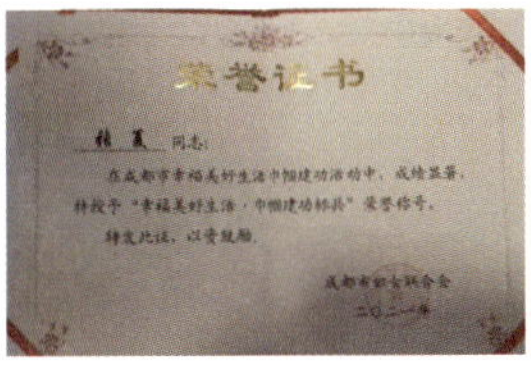

张夏同志获“巾帼建功标兵”荣誉称号

张夏同志获“五一劳动奖章”荣誉称号

2022年，四川省成都生态环境监测中心站将坚定落实党的十九大及十九届五中、六中全会精神，准确把握“三新”重要判断，继续秉持“三严三勤三准”作风，锚定三大目标，构建三大体系，以开展“五大”重点项目为抓手，不断提升服务生态环境管理能力，以生态环境高水平保护服务经济高质量发展，推动经济社会发展全面绿色转型。

2021

贵州省生态环境监测中心这一年

在党的百年华诞和“十四五”开局之年，贵州省生态环境监测中心始终坚持以习近平新时代中国特色社会主义思想、习近平生态文明思想、习近平总书记视察贵州重要讲话精神为统领，认真贯彻落实贵州省委、省政府提出的围绕“四新”、主攻“四化”服务高质量发展，在总站的业务指导和贵州省生态环境厅的直接领导下，按照《2021年国家生态环境监测方案》及《2021年贵州省生态环境监测方案》实施全省生态环境监测工作，充分发挥生态环境监测作为“发现生态环境问题的探测器”“服务生态环境管理的支撑柱”“污染防治攻坚成效的显示剂”“优良生态环境质量的展示窗”的技术支持作用，在生态文明建设上不断出新绩。

党建工作

一是持续开展好党史学习教育，巩固党史学习教育工作成效，把党的历史成就学习好、领悟好，把党的成功经验传承好、发扬好，增强历史自觉，做到学史明理、学史增信、学史崇德、学史力行，增强“四个意识”、坚定“四个自信”、做到“两个维护”，不断提高政治判断力、政治领悟力、政治执行力。**二是**加强全面从严治党，以党的政治建设为统领，统筹推进党的思想建设、组织建设、作风建设、纪律建设，把“三会一课”、组织生活会、民主生活会、主题党日、民主评议党员、谈心谈话等组织生活作为加强理论武装、坚定理想信念、树牢初心使命的最重要载体，作为解决问题的“熔炉”，作为促进中心工作的主要平台和抓手，不断提振干部职工干事创业的精气神。**三是**加快推进党建与业务工作深度融合，始终把习近平生态文明思想作为指导工作的根本遵循，不断深化“生态环境保护是政治性很强的技术工作，也是技术性很强的政治工作”的认识，提升做好新时期生态环境监测工作的政治自觉、责任感和使命感。**四是**按照习总书记提出的“政治强、本领高、作风硬、敢担当，特别能吃苦、特别能战斗、特别能奉献”这27个字的生态环保铁军标准，坚持从严教育、从严管理、从严监督，打造贵州生态环境保护铁军先锋队，为服务深入打好污染防治攻坚战提供政治保障和队伍支撑。**五是**选派中层干部赴盘州市竹海镇上坎者村担任驻村第一书记，结合“双联双促”和“我为群众办实事”专项工作，进一步巩固拓展脱贫攻坚成果，全面推进乡村振兴。

•• 2021 年党史学习教育专题民主生活会

•• 日常集中研讨学习

•• 党史学习教育专题党课

•• 乡村振兴现场走访帮扶

业务工作

●科学开展生态环境质量监测工作。

一是环境空气质量监测工作，开展全省9个中心城市全年空气质量预报预警及重污染天气应急监测工作；完成2021年全省中心城市常态化大气颗粒物来源解析工作；完成国控城市站3个批次仪器设备更新采购及验收工作；完成全省已建成99个

•• 空气自动站仪器设备更新项目验收

•• 全省环境空气自动监测运维会

•• 长江经济带水质自动监测站建设

•• 长江经济带水质自动监测站验收

空气自动站仪器设备更新项目。**二是**水环境质量监测工作，顺利完成“十四五”国控断面“采测分离”工作，2021年全年完成超过40000瓶水样分析；组织完成国家水质自动监测站数据审核工作，累计完成57个自动站超过300万条监测数据审核；完成全省247个省控水质监测断面设置工作，并开展省控断面日常监测；完成全省63座长江经济带水质自动监测站建设工作。**三是**土壤环境质量监测工作，完成全省企业用地土壤污染状况调查3211个土壤样品的入库工作；完成《贵州省2021年国家网土壤环境监测工作方案》《贵州省2021年国家网土壤环境监测质量保证与质量控

•• 土壤样品现场采样

•• 地下水样品现场采样

制工作方案》编制，组织全省9个市（州）监测中心开展全省214个风险点位和133个基础点位的例行监测工作。**四是**地下水环境质量试点监测工作，完成全省872家化工石化和涉重类行业重点污染源、规模以上工业园区和尾矿库地下水监测状况调查，组织相关市（州）监测中心完成监测任务；组织完成全省8个地下水质量国控考核点位采样现场监督、对3个检测实验室开展监督检查。**五是**声环境质量监测工作，完成中心城市区域、道路交通、功能区声环境质量监测点位调整工作；完成88

个县级城市噪声布点工作。**六是**生态环境质量监测工作，组织完成全省2021年国家重点生态功能区县域环境质量考核、遥感解译生态环境监测、农村环境质量监测

•• 国家重点生态功能区现场核查

•• 生态核查

工作。**七是**切实保障全省生态环境监测数据“真、准、全”，进一步提升生态环境监测数据综合分析应用能力，为生态环境保护科学决策提供坚实的数据支撑。完成《贵州省“十四五”生态环境监测规划》《2016—2020年贵州省生态环境质量报告书》《2021年贵州省环境质量月报》《蓝天保卫战环境质量分析调度报告》《水环境质量分析调度报告》等200余份专题报告编制工作。

•• 2021 年全年《贵州省生态环境质量月报》

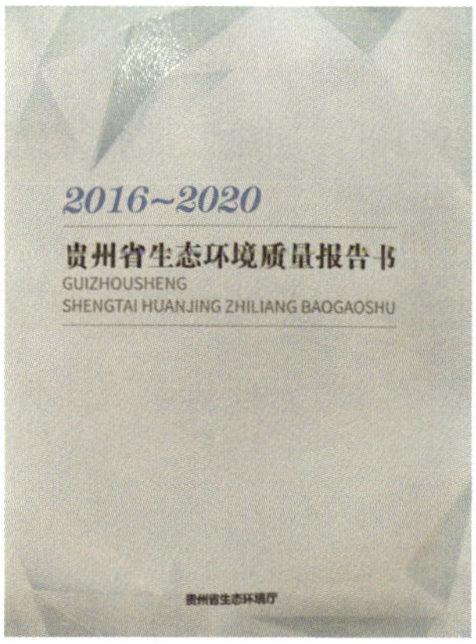

•• 《2016—2020 年贵州省生态环境质量报告书》

●扎实开展重点污染源管理及应急监测工作。

一是完成2021年全省重点污染源监督性监测数据上传、审核及发布工作。**二是**开展贵州省2021年排污单位自行监测帮扶指导工作并完成自行监测数据审核上

报工作。**三是**积极配合生态环境部组织的赤水河流域入河排污口现场排查及生态环境执法检查工作。**四是**完成“贵阳市观山湖区小湾河突发环境污染事故应急监测演练”，完成“贵阳市经开区三强兴兴化工贸易有限公司泄漏污染事故”“遵义市水污染事故”的现场应急监测工作。

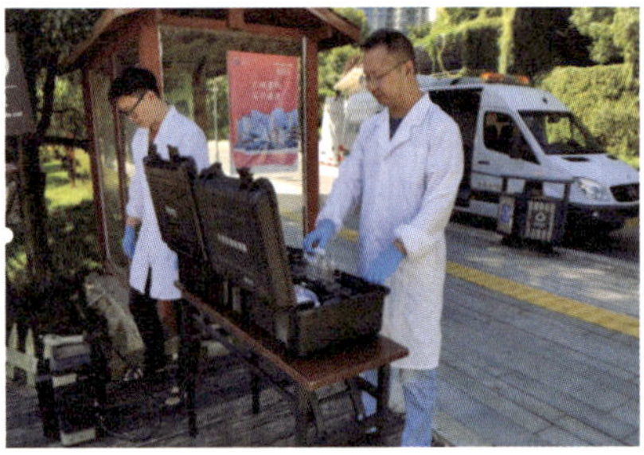

•• 应急监测演练

•• 化工企业泄漏污染事故应急监测

●加强生态环境监测质量管理和技术培训。

一是完成2021年度贵州省生态环境监测中心资质认定复查评审暨持证上岗考核工作；**二是**完成国家市场监管局检验检测能力考核及总站2021年度实验室能力考核任务；**三是**组织完成全省68家生态环境监测机构实验室能力考核工作；**四是**组织全省环境监测机构环境监测技术人员持证上岗考核工作；**五是**按照贵州省生态环境厅统一部署安排，参与2021年全省生态环境监测机构的“双随机”检查，并组织完成贵州省生态环境监测中心“双随机”自查工作；**六是**完成2021年《全省生态环境监测基础能力信息》在线填报工作。

•• 资质认定复查评审暨持证上岗考核理论考试

•• 全省生态环境监测机构的“双随机”检查

●深入推进贵州省生态环境监测网络建设工作。

一是顺利完成63座新建长江经济带水质自动监测站联入总站平台任务，组织开展全省县级饮用水水质自动监测站联入省级平台工作；**二是**持续巩固省级水质自动监测网络及环境空气自动监测网络运行维护，持续推动“第四方”质量控制机制建设；**三是**不断推进“贵州省生态环境监测垂直管理支撑体系（质量管理LIMS系统）信息化项目”建设工作，加强对全省环境监测工作的统一信息化管理，实现对监测数据的事前、事中、事后的全过程质控。

•• 自动监测网络运行维护

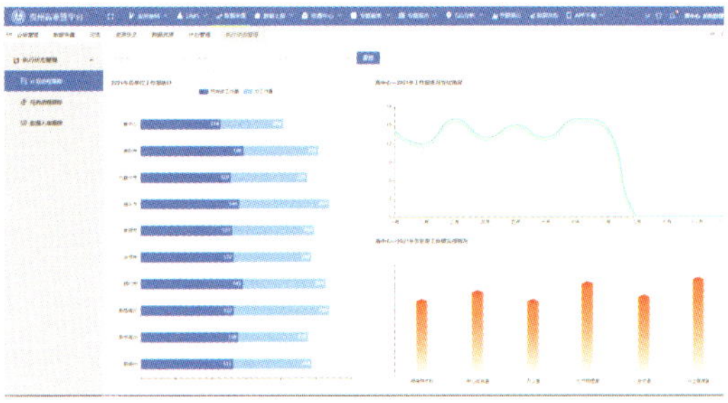

•• 质量管理 LIMS 系统建设成效

●不断提升科研创新能力。

一是开展《土壤和沉积物 烷基汞的测定 吹扫捕集/气相色谱-冷原子荧光光谱法》《水质重金属自动在线监测系统（ICP-MS法）技术要求和实验方法》《水质 挥发酚的测定 自动萃取/4-氨基安替比林分光光度法》等地方标准的研究工作；开展锰矿地区锰渣无害化处理与应用于公路工程关键技术研究。**二是**组织完成“全省中心城市饮用水水源地环境状况调查评估项目”“县级城市饮用水水源地环境状况调查评估项目”“贵州省城市臭氧污染调查、预测预警和防治技术研究”项目验收工作。**三是**推进“松桃河木溪水质自动监测站总

•• 《贵州省城市臭氧污染调查、预测预警和防治技术研究技术报告》

锰自动监测改造实验项目”“赤水河流量自动监测试点项目”建设工作。**四是**完成《贵州省土壤平行样采样保存及分析测试规定（试行）》的编制工作。

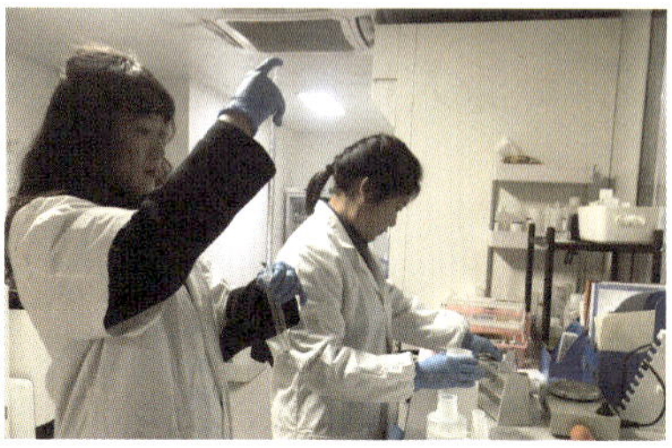

•• 地方标准研究实验室分析

荣誉奖励

贵州省生态环境监测中心在全省生态环境系统“两优一先”评选中荣获“先进基层党组织”称号，中心9名党员同志获得贵州省生态环境厅“七一”表彰为优秀共产党员、优秀党务工作者等，中心多名党员被授予党员示范岗和党员先锋岗；党史学习教育取得一定成效，贵州省生态环境监测中心党员高兰兰、龚伟、刘荣代表单位参加贵州省生态环境厅组织的全省生态环境系统举办的讲党史暨党史知识竞赛荣获一等奖；贵州省生态环境监测中心党员同志代表贵州省生态环境厅参加中共贵州省省直机关工委举办的“贵州省庆祝中国共产党成立100周年党史知识竞赛省直机关选拔赛”成绩优良；在生态文明贵阳国际论坛中，贵州省生态环境监测中心4名同志受到生态文明国际论坛组委会表彰；贵州省生态环境监测中心多名同志荣获国家

•• 党史知识竞赛荣获一等奖

•• 贵州省生态环境监测中心多人获“三五”人才表彰

•• 贵州省生态环境监测中心获“两优一先”表彰

“三五”人才“一流专家”和“技术骨干”称号；在全国重点行业企业用地土壤污染状况调查工作中，中心荣获“表现突出集体”称号，4名同志荣获“重点行业企业用地土壤污染状况调查表现突出个人”。

•• 贵州省生态环境监测中心获“先进基层党组织”表彰

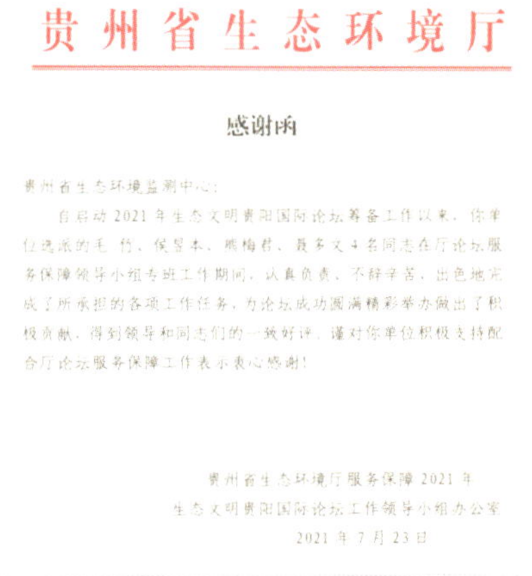

贵州省生态环境厅

感谢函

贵州省生态环境监测中心：

自启动2021年生态文明贵阳国际论坛筹备工作以来，你单位选派的毛 竹、侯黎本、熊梅君、聂多文4名同志在厅论坛服务保障领导小组专班工作期间，认真负责、不辞辛苦，出色地完成了所承担的各项工作任务，为论坛成功圆满精彩举办做出了积极贡献，得到领导和同志们的一致好评。谨对你单位积极支持配合厅论坛服务保障工作表示衷心感谢！

贵州省生态环境厅服务保障2021年
生态文明贵阳国际论坛工作领导小组办公室
2021年7月23日

•• 生态文明论坛感谢信

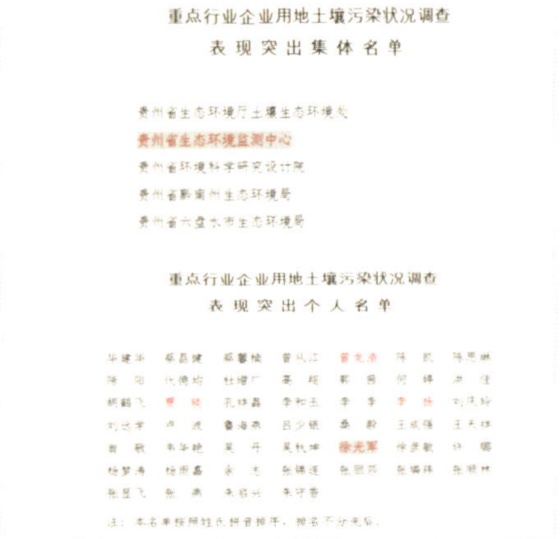

重点行业企业用地土壤污染状况调查
表现突出集体名单

贵州省生态环境厅土壤生态环境处
贵州省生态环境监测中心
贵州省环境科学研究设计院
贵州省黔南州生态环境局
贵州省六盘水市生态环境局

重点行业企业用地土壤污染状况调查
表现突出个人名单

注：本名单按照姓氏拼音排序，排名不分先后。

•• 贵州省生态环境监测中心及4名同志分获“重点行业企业用地土壤污染状况调查表现突出集体、个人”

2022年，贵州省生态环境监测中心将加强政治引领，持续巩固党史学习教育工作成效，加强全面从严治党，加快党建与业务工作深度融合。一是抓好大气、水质自动监测站的建设、更新和运维工作，持续推进“贵州省生态环境监测垂直管理支撑体系（含质量管理LIMS系统）信息化项目”工作，完成好生态环境部生态环境智慧监测创新应用试点工作；适时启动生态环境监测数据传输和数据保存的网络安全工程建设。二是抓好环境监测业务培训，科学谋划，通过不同形式的培训落实全省环境监测人员素质提高工程。三是做好贵州省生态环境监测中心监测能力提升工作，对照“十四五”规划提出的监测要素，结合中心资质认定复查评审暨持证上岗考核整改意见，落实各项整改及监测分析能力提升要求。四是加强和完善环境应急监测能力建设，建立全省统一协调的环境应急管理机制，形成设备、人员全省统一协作的互助合作模式。五是服务好贵州高质量发展需要，提升生态环境监测质量及成效，开展“察民情访民意”专题调研和“我为群众办实事”实践活动，切实解决群众“急难愁盼”的民生问题。

2021

云南省生态环境监测中心这一年

2021年，云南省生态环境监测中心党委在云南省生态环境厅党组的正确领导和总站的关心指导下，始终坚持以习近平新时代中国特色社会主义思想为指导，深入贯彻党的十九大、十九届二中、三中、四中、五中、六中全会、习近平总书记考察云南重要讲话和对云南工作的重要指示批示精神，不断增强“四个意识”，坚定“四个自信”，衷心拥护“两个确立”，坚决做到“两个维护”，围绕中心，服务大局，为推动监测事业高质量发展、深入打好污染防治攻坚战、打赢新冠肺炎疫情防控阻击战、助力云南打造全国生态文明建设排头兵提供坚实支撑。

党建工作

●这一年，我们以政治建设为首，党建工作开启新局面。

坚持政治引领，提高政治站位，在思想上、政治上、行动上始终同以习近平同志为核心的党中央保持高度一致，把贯彻落实党中央、国务院、云南省委、省政府及云南省生态环境厅党组的决策部署作为首要政治任务。云南省生态环境监测中心党委认真履行主体责任，制订印发学习计划、工作要点、意识形态工作要点，实现工作责任和年度任务项目化、清单化、具体化，切实增强党内政治生活的政治性、时代性、原则性、战斗性。

●这一年，我们以思想建设为要，理论武装取得新成效。

严格落实意识形态工作责任制，常态化利用固定宣传园地、门户网站和微信公众号营造主流意识形态氛围，公开党务、政务信息60余篇，做到守土有责、守土尽责。积极开展庆祝中国共产党成立100周年系列活动，成立工作专班，印发学习方案和计划，每周组织集中学习研讨，每天推送“党史天天学”、收听“四史”联播，紧扣“我为群众办实事”实践活动主线，组织实施为民解忧项目，开展社区“双报到、双服务、双报告”。通过深入推进党史学习教育，激励党员不断将学习教育成果转化为干事创业精气神。

●这一年，我们以组织建设为根，党群工作迎来新格局。

全面推进基层党建工作，云南省生态环境监测中心党委认真履行党委主体责任，持续做好监测垂管改革党建工作“后半篇文章”，积极发挥综合组织协调作用，开展支部“共建共赢”一对一帮扶活动，促成州市支部互惠互通、互帮互助的党建协作工作帮扶机制，建设全省生态环境监测系统大党建“一张网”共建格局。严格党员日常教育管理，坚持教育、管理、监督、服务相结合，不断优化党员日常教育管理。

●这一年，我们以党风廉政建设为基，政治生态呈现新面貌。

切实履行党风廉政建设党委主体责任，严格落实党委书记“第一责任人”、班子成员“一岗双责”责任制，形成党委统一领导、纪委监督检查、分管领导各负其责、科室一以贯之的工作机制，有力推动党风廉政建设各项任务精准落实。认真开展正风肃纪专项整治活动，组织全体党员干部职工集体观看《杞麓湖的呐喊》系列警示教育片，针对中心个别职工参与杞麓湖污染治理虚假问题，中心党委、纪委对涉事职工进行提醒谈话。不断强化干部职工廉洁自律意识，做到警钟长鸣。

•• 云南省生态环境监测中心党委书记讲党课

•• 党史学习教育集中学习

•• 乡村振兴送温暖

•• 万名党员进党校

•• 我为群众办实事

•• 主题党日学习

•• 参观中国共产党成立100周年成就展

•• 生物多样性大会会址参观学习

业务工作

●扛好扛牢政治责任，各项决策部署得到落实。

始终以习近平生态文明思想为指引，全面统筹谋划疫情防控和环境监测攻坚工作，确保疫情防控期间监测工作总体运行平稳。全力支撑乡村振兴，乡村人民生活水平和生态环境质量持续改善。配合做好垂改上划管理工作，理顺体制机制、完善人员管理、资金预算、能力建设、固定资产等制度建设，促进全省生态环境监测系统有序、高效运转。守好环境保护“生命线”，以规范的科学方法保真，以严厉的惩戒措施打假，保持打击数据造假的高压态势。

●做好生态环境监测工作，加快形成监测大格局。

着力做好空气质量监测：全省110个省控站点正常运行，数据传输有效率、质控合格率高于95%；开展16个城市未来7天、129个县（区、市）未来3天环境空气质量预报工作，开展中长期预报科研工作。持续推进水环境质量监测：完成云南省省级河长断面（点位）水质分析、地表水受降水影响水质波动情况研究；完成长江经济带水质自动站建设；开展高原湖泊立体监测。强化土壤监测：完成重点行业企业用地土壤污染状况调查；完成3个典型区域重点行业企业、尾矿库等现场排查；按计划开展土壤环境质量、重点监管企业周边土壤例行监测。加强县域生态环境质量考核和生态地面监测：完成129个县（市、区）2020年度县域生态环境质量定量评价，上报考核结果。加强污染源与应急监测：组织开展2021年突发生态环境污染事件应急监测演练和技术培训工作；指导和参加多起自然灾害

•• 土壤现场采样监测

•• 县域生态考核现场核查

和突发环境事件应急监测，有效化解生态环境突发污染风险。强化监测质量管理：全面推行环境监测人员持证上岗考核制度，实现全员持证上岗考核；组织县级监测站和社会化检测机构能力验证考核工作。加强全省监测系统技术指导及帮扶，线上线下累计培训5000余人次。

•• 白马雪山国家级自然保护区地面生态监测

•• 突发环境污染事件应急监测演练

•• 生态环境监测质量管理技术培训

●抓实专项工作，全力支撑环境管理。

•• 保障 COP15 取得圆满成功

•• 省委挂牌督办大气加密监测

做好COP15大会期间的监测预警和应急工作，成立工作专班、制定应急预案，期间编制专报9期，保证大会期间零事故。派员至COP15国家执委办会议参加会议筹备，圆满完成各项任务并受到书面表彰。全力做好云南省委对西双版纳州大气污染防治挂牌督办工作，开展加密监测，编报日报222期、周报16期，月报12期，及时支撑管理决策，西双版纳州空气质量较上年同期明显改善。全力配合第二轮中央环境保护督察工作、生态环境部赤水河流域联合执法检查、2021年全省生态环境联合执法检查工作，参加生态环境部蓝天保卫战重点区域强化监督定点帮扶工作。做好《云南省“十四五”生态环境监测规划》《云南省“十四五”污染减排综合工作方案》《2021年云南省生态环境监测工作方案》编制。组织完成全省生态环境质量报告书编写工作，报告书获生态环境部“良好”评价。

•• 云南省大气污染防治监督帮扶

•• 生态环境部重点区域大气污染防治监督帮扶

●努力打造生态环境保护铁军先锋队。

着力打造生态环境保护铁军先锋队，筑牢铁军廉政底线，以昂扬向上的精神状态，投入到生态环境监测各项具体工作中来。按照省委、省政府坚定扛好扛牢争当全国生态文明建设排头兵的政治责任要求，以树牢助力打赢污染防治攻坚战为目标，从人才培养、能力建设、技术提升三个方面找短板、补弱项、迎头赶，进取追赶，争先进位。

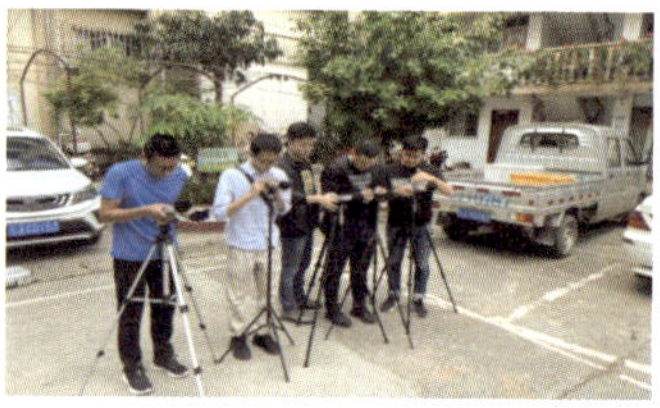

•• 声环境质量监督核查

荣誉奖励

获生态环境厅“先进基层党组织”称号；

获“生态环境部重点行业企业用地土壤污染状况调查表现突出集体”称号，8人获“突出个人”表彰；

1人获“云南省五一劳动奖章”；

1人获生态环境部“三五”人才“尖端人才”称号，5人获“一流专家”称号，15人获“技术骨干”称号；

•• 获生态环境厅“先进基层党组织”称号

《“十三五”云南生态环境质量报告书》被生态环境部评为“良好”；

1人获COP15筹备工作执行委员会办公室书面表扬；

4人获厅“两优一先”“优秀党员”表彰，1人获厅“优秀党务工作者”表彰；

获厅第四届“红土地之歌”演讲比赛个人二等奖；

获厅“学习强国·学习达人”党史知识学习竞赛优秀组织奖。

获厅“学习强国 · 学习达人”党史知识学习竞赛优秀组织奖

COP15筹备工作执行委员会办公室书面表扬

云南省五一劳动奖章

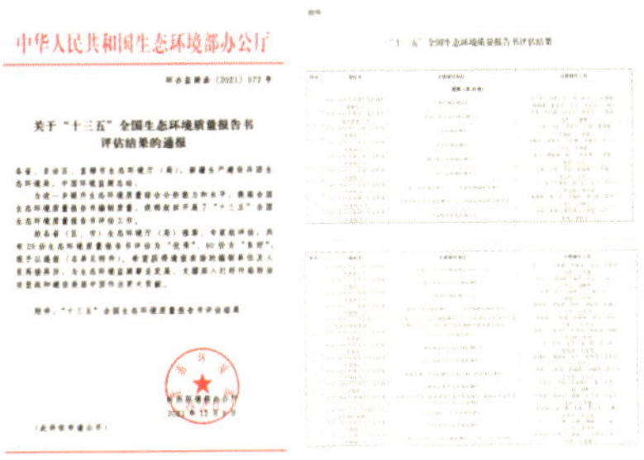
中华人民共和国生态环境部办公厅

关于“十三五”全国生态环境质量报告书评估结果的通报

《“十三五”云南生态环境质量报告书》被评为“良好”

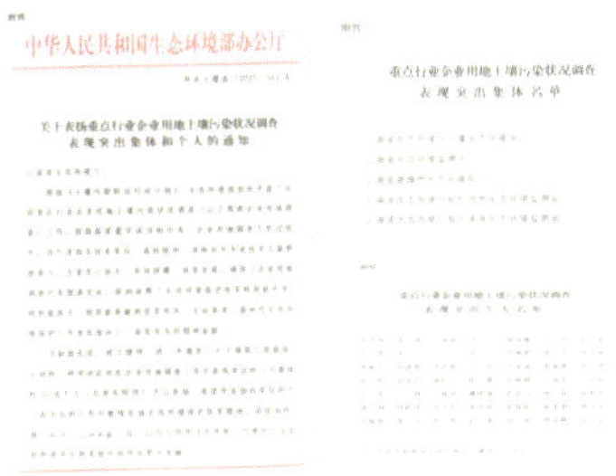
中华人民共和国生态环境部办公厅

获生态环境部重点行业企业用地土壤污染状况调查表现突出集体、个人

中共云南省生态环境厅党组文件

中共云南省生态环境厅党组关于表彰优秀共产党员、优秀党务工作者和先进基层党组织的决定

获厅“两优一先”“优秀党员”表彰，厅“优秀党务工作者”表彰

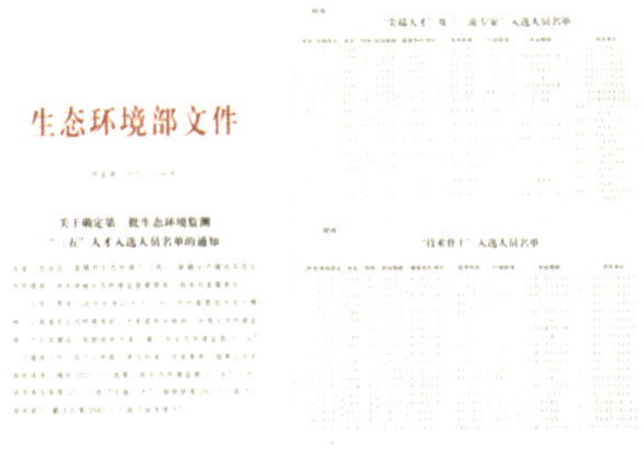
生态环境部文件

生态环境部“三五”人才

进入新时代，奋进新征程。2022年，我们将始终以习近平新时代中国特色社会主义思想为指导，围绕中心工作，服务大局，在云南省生态环境厅党组领导和总站的指导下，深入推进生态环境监测管理体制改革，切实抓好各项生态环境监测工作，加快推进生态环境监测体系和监测能力现代化，切实发挥生态环境监测“顶梁柱”作用，努力开创监测工作新局面，为深入打好打赢污染防治攻坚战，争当全国生态文明建设排头兵做出更大贡献。

2021

西藏自治区生态环境监测中心这一年

2021年，西藏自治区生态环境监测中心在总站的关心指导下，在西藏自治区生态环境厅的坚强领导下，坚持以习近平新时代中国特色社会主义思想为指导，忠实践行习近平生态文明思想，深入贯彻中央第七次西藏工作座谈会和习近平总书记在西藏考察调研时的重要讲话精神，自觉肩负起筑牢国家重要生态安全屏障、打造生态文明高地的政治责任，积极进取、奋勇拼搏、开拓创新、砥砺前行，各项工作取得新突破和新发展，生态环境监测事业迈上新台阶，实现了“十四五”良好开局。

党建工作

●扎实开展党史学习教育和“三更”专题教育，推进全面从严治党向纵深发展。

坚持将落实全面从严治党主体责任、意识形态工作责任、党风廉政建设贯穿至党史学习教育、“三更”专题教育和西藏与祖国关系史教育学习全过程，通过“三会一课”集体学、结合工作创新学、突出重点自己学、党员干部引领学、丰富主题党日实践学、党课辅导专项学、参观教育基地警示学、检视问题交流学等多种活动形式，扎实推进理论武装走深走实，推进全面从严治党向纵深发展，推动政治生态持续向上向好。活动中共查找和整改各类问题10余项，真正让学习教育成为提升党支部凝聚力和战斗力的有力抓手，成为干部作风向好和增强服务群众本领的助推器，为西藏生态环境监测事业高质量发展凝聚力量。

●高质量开展“我为群众办实事”实践活动，真正做到生态环境监测为民。

切实将学习教育成果转化为深入贯彻落实习近平生态文明思想的强大动力，始终将“办实事”作为检验学习教育成果的“试金石”，坚持“以监测服务社会，以监测服务民生”的原则，主动开展了“环境监测服务进社区”“监测技术规范进企业”“环境监测进校园”和扎日南木错水环境、萨嘎县水源地等群众需求监测，重点开展了环保考核、生态补偿、重大工程、环境科研监测及典型区域专项调查、评价与评估等工作，切实出实招、求实效为群众解决实际问题，真正提升群众对优良生态环境质量的获得感、幸福感、安全感，积极服务好西藏自治区经济社会高质量发展。

•• “以党建引领业务促发展”中心联合中科院青藏所及上海、江苏、江西、辽宁生态环境监测中心开展格拉丹东长江源区域生态环境质量状况专项调查

•• 开展党史学习教育和自治区“三更”专题教育活动

•• “学党史践使命”西藏组织部门向全区展示环保铁军先锋队精神

•• “不忘初心学党史，缅怀英烈励今人”

主题党日活动

•• “我为群众办实事，环境监测进社区”主题党日活动

•• “我为群众办实事，噪声监测进校园”护航高考主题党日活动

•• “我为群众办实事，监测技术规范进企业”主题党日活动

•• “植初心树，忆入党心”植树节主题党日活动

业务工作

●明确西藏生态环境监测工作新定位。

五个职能定位。保障好国家和自治区两级生态环境保护考核，打好污染防治攻坚战；积极做好国际国内对西藏生态环境质量不良舆论的及时回应，维护西藏社会长治久安、持续稳定；全力保障生态补偿、生态转移支付、碳中和、碳达峰，以及下一步碳汇经济交易等自治区重点工作；积极服务西藏经济社会高质量发展和边境环境安全，保障好国家、自治区重大工程和能源开发项目的顺利实施，助力西藏清洁能源基地建设；服务好西藏生态环境保护工作，尤其是珠峰、长江源、雅江等典型区域（江河源头）的生态保护，切实筑牢国家生态安全屏障、打造国家生态文明高地。两条主线：严守监测数据质量的红线，发挥监测数据价值的“生命线”。

•• 西藏自治区党委常委、组织部部长赖蛟对中心实验室进行调研指导

•• 西藏自治区人大副主任其美仁增对中心实验室进行调研指导

•• 总站站长陈善荣一行赴川藏铁路施工现场监测工作指导

•• 总站站长陈善荣一行赴珠峰开展现场调研

•• 召开“十三五”空气质量数据分析研讨会，服务西藏高质量发展

●形成全区生态环境监测“一盘棋”新格局。

一是结合西藏监测实际制定并印发《西藏自治区区控生态环境质量监测工作规范（试行）》和《西藏自治区排污单位监督性监测工作规范（试行）》，全面厘清区、市、县三级监测机构环境质量和监督性监测工作职责，理顺生态环境体制机制，推进全区监测工作规范化开展。**二是**发挥西藏监测技术的龙头引领作用，统筹七地市监测人员交叉开展全区国家网地表水、国家网土壤、区控地表水、区控环境空气、县级以上饮用水水源地等常规监测任务，通过“以训促工，以工代练”，实现了西藏自治区监测队伍技术水平和监测能力的“双提升”，七地市监测中心全部通过实验室资质认定，均具备了独立开展常规监测工作的能力，西藏自治区监测“一盘棋”的工作格局初步形成。

●拓展全区生态环境监测事业新领域。

一是首次开展了珠峰绒布河区域生态环境状况专项调查，摸清了珠峰绒布河区域生态环境状况，为珠峰区域环境保护和科学研究提供基础性数据支撑，积极做好国际国内对珠峰生态环境质量不良舆论的回应。下一步我们将主动发挥好珠峰在全世界海拔最高的这个平台优势，全力全面推动构建人类命运共同体意识，并以生态环境保护为抓手，打通生态绿色“一带一路”通道，将我国生态环境保护方面的好做法、好经验向尼泊尔、不丹等周边国家延伸。**二是**首次开展了格拉丹东长江源区域生态环境质量状况专项调查，真正打通了长江源头“最后一千米”，填补了格拉丹东区域生态环境监测数据空白，摸清整个长江源头生态环境状况，为开展长江流域生态治理、环境修复奠定数据基础，为长江中下游的生态环境质量评价提供了重要的背景值参考，对支撑整个长江流域系统性保护和经济社会高质量发展具有重要的现实意义，争取将长江源头保护打造成为全国乃至世界江河源头保护的样板地。**三是**首次开展了川藏铁路开工前生态环境质量背景值监测和施工期生态环境质量监督性监测，为绿色铁路建设提供监测数据指导，切实让绿色成为铁路建设的亮丽底色。及时针对川藏铁路的施工进度，对施工区域沿线空气、水、土壤、生态成立专项课题进行分析研究，真正把川藏铁路建设成为“生态环保路、人民幸福路”。**四是**首次开展了雅江下游水电开发项目本底监测点位布设，及时开展好水生态、新污染物、生态环境质量等开工前的本底监测，积极应对施工前国际国内的不良舆论，保障项目建设顺利实施。

●生态环境监测领域合作共建取得新实效。

一是与中科院青藏所成立了“生态环境监测联合实验室”，共同开展了珠峰、长江源、扎日南木错等典型区域专项调查工作，推动了科研监测、民生监测、人才培养、党建工作等多领域的深度合作。西藏自治区生态环境监测中心5名同志被中科院青藏所首次聘为特聘专家。通过合作，西藏自治区生态环境监测中心已具备了抗生素、微塑料等新污染物监测分析能力，初步掌握了环境DNA新技术在生态环保领域的应用。**二是**创新生态环保领域援藏工作新模式，深化与上海市环境监测中心的合作共建。在实验室能力建设、川藏铁路、长江源、珠峰等重点工作领域，邀请了上海、江苏、江西、辽宁等内地兄弟省市单位专家赴藏开展合作交流，西藏自治区生态环境监测中心基础能力得到大幅提升，水分析能力达到了103项的新突破，水生态监测能力也实现了从无到有的跨越。**三是**与本地大专院校共建“实践教育基地”，将西藏自治区生态环境监测中心打造成为全区生态环境监测技术的孵化器，为本地培养留得住、用得上的少数民族优秀技术人才，为全区监测机构注入新鲜血液、壮大监测队伍、提升整体监测能力。

•• 与中科院青藏所签订合作框架协议并成立了“生态环境监测联合实验室”

2 高原要闻

让绿色成为亮丽底色

——记川藏铁路西藏段生态环境质量监测工作

我区着力构建执行大格局

昌都市加强年轻干部队伍建设

•• 川藏铁路工程沿线生态环境质量监测

•• 格拉丹东长江源区域生态环境质量状况专项调查

•• 在“新华全媒+”宣传的《我给长江源“体个检”》浏览量高达153.7万次

荣誉奖励

《西藏自治区生态环境质量报告书（2016—2020年）》在生态环境部评估中获得“良好”等次；格拉丹东长江源头区域生态环境状况专项调查工作受到总站表扬；对青藏高原生态环境科学研究工作的支持收到中科院青藏所的感谢信；张惠芳同志积极参与CZ铁路生态环境监测方案的研究和编制收到总站的感谢信；郑倩倩同志荣获“2021年西藏五一劳动奖章”；张惠芳同志荣获生态环境部生态环境监测“一流专家”称号；夏鹏超同志荣获生态环境部生态环境监测“技术骨干”称号；

陈旭、尼霞次仁、夏鹏超、索娜卓嘎、赵矿5名同志被中科院青藏所“高寒环境质量与安全”团队聘为特聘专家。

•• 张惠芳同志荣获生态环境部生态环境监测“一流专家”称号

•• 夏鹏超同志荣获生态环境部生态环境监测“技术骨干”称号

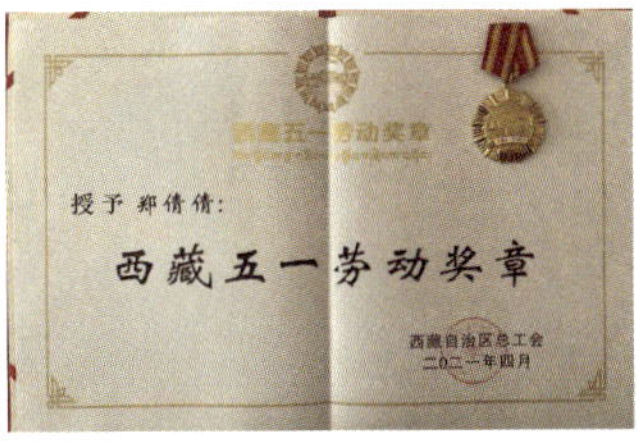

•• 郑倩倩同志荣获“2021年西藏五一劳动奖章”

•• 收到各类表扬信和感谢信

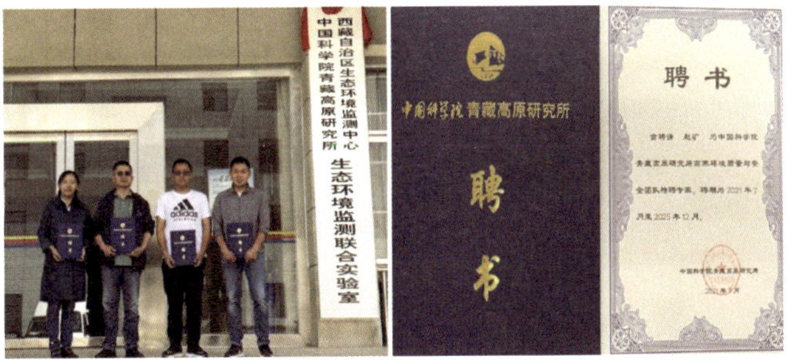

•• 中心5名同志被中科院青藏所“高寒环境质量与安全”团队聘为特聘专家

2022年，按照生态环境监测工作的新形势、新任务和新要求，始终坚持以党的建设为统领，全面深化生态环境监测改革，科学谋划、勇于创新、主动作为，充分发挥示范带头、行业标杆和技术引领作用，围绕中心五项职能定位，严守监测数据“价值线”和“质量线”这两条主线，充分发挥合作共建平台作用，重点推进“碳监测、生态监测、污染源监测”三个转型，为西藏着力推进“四个创建”，努力做到“四个走在前列”，尤其是为“着力创建国家生态文明高地，努力做到生态文明建设走在全国前列”提供监测服务和数据支撑。

2021

陕西省环境监测中心站这一年

2021年，陕西省环境监测中心站深入学习贯彻习近平生态文明思想，全面落实党的十九大和十九届二中、三中、四中、五中全会精神，紧扣2021年全省生态环保中心任务，着眼大环保、大数据、大质控的目标，坚持补短板、强弱项、促提升，进一步完善监测网络、强化监测能力、确保数据质量，为全省打赢污染防治攻坚战，持续改善生态环境质量提供了强有力支撑。

党建工作

●扎实开展党史学习教育。

组织党员集体学习12次、支部每月学习4次、主题党日活动8次，与总站、市站开展支部共建活动7次，教育引导党员干部增强责任意识和使命意识。

•• 党史学习教育

•• 在铜川市照金爱国主义教育基地开展主题党日活动

●加强党风廉政建设。

与各科室负责人签订党风廉政建设责任书，突出“一岗双责”教育。

●持续开展精神文明建设。

组织开展经典诵读、网络答题、为群众办实事、公益关爱等活动，打造朝气蓬勃、廉洁高效的监测铁军队伍。

•• 诵读红色经典《回延安》

•• 开展“为群众办实事”主题实践活动

● **坚持开展驻村扶贫工作。**

2021年投资26.4万元为毛家河村修路600米，分两次赴毛家河村开展了土壤、环境空气及地下水的环境质量监测，提高毛家河村群众对居住地环境质量的了解，增强村民的幸福感、安全感、获得感。

● **多渠道培养队伍战斗力。**

通过开展技术帮扶、岗位练兵、业务培训、执法监测联合大比武等方式提升队伍技术能力，增强了监测队伍软实力。

业务工作

● **2021年度几项工作成效突出。**

一是秦岭生态遥感监测抓点示范工作取得突破性进展。开展了多尺度的水质时空变化分析及面源污染监测，构建了面源污染立体监测模型，研发了秦岭生态遥感综合展示系统，实现了多级多尺度成果的空间化、动态化、智能化展示。**二是**圆满完成十四运及残特奥会各项保障工作。会期分析环境空气质量数据、VOCs数据、颗粒物组分数据及涉水赛区手工水质监测数据，组织各地市会商报送十四运会及残特奥会各类报告1100余期。**三是**首次开展国控站水环境质量周报编制。对考核陕西省的47个国控水站首次开展水环境质量周分析及日累积研判，同时与上年同期水质类别进行比对，为水污染防治工作提供了强有力的技术支持。**四是**率先研发陕西省水环境应急监测辅助决策系统。全年圆满完成6起应急监测任务，多次复盘推演及时总结经验教训，首次摸索建立了跨流域联合应急监测工作机制，率先研发陕西省水环境应急监测辅助决策系统，有效解决应急监测事件现场点位布设、分析测试等工作效率的问题，打通信息沟通壁垒，陕西的应急监测工作受到生态环境部、总站、商洛市政府等各级部门充分肯定。**五是**探索建立环境质量管理信息化平台。从环境监测质量管理系统、环境监测标准规范管理系统、能力验证考核系统、第三方监测机构质量管理系统等方面筹备建设环境质量管理信息化平台，不断强化全省环境监测质量管理。**六是**强化组织领导，积极投入西安市新冠肺炎疫情防控工作。及时成立疫情防控领导小组，明确抗疫任务，夯实抗疫责任。坚持每日编报《陕西省疫情防控期间环境监测信息》。新冠肺炎疫情期间13名下沉干部、8名志愿者参与到21个社区的核酸检测、社区值守执勤、物资配送、秩序维护、扶老助弱等疫情防控工作中，彰显了生态环保铁军“先锋队”的风采。

十四运及残特奥会期间环境空气质量会商

空气自动站交叉运维

土壤例行监测

●以支撑“三个治污”为核心，圆满完成各项监测工作。

开展各类监测工作：积极开展监督性监测、执法抽测、专项审计监测、应急监测、自行监测现场检查以及农村环境质量监测、农田灌溉水质监测等专项监测工作。持续环境空气质量监测：完成省控网185个评价站点的交叉运维、5市颗粒物组分站建设联网工作、8个挥发性有机物组分站数据审核，组织开展西北区域、汾渭平原、陕西省空气质量预报工作。推进水环境质量监测：开展15个南水北调中线工程常规断面监测、黄河流域陕西段排污口专项监测、33个陕南矿区地表水预警断面监测和汉江出境羊尾断面专项监测。加强土壤环境监测：除例行监测外，积极开展全省943个污染企业（区域）地下水环境监测现状调查和14家污染源内部或者周边的30口监测井的试点监测工作。深化省控网的质量管理：完成自动监测站质控及省控断面及饮用水水源地监测的质控考核；完成全省1394人次9729项次的持证上岗考核工作；在参与的6轮次11个项目能力考核中均取得满意结果。强化生态监测：开

•• 在商洛市开展应急监测

•• 应急监测

•• 开展跨省河流断面流量监测

展全省107个县区生态遥感解译，完成43个国家重点生态功能区县域生态环境质量监测与评价，开展省级自然生态详查等工作，编制相关报告。

●强力推进监测能力建设，助力强基础补短板。

开展40多项方法验证；申报国家生态环境标准制修订项目5项、省科技厅项目2项、完成陕西省地方标准1项、站内科研基金立项6项；组织编制《陕西省生态环境监测能力建设规划（2021—2025年）》《陕西省生态环境监测系统能力建设评估指南》等规划；启动“陕西秦岭水生态环境安全监控网络及预警体系建设（二期）”及“汉丹江流域分子生物监测与水生态健康平台”两项专项能力建设工作。

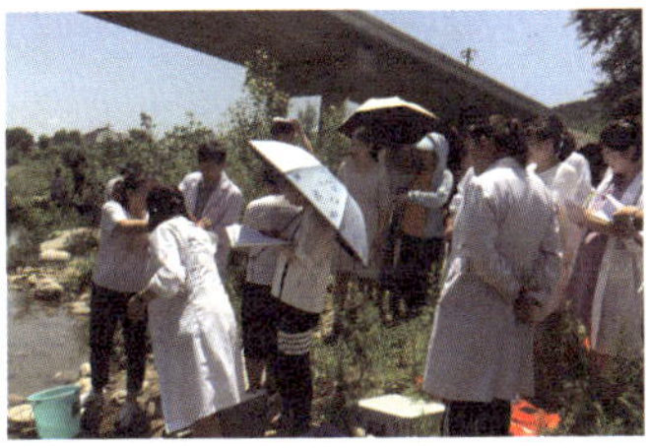

•• 持证上岗考核现场

•• 下沉干部参与社区新冠肺炎疫情防控

荣誉奖励

编制的“十三五”环境质量报告书被生态环境部评定为“优秀”等次；

重点行业企业用地土壤污染状况调查获生态环境部表现突出集体荣誉；

陕西省监测站党委、第一党支部被陕西省生态环境厅评为“先进基层党组织”；

获陕西省生态环境厅设施开放优秀单位；

吴战明同志在陕西省生态环境厅党史征文活动中获得三等奖；

田渭花同志在陕西省省委直属机关纪检监察工委开展的“品读光影　感悟清风——我的家风故事”作品征集活动中荣获优秀作品奖；

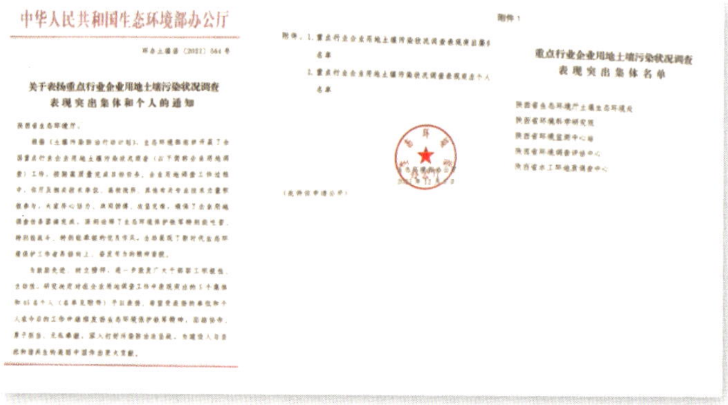

裴晓龙同志因工作突出收到总站感谢信；

宗时屹同志在国家重点生态功能区县域生态环境质量监测与评价工作中收到总站感谢信；

张宇、段明仓、范智超在三门峡锑污染应急监测工作中收到总站感谢信；

排污单位自行监测检查、土壤制备与流转工作收到总站感谢信；

商洛市应急监测工作收到商洛市政府感谢信；

十四运及残特奥会工作收到组委会环境治理部感谢信；

21名同志因新冠肺炎疫情防控工作表现突出收到相应社区、疫情防控指挥部表扬信。

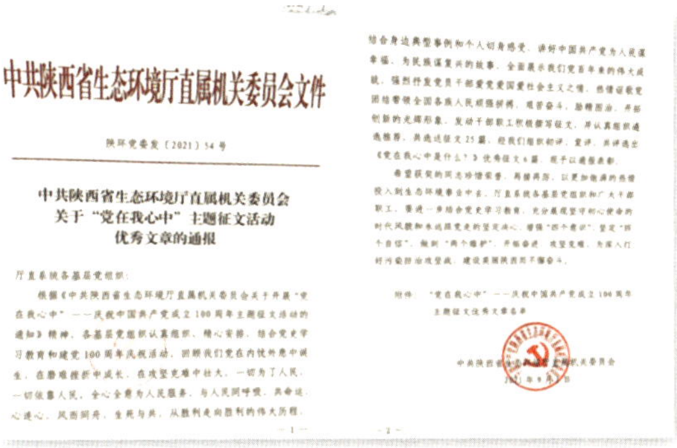
中共陕西省生态环境厅直属机关委员会文件

中共陕西省生态环境厅直属机关委员会
关于“党在我心中”主题征文活动
优秀文章的通报

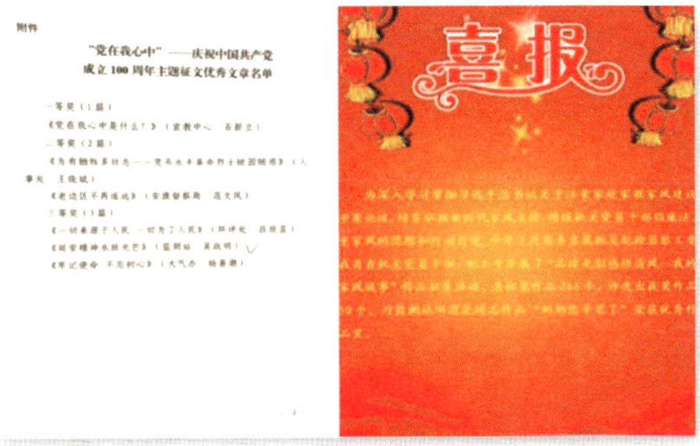
附件

“党在我心中”——庆祝中国共产党
成立100周年主题征文优秀文章名单

中国环境监测总站

感谢信

2021

甘肃省环境监测中心站这一年

2021年，甘肃省环境监测中心站坚持以习近平新时代中国特色社会主义思想为指导，深入贯彻落实党的十九大和十九届历次全会精神，在甘肃省生态环境厅党组的坚强领导下，在总站的关心指导帮助下，充分发挥基层党组织战斗堡垒作用，认真落实疫情防控各项措施，全力保障省级监测网络高质量运行，深入支撑打好打赢污染防治攻坚战，各项工作取得较大成效。突出表现在“一引领、一指导、七中心”三个方面。

党建工作

党建引领风帆劲

以党建为引领，夯实生态环境监测政治根基，发挥精神文明单位标兵内在动力，扎实推进党支部标准化、规范化建设。

●强化政治引领，激发履职活力。

完成新一届党委换届，将党建与业务高度融合，科室每月汇报从严治党情况，健全完善党委书记负总责、分管领导具体抓、科室负责人“一岗双责”责任制。

●强化纪律观念，严守廉洁底线。

各党支部共组织召开30次支部委员会、16次党员大会、27次主题党日、9次支部党课和4次专题组织生活会。加强廉政警示教育，开展纪律教育月活动，制修订60项管理制度，建立健全单位内控体系。

●强化监督制约，规范权力运行。

成立第一届纪委，每月开展政务业务督查通报，加强对重点岗位、重点环节的权力运行和制约监督，形成《廉政风险防控制度汇编》，有效运用“四种形态”，前移关口，抓早抓小。

●强化学习教育，心怀责任担当。

充分结合党的百年华诞系列庆祝活动和公众开放，深化拓展党史学习教育成果。成立由57名党员组成的新冠肺炎疫情防控突击队，20名党员积极参加志愿服务，用“志愿红”守护“健康绿”。

•• 学铁人精神　建环保铁军

•• 庆祝中国共产党百年华诞合影

•• 省站、招行城东支行、雁儿湾社区支部共建

•• “清澈的爱，只为中国”向戍边英雄敬献花篮

•• “追寻红色足迹　传承红色基因”读书小组实践活动

•• “缅怀革命先烈　传承红色基因　做新时代监测人”主题党日活动

•• 疫情防控志愿服务，用“志愿红”守护“健康绿”

•• 雁邻聚力战疫情　社工委员勇担当—社区赠送省站锦旗

•• 党史知识竞赛

•• “七一”慰问退休老干部

业务工作 凝心聚力谱新篇

以指导为遵循，推动全省监测能力逐步提升。

●**基本职能方面。**

指导各中心做好主要职责、岗位设置、工资审批、岗位聘用等工作，使各中心在行政效能方面快速运转。

●**规划布局方面。**

充分考虑全省监测能力如何全覆盖、基层能力如何提升等，编制完成《甘肃省“十四五”生态环境监测规划（初稿）》和《甘肃省县（区）生态环境监测站指导意见》。

●**能力建设方面。**

指导各中心申报能力建设项目，规范编制项目实施方案，协助省厅审查技术方案，切实发挥项目资金效益。

•• 副省长刘长根来省站检查指导工作

●**业务水平方面。**

创新和改进业务指导方式，着力解决生态环境监测业务难题，使各中心和县级站业务水平逐步提高。

以“七个中心”为抓手，加快构建全省监测新格局。

●**突出监测网络中心作用。**

统筹全省生态环境监测任务，组织做好全省178个自动监测站点、30个降水监测点、1308个水质监测断面及点位、2925个土壤监测点位、2452个声环境监测点位的监测运行和436家重点排污单位监督性监测。拓展延伸地下水、温室气体、生态监测范围，向天地一体、上下协同、信息共享的生态环境监测网络有序推进。

●突出数据（分析）中心作用。

积极对接甘肃省生态环境厅大数据平台，年收集汇总统计分析各类环境监测数据上千万条。经统计，2021年，全省空气和水环境质量圆满完成考核目标值要求。“十三五”环境质量报告书被生态环境部评为“良好”。

●突出质量管理中心作用。

制定《2021年全省生态环境监测质量管理工作计划》并组织实施，不断规范监测系统质量体系，开展持证上岗、能力验证、实验室间方法验证等，验证结果均为满意。

●突出预报预测中心作用。

每日对外发布环境空气质量预报，出具形势预报365期，区域预报52期，发布重污染快报59期，重污染雷达快报43期。对兰州、天水、金昌、武威等地开展走航监测，助力当地精准治污。

●突出遥感监测中心作用。

发挥遥感监测实验室作用，开展重点区域、自然保护地和县域生态功能区生态质量监测评价，对全省范围开展遥感解译、野外核查，对区域生态系统变化进行综合分析评价。

●突出应急监测中心作用。

修订完善《甘肃省生态环境应急监测预案》，开展嘉陵江“1·20”铊浓度和“4·25”黄河甘肃段石油类异常事件应急监测。完成90家排污企业测管协同执法监测。新冠肺炎疫情期间，指导各中心开展饮用水水源地和污水处理厂余氯应急监测。

●突出技术（培训）中心作用。

以生态环境监测、环境质量预报预警、监测数据综合分析等为重点，举办多种形式培训班。完成2021年全省监测技术大比武，引进急需紧缺专业3人，另有2人取得正高级、7人取得高级、8人取得工程师职称任职资格。

•• “6·5”环境日空气质量保障

•• 2021 年生态环境监测技术“大比武”合影

•• 2021 年生态环境监测技术大比武现场操作

•• 生态环境监测样品采集分析

•• 突发环境事件应急监测

•• 污染源执法监测

•• 环保设施公众开放之水质自动站

•• 生态环境监测技术实地轮训

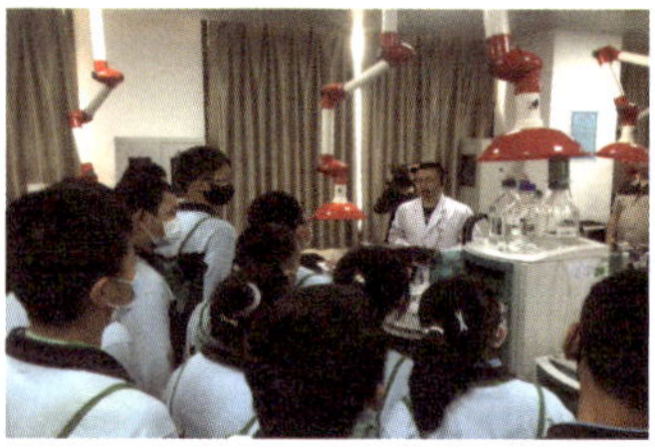

•• 中学师生参观实验室

硕果累累促发展 荣誉奖励

积极发挥模范带头作用，集体和个人先后获得上级部门表彰、表扬、感谢等，涌现出一大批先进典型，使全体干部职工深受激励和鼓舞。

集体荣誉奖励：集体荣获“重点行业企业用地土壤污染状况调查表现突出集体”，《“十三五”全国生态环境质量报告书》良好，“甘肃省第二次全国污染源普查表现突出集体”“2021年能力考核优秀单位”“省生态环境厅脱贫攻坚专项奖励嘉奖”“省生态环境厅先进党组织”等。

个人荣誉奖励：李媛荣获“甘肃省巾帼建功标兵”；朱文萍、刘烁荣获生态环境监测“一流专家”称号；包新荣、赵玉龙等9人荣获生态环境监测“技术骨干”称号；陈锷等5人荣获“重点行业企业用地土壤污染状况调查表现突出个人”；于斌斌等7人荣获“甘肃省第二次全国污染源普查表现突出个人”；王凯等3人荣获“省生态环境厅脱贫攻坚嘉奖记功”；李世超等5人荣获“省生态环境厅党史知识竞赛奖励”；吕康乐等4人荣获“省生态环境厅优秀共产党员”；付宁等6人荣获“甘肃省突发环境事件处置突出贡献个人”等。

甘肃省环境监测中心站：
在脱贫攻坚工作中做出突出贡献，给予嘉奖。
甘肃省生态环境厅

•• 集体荣获脱贫攻坚嘉奖

荣誉证书
CERTIFICATE OF HONOR
李媛同志：
荣获甘肃省巾帼建功标兵称号。
特颁发证书。
甘肃省人社厅 甘肃省妇联
二〇二一年十一月

•• 李媛荣获“甘肃省巾帼建功标兵”称号

•• 朱文萍、刘烁荣获生态环境监测“一流专家”称号

在脱贫攻坚工作中做出重大贡献，记功。

•• 王振荣获脱贫攻坚记功

在脱贫攻坚工作中做出突出贡献，给予嘉奖。

•• 王凯荣获脱贫攻坚嘉奖

•• 包新荣等 9 人荣获生态环境监测技术骨干

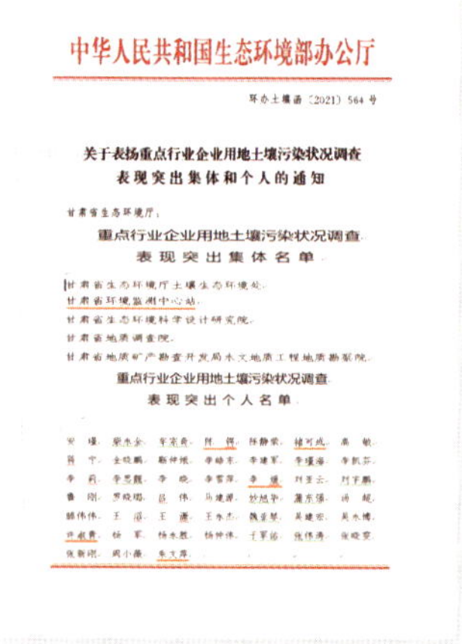
中华人民共和国生态环境部办公厅

关于表扬重点行业企业用地土壤污染状况调查表现突出集体和个人的通知

重点行业企业用地土壤污染状况调查表现突出集体名单

重点行业企业用地土壤污染状况调查表现突出个人名单

•• 荣获“生态环境部土壤污染状况调查突出集体和个人”

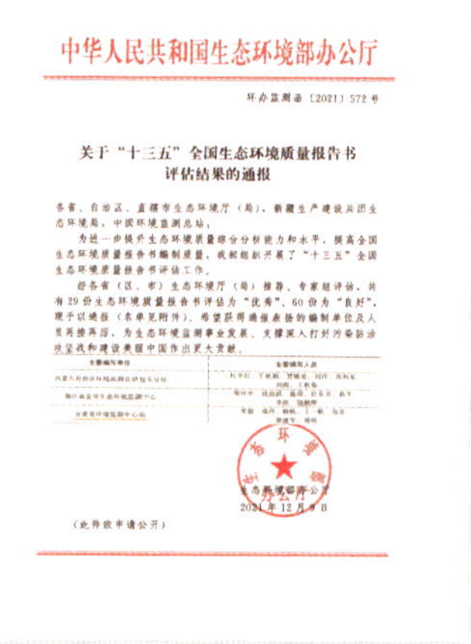
中华人民共和国生态环境部办公厅

关于“十三五”全国生态环境质量报告书评估结果的通报

•• 《“十三五”生态环境质量报告书》评定为良好

中国环境监测总站

关于2021年实验室能力考核的结果通报

•• 2021 年实验室能力考核优秀

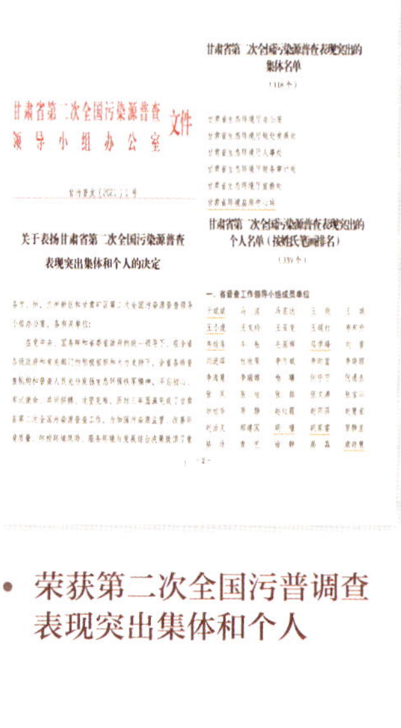
甘肃省第二次全国污染源普查领导小组办公室文件

关于表扬甘肃省第二次全国污染源普查表现突出集体和个人的决定

•• 荣获第二次全国污普调查表现突出集体和个人

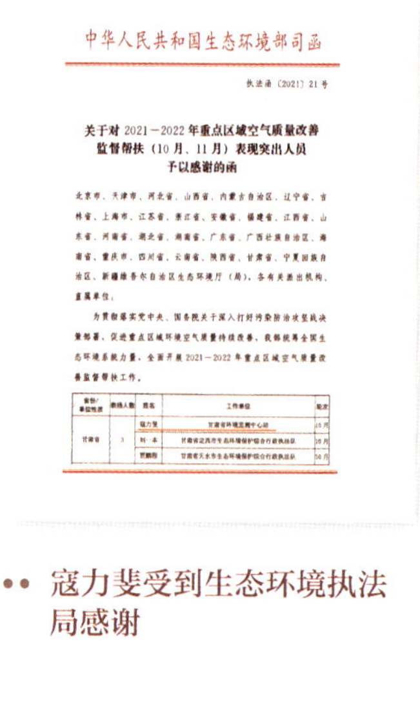
中华人民共和国生态环境部司函

关于对2021—2022年重点区域空气质量改善监督帮扶（10月、11月）表现突出人员予以感谢的函

•• 寇力斐受到生态环境执法局感谢

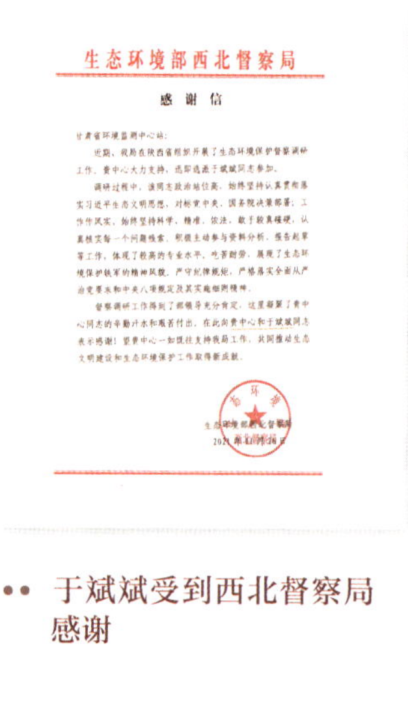
生态环境部西北督察局

感谢信

•• 于斌斌受到西北督察局感谢

2022年，甘肃省环境监测中心站将继续落实“生态环保工作是一项业务性很强的政治工作”指示精神，按照“4567”工作思路，即提升“四个支撑”、强化“五项举措”、推动“六块工作”、建好“七个中心”，立足本职岗位做好本职工作，发挥好“顶梁柱”和“生命线”作用，厘清工作思路、提升工作理念、提高工作水平，忠于事业、以身作则、勇于担当，为努力谱写加快建设美丽甘肃贡献生态环境监测力量。

2021

青海省生态环境监测中心这一年

2021年，青海省生态环境监测中心坚持以习近平新时代中国特色社会主义思想为指引，深入贯彻落实习近平生态文明思想和全国、全省生态环境保护大会精神，坚决落实青海省委、省政府以及青海省生态环境厅党组对全省生态环境监测工作的安排部署和指示要求，紧紧围绕年度工作计划，统筹推进新冠肺炎疫情防控和重点监测任务，为科学精准助力青海生态环境保护、助推青海高质量发展提供了坚强有力的支撑和服务。

党建工作

●聚焦建党100周年，持续加强党的创新理论武装。

为进一步加强党的创新理论学习，筑牢理想信念之基，“以学促思、以思促行、以行促效”，青海省生态环境监测中心党支部组织开展集中学习14期，学习各类文件、党内法律法规、规章制度达100余份，参加集中学习500余人次，领学研讨40余人次。在青海省生态环境厅机关党委组织的“诵党史经典、讲红色故事”和“全省生态环境系统庆祝建党100周年文艺汇演”活动中取得优异成绩，提振了青海省生态环境监测中心广大干部职工的“精、气、神”，为青海省生态环境监测中心党建和业务工作的高质量落实提供了坚强的政治思想保证。

●巩固深化党史学习教育成果，提升为民办实事服务水平。

一是制定了《青海省生态环境监测中心党支部党史学习教育实施方案》，明确目标任务，有效推进党史学习教育各项工作扎实开展。组织开展主题党日活动10期，观看红色影片6部，参观各类展览6次，参加人员达700余人次。**二是**有效发挥党支部战斗堡垒作用。在青海省生态环境监测中心各部门设立党员先锋岗，引导党员干部立足本职、履职尽责、主动服务，为基层单位和服务对象解决现实难题，提供技术支撑。**三是**支部班子以上率下、群策群力，将“我为群众办实事”实践活动与推动中心监测业务、意识形态、乡村振兴、精神文明建设、民族团结进步创建等工作“同谋划、同落实、同考核”，初步形成了“我为群众办实事+”长效工作机制。

●深入推进全面从严治党工作，不断强化廉政建设。

一是加强学习，提升认识。严格落实党内政治生活制度，全年共组织召开支委会议20次、支部大会25次、党支部组织生活会2次、开展党课教育2次，进一步强化了党员干部的理想信念。**二是**统筹安排，推动落实。组织制定了《青海省生态环境监测中心重点岗位权力清单》，把党风廉政建设贯穿到生态环境监测工作当中，把责任制落实到业务工作全过程，进一步筑牢了拒腐防变的思想堤坝。**三是**制度约束，严格执行。研究制定了《青海省生态环境监测中心采购管理办法》等一系列规章制度，坚持用制度管人管事，坚持落细落小落实，坚持严管和厚爱齐头并进。

•• 支部书记讲党课

•• 党建与业务工作融合发展座谈会

•• 青海省生态环境监测中心领导看望退休老干部

•• 组织党员赴教育基地参观学习

•• 参观“科学家精神”主题展

•• 开展民族团结创建活动

•• 传承“二路”精神党日活动

•• 助力乡村振兴“爱心农场”签约仪式

业务工作

●勇挑重担，一体推进，全面提升生态环境监测能力。

青海省生态环境监测中心支部牢固树立党建和生态环境监测工作融合发展、一体推进理念。支部党员充分发挥先锋模范作用，主动带头承担“急难险重”工作任务，圆满完成了木里矿区、三江源、祁连山等高海拔地区生态环境监测工作；完成了地表水国控、省控断面、集中式生活饮用水水源地、地下水、非冰期青海湖水、重点盐湖水质、环境空气质量、重点污染源监督性监测、土壤国家网点、重点区域土壤环境质量监测以及矿区开发企业、工业园区、盐湖等重点区域生态环境遥感监测工作，为消除生态环境安全隐患提供了重要的技术支撑。

•• 木里矿区无人机采样

•• 察尔汗盐湖现场监测

•• 自动监测仪器现场流量测试

•• 木里矿区地表水现场监测

●防范风险，精准应对，不断提高环境应急、执法监测能力。

坚持常态化环境应急监测值班制度，为突发环境污染事故处置提供时效保障。组织完成了果洛州玛多县、海南州同德县突发环境事件应急监测及分析工作，出具应急执法监测数据报告85份，各类应急监测方案5份、工作报告2份。顺利通过了2021年全国应急监测能力考核评估。指导协助海南州妥善处置同德县“6·10”道路交通柴油泄漏次生突发环境事故，得到了青海省政府和生态环境部的充分肯定，并列为全国生态环境应急事件典型案例。

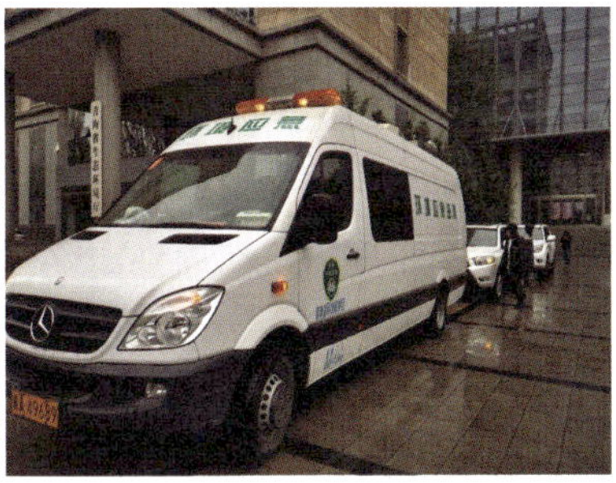

•• 突发事件应急出动

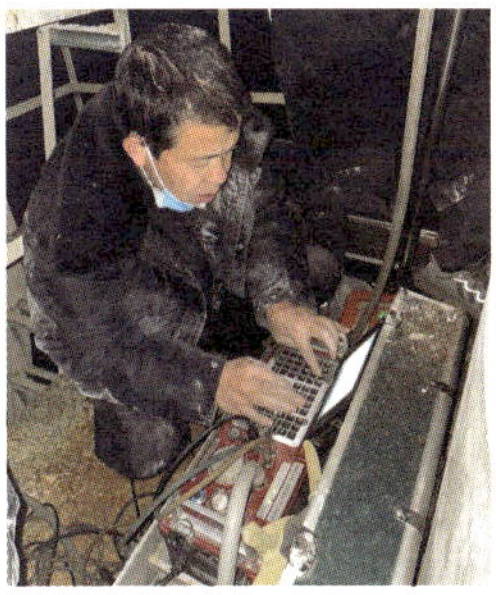

•• 来自寒夜的坚守

●多措并举，优化资源，致力提升预警预报预测工作能力。

青海省生态环境监测大数据平台和高分遥感数据一站式服务与应用平台、木里矿区生态环境监测数据平台建设项目顺利通过验收，青海省“天地一体化”大气环境综合监测体系能力建设项目启动实施，为提升青海省生态环境综合监测与预测分析能力提供了基础支撑。实现了青海省六州两市及重点地区未来7～10天环境空气质量形势预报预警。实时对大气污染进行溯源，对环境质量进行成效评估，对颗粒物和臭氧污染开展源解析，有针对性地开展重点城市颗粒物及VOCs移动监测，探索开展10～15天污染过程预报及土壤风险评估和生态风险预警研究，预警预报预测能力得到有效提升。

●潜精研思、奋楫笃行，持续提升生态环境监测综合评价能力。

一是编制完成了2020年度及“十三五”期间青海省生态环境状况监测与评价报告、青海湖流域生态环境状况遥感监测与评价报告及生态监测体系运行项目实施方案、青海三江源国家生态保护综合试验区生态环境状况遥感监测与评价报告、青海省重点行业企业用地调查工

•• 青海湖水质采样

作自评估报告、国控网青海省土壤环境监测工作方案等。**二是**完成了省级重点实验室项目建设、年度评估和国家青藏高原生态环境监测与评估重点实验室2020年度评估工作。**三是**完成了《青海省木里矿区生态环境综合整治成果评估实施方案》《年度木里矿区生态环境质量监测分析报告及生态环境综合整治成果评估报告》。

•• 三江源草地生态系统现场监测

•• 青海湖遥感监测与水体评估验收会

●直面挑战，守正创新，生态环境监测科研工作取得突破性进展。

一是青海湖遥感监测与水体评估项目通过验收，填补了青海省咸水湖盐湖水体监测及评价体系空白，为后续开展青海湖水生态环境保护与管理奠定了坚实基础。**二是**“引进中国科学院地理科学与资源研究所、中国环境科学研究院人才团队项目”案例被省人才办评为“青海十大特色人才项目”，并在《青海日报》等媒体刊登。**三是**2022年度青海省基础研究计划“青海省生态保护红线监管技术应用示范研究”、青海省重点研发与转化计划“祁连山南麓典型矿区生态环境修复成效评估技术研究与示范”、国防科工局“十四五”民用航天技术预先研究项目“生态脆弱区生态保护红线监管‘天空地一体化’应用示范”等项目均通过项目主管部门论证评审。**四是**构建了祁连山区生态保护红线和勘界定标管理系统，强化了重点区域生态安全屏障作用，促使形成“廊道通畅、绿环镶嵌、斑块稳定”的生态安全格局，为全省乃至全国开展生态保护红线勘界定标提供了青海经验。**五是**在生态环境实验室分析、生态保护红线划定、生态状况定期评估、典型区遥感监测、生物多样性保护等领域取得科技成果16项，其中国内领先5项，国内先进6项；取得软件著作权2项。

•• 监测技术培训

荣誉奖励

青海省生态环境监测中心被评为“全国重点行业企业用地土壤污染状况调查表现突出集体”；朱辉等8位同志被评为“全国重点行业企业用地土壤污染状况调查表现突出个人”；青海省生态环境监测中心被评为“全国‘三线一单’工作表现突出集体”；唐文家、殷万玲2位同志被评为“全国‘三线一单’工作表现突出个人”；青海省生态环境监测中心在2021年度实验室能力考核中被评定为考核优秀单位；李志强同志荣获青海省科学技术进步二等奖，并荣获国家“三五”人才“一流专家”称号；陈珂等11名同志荣获国家“三五”人才“技术骨干”称号。

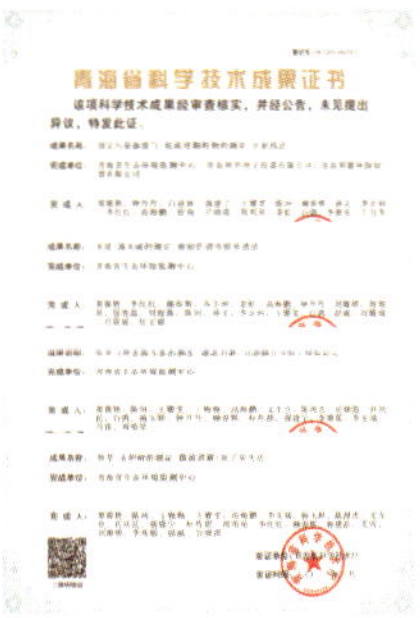

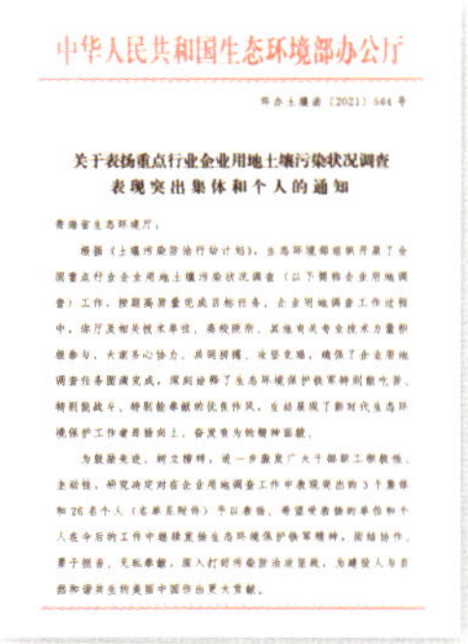

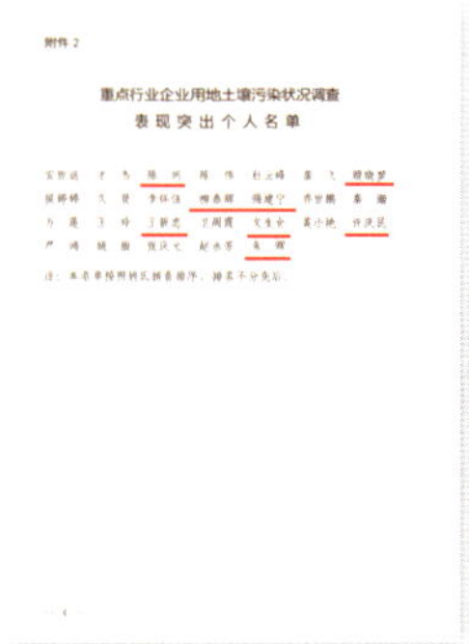

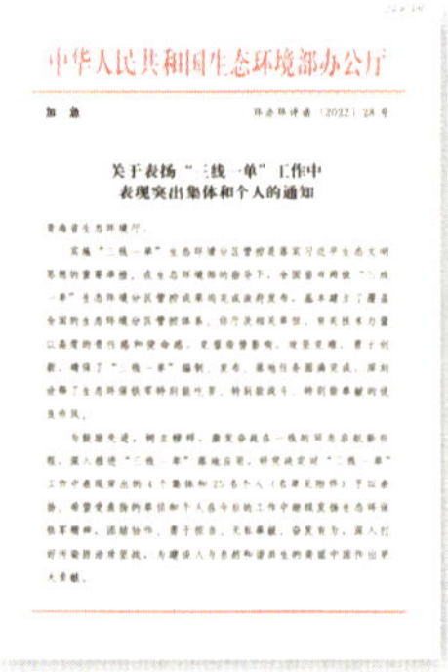
中华人民共和国生态环境部办公厅

加急　环办环评函〔2022〕28号

关于表扬"三线一单"工作中表现突出集体和个人的通知

附件1

"三线一单"工作表现突出集体名单

附件2

"三线一单"工作表现突出个人名单

生态环境部文件

环监测〔2021〕106号

关于确定第二批生态环境监测"三五"人才入选人员名单的通知

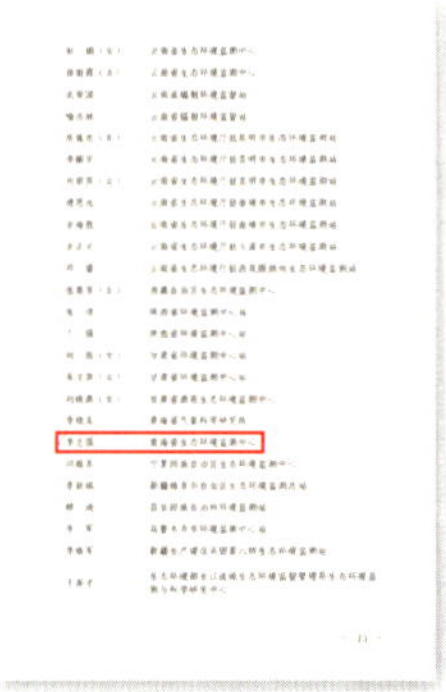

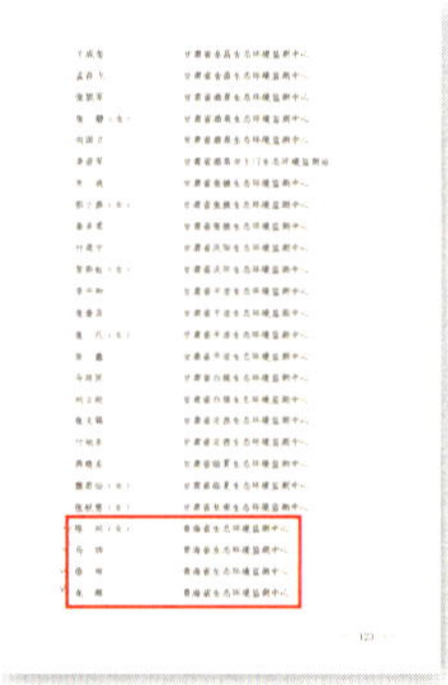

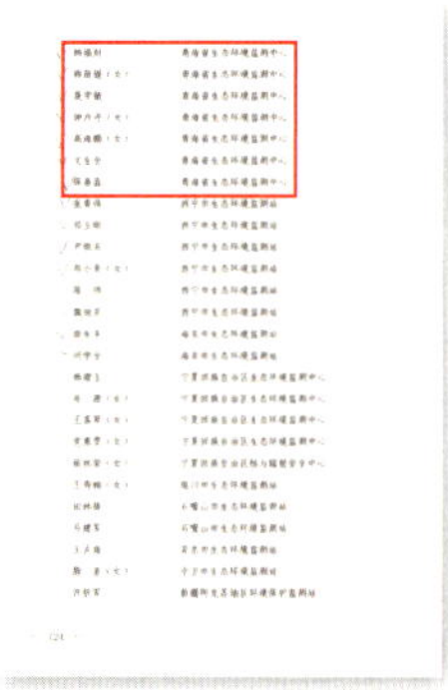

中国环境监测总站

关于2021年实验室能力考核的结果通报

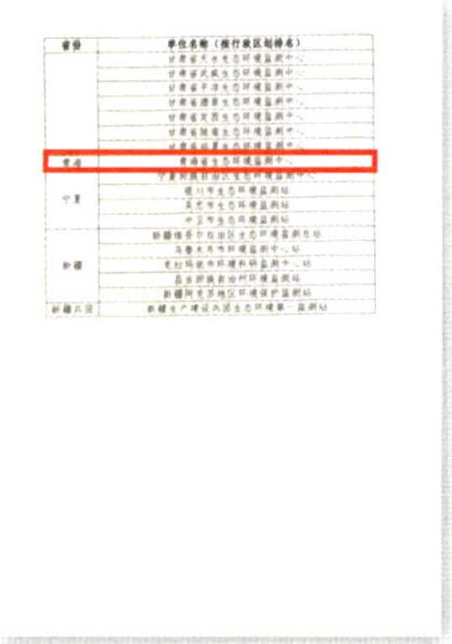

2022年，青海省生态环境监测中心将持续深入贯彻学习习近平生态文明思想和在习近平总书记青海考察时的指示批示精神，全面贯彻落实青海省委、省政府和青海省生态环境厅党组的决策部署，开新局，展好局，做深做细做好全省生态环境监测各项重点工作，持续推进生态环境监测体系和监测能力现代化建设工作，以优异成绩迎接党的二十大和省第十四次党代会胜利召开。

2021

宁夏回族自治区
生态环境监测中心这一年

2021年是“十四五”开局之年，随着生态环境治理向精准治污、科学治污、依法治污转变，生态环境监测面临着新的形势和任务。宁夏回族自治区生态环境监测中心深入学习领会党的十九届五中、六中全会精神，突破传统思维，着力解决制约宁夏生态环境监测工作发展的实际问题，不断提升监测能力，贯彻落实好“监测先行、监测灵敏、监测准确”，切实发挥“顶梁柱”作用，更好服务宁夏生态环境保护大局，为建设黄河流域生态保护和高质量发展先行区做出应有的努力和贡献。

党建工作

坚持“凝心聚力抓党建，抓好党建促业务”的工作思路，以高质量党建凝聚强大合力，以开展党史学习教育为契机，以“我为群众办实事”为载体，全面推进思想、组织、作风建设。宁夏回族自治区生态环境监测中心党总支被宁夏回族自治区党委授予“全区先进基层党组织”称号。

●加强党的政治建设，思想作风硬起来。

将学习贯彻习近平新时代中国特色社会主义思想、习近平生态文明思想及习近平总书记视察宁夏重要讲话精神作为学习必修内容，充分发挥领导班子成员这个“关键少数”的示范带头作用，统筹用好集中研讨交流、党总支集体学、班子成员个人学、各支部组织学等途径，进一步推动习近平新时代中国特色社会主义思想的学习贯彻往深里走、往心里走、往实里走。根据党史学习教育要求，制定《宁夏回族自治区生态环境监测中心2021年党史学习教育实施方案》等，推出“主题式”菜单，列出学习内容、开展形式、时间安排，持续抓好党员干部学习教育常态化。同时，把舞台和话筒交给所有党员，每周各支部安排1名党员走上讲台、当起主角，谈学习心得体会，让党员听进去、学起来、做到位。

•• 党史教育集中学习

•• 学习习近平总书记视察宁夏重要讲话精神

•• 与地市监测站开展联合主题党日活动

●抓好基层党组织建设，战斗堡垒作用强起来。

在推进组织体系设置、班子队伍建设、党员教育管理、党内组织生活、发挥服务作用、工作运行机制和基本工作保障7个方面狠下功夫。完成党支部换届选举，加强党支部标准化、规范化建设，各党支部结合各自业务工作特点完成对其党建阵地特色建设。在抗击新冠肺炎疫情期间，宁夏回族自治区生态环境监测中心领导班子带领50人次志愿者听从组织召唤，志愿选择以办公室为家，以社区志愿服务点为工作岗位，主动承担13个封控单元的疫情防控任务。

•• 党员志愿者代表在疫情防控服务点

•• 党员志愿者清理志愿点帐篷积雪

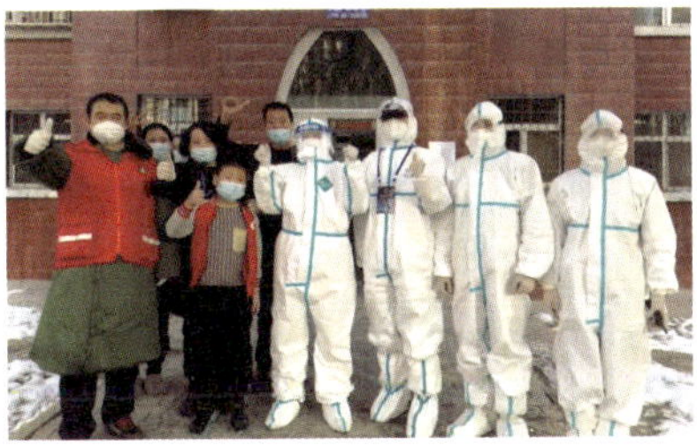

•• 党员志愿者与解封楼宇群众及社区工作者、民警等合影

•• 党员志愿者帮封控住户运送快递及生活物资

●加强和改进党员干部教育管理，党员干部管起来。

制订学习计划，丰富学习教育形式，扎实巩固深化“不忘初心、牢记使命”主题教育成果，着力补齐基层党建短板弱项。组织开展“学习党史跟党走 永葆初心再奋斗”主题演讲比赛，选派代表参加宁夏回族自治区生态环境厅演讲比赛，倾情讲述身边人、身边事，用真

•• 党史学习教育演讲比赛

实典型、鲜活事例生动诠释“学党史、感党恩、听党话、做表率”的崇高追求，获得较好名次。主动服务，扎实做好为民办实事。扎实开展深入基层办实事，6名技术人员深入全区83家排污企业指出261个意见问题并逐一向企业人员提供解决办法等。强化党风廉政建设，严格落实党风廉政建设主体责任制。加强对重要岗位和关键环节的监督，有效防范廉政风险，开展岗位廉政风险排查工作。扎实组织“廉政警示教育周”活动等。

•• 驻厅纪检监察组，厅机关党委调研检查党风廉政建设工作

•• 党总支书记专题党课

业务工作

●生态环境质量监测网稳定运行。

一是切实做好国家网环境空气质量监测网络、全区颗粒物组分和光化学成分自动监测站、大气热点网格等监测网络的日常监测、运维、考核等工作，确保正常运行和数据使用。顺利完成全区区控环境空气质量监测网的运维招标及交接工作。**二是**完成一期22个全区地表水水质自动站建设及验收工作，二期的15个水站全部正式投入运行。至此，宁夏全区40个区控水站全部实现水质监测实时联网调度，切实发挥水站实时监测、预警调度作用。完成20个国控地表水手工监测断面数据初审和运

行保障，完成854个断面（点位）的采样和实验室分析，水质监测网络稳定运行。**三是**按照《2021年宁夏土壤环境监测方案》，完成全区50个基础点位的土壤环境质量监测及数据分析任务，为土壤环境质量状况提供了基础数据。**四是**全区生态遥感监测工作顺利完成，提供300余个点位的野外核查基础数据。落实全区国家重点生态功能区县域生态环境质量监测与评价工作任务。完成全区54个监控村庄点位筛选及监测信息上报等。

•• 分管副厅长、厅监测处调研大气专班工作

•• 中心与浙江省生态环境监测中心合作协议签字仪式

•• 工业园区地下水采样

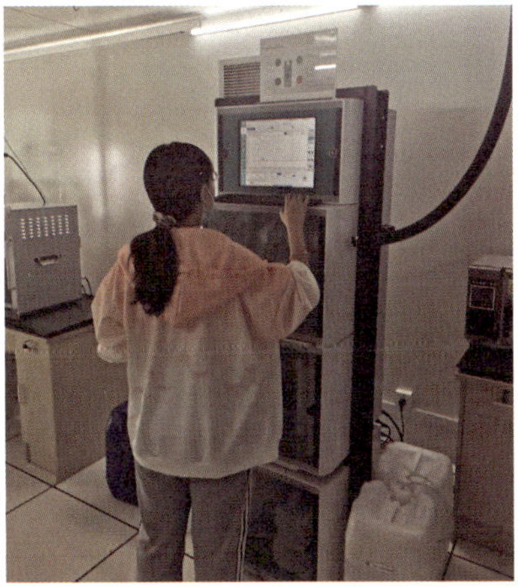

•• 自动站运维检查

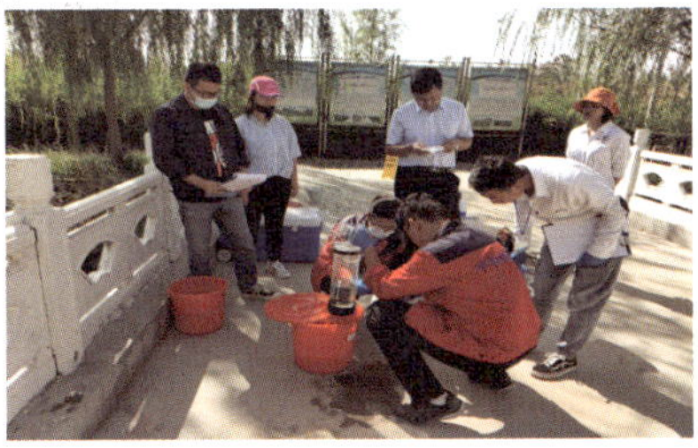

•• 农村环境质量监测质控检查

•• 水站验收

●开展生态保护红线监管试点工作。

生态环境监测质量连续分析。不断加强全区环境空气质量预警预报，完成并发布环境空气质量形势预报20期和沙尘提示函13期。编制完成质量月报、《2021年全区生态环境监测方案》、《“十三五”宁夏生态环境质量报告书》、全区生态环境状况公报等综合分析材料150余份。参与中阿博览会环境空气质量预警预报工作，保障会议期间环境安全。成立冬春季大气污染综合治理攻坚行动环境空气质量深度分析工作专班，共计完成环境空气质量深度分析周报23期、环境空气质量形势预报56期、环境空气质量分析月报8期。准确预报了15次污染过程，并提出精准防控建议200余条。按照时间进度，较好地完成了大气攻坚期的各项工作任务。

●污染源监测抽测全面落实。

完成重点排污单位执法抽测25家，其中废气14家、废水11家。抽测率分别为11.0%、10.6%，完成宁夏生态环境厅核发排污许可证8家企业自行监测专项抽查，抽查比率为21.6%，均达到抽测抽查比例。组织完成全区2020年度生态环境统计年报重点调查单位统计分析，完成2016—2019年全区环境统计年报数据更新。

•• 污染源监测

●应急监测常抓不懈。

做好应急监测值守工作，及时高效完成各项应急监测任务。修订并发布了《宁夏回族自治区生态环境监测中心突发环境事件应急监测预案》；完成总站对宁夏的环境应急监测能力评估；建立宁夏各级监测站应急监测动态管理台账。组织完成“4·25”黄河甘肃段石油类污染事件应急监测工作。质量管理狠抓落实。编制《2021年宁夏回族自治区生态环境监测中心质量保证和质量控制计划》《2021

•• 应急监测实验室分析

年宁夏回族自治区生态环境监测中心质量监督计划》等多项质量管理文件，全年累计发放各类考核盲样1019支。完成全区持证上岗考核单位10家，263人，3454项次考核。中国环境监测总站全年对宁夏生态环境监测中心共计开展3次持证上岗考核及资质认定远程视频评审工作，为加强质量管理体系的有效运行和持续改进夯实了基础。

●课题工作有序推进。

《采样前处理方式对黄河宁夏段水质中总磷、总氮、汞、砷、硒等监测项目的影响及其应对机制研究》《黄河流域宁夏段水生态调查研究》等课题有序推进。专项工作亮点突出。**一是**全面总结剖析宁夏“十三五”生态环境质量，切实做好技术支撑。《2016—2020年宁夏生态环境质量报告书》对比往年，增加了“十三五”宁夏城市臭氧浓度现状及变化特征、宁夏社会经济、污染物排放与环境质量的模型关联分析等专题章节，更深层次剖析了主要环境问题和污染原因，预测“十四五”宁夏环境质量状况，有力精准支撑生态环境管理。该质量报告书被生态环境部办公厅评估为“良好”等次，并予以通报表扬。**二是**完成宁夏重点行业企业用地污染状况调查工作成果集成，被生态环境部办公厅通报表扬为表现突出集体。

•• 部分环境质量报告

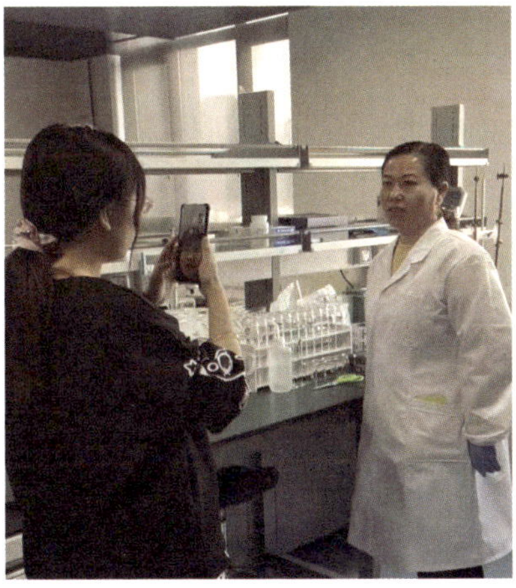

•• 持证上岗远程现场连线考核

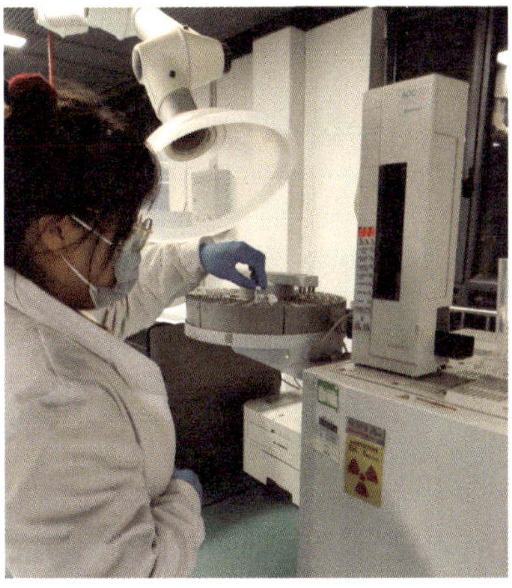

•• 实验室分析

•• 环境监测能力建设培训班

•• 持证上岗远程考核首次会议

•• 专业技术岗位竞聘

•• 野外核查

荣誉奖励

宁夏回族自治区生态环境监测中心党总支被中共宁夏回族自治区委员会评为“全区先进基层党组织”；

宁夏回族自治区生态环境监测中心被宁夏区直机关精神文明建设指导委员会评为“区直机关文明单位”；

宁夏回族自治区生态环境监测中心组织编制的《宁夏回族自治区“十三五”全国生态环境质量报告书》被生态环境部办公厅评为“良好”等次；

宁夏回族自治区生态环境监测中心被生态环境部办公厅评为“重点行业企业用地土壤污染状况调查表现突出集体”；

“4·25”黄河甘肃段石油类污染事件应急监测工作处置得当，受到生态环境部通报表扬；

宁夏回族自治区生态环境监测中心被宁夏生态环境保护领导小组办公室评为“全区打赢蓝天保卫战先进集体”；

宁夏回族自治区生态环境监测中心起草发布一项团体标准《钼酸铵分光光度法测定多泥沙河流总磷前处理方法》。

•• “全区先进基层党组织”证书

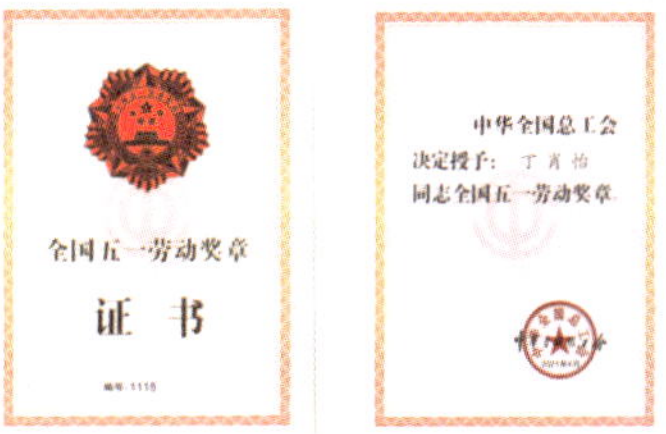

•• “全国五一劳动奖章”证书

•• 被评为“区直机关文明单位”

2021

新疆维吾尔自治区

生态环境监测总站这一年

2021年，新疆维吾尔自治区生态环境监测总站在新疆维吾尔自治区生态环境厅的坚强领导和总站的指导帮助下，坚持以习近平新时代中国特色社会主义思想为指导，深入贯彻落实习近平生态文明思想、党的十九大和十九届历次全会精神及第三次中央新疆工作座谈会精神，紧紧围绕厅党组“一体、两翼、三支撑”工作思路和全区生态环境保护重点工作任务，统筹做好常态化疫情防控、安全生产及生态环境监测工作，全面完成年度各项监测任务，为全区深入打好污染防治攻坚战提供了有力的技术支撑和服务。

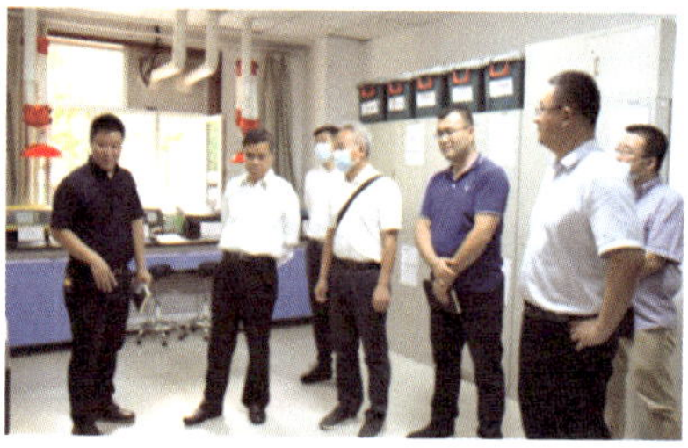

•• 总站陈善荣站长来新疆站调研指导

•• 自治区生态环境厅党组书记、副厅长戴武军来新疆站调研指导

•• 自治区生态环境厅党组副书记、厅长哈尔肯·哈布德克里木来新疆站调研指导

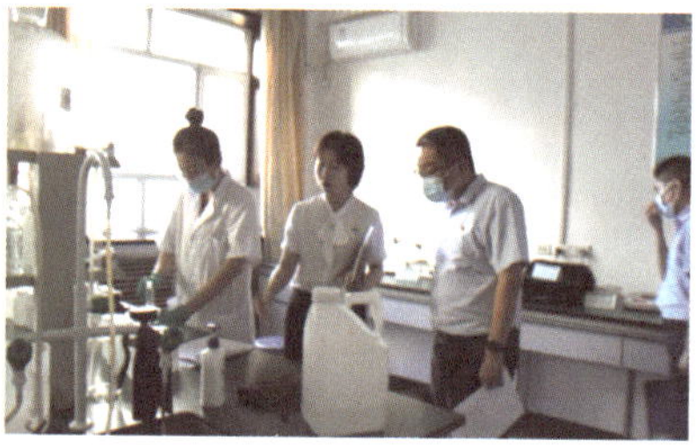

•• 自治区生态环境厅党组成员、副厅长田丰来新疆站调研指导党建工作

党建工作

●筑牢党员干部思想根基。

认真组织开展政治理论学习，全年组织召开站党委理论中心组集体学习47次，党支部（科室）集中学习162次；深入开展党史学习教育，成立了领导小组，制定了方案，召开专题学习会议27次，交流研讨会43次，扎实开展“我为群众办实事”实践活动，上报的《党的百年历程》一文在厅“学党史、颂党恩、跟党走”主题征文活动中荣获一等奖。

•• 深入开展党史学习教育

●增强党组织战斗堡垒作用。

及时完成党委纪委换届选举工作，同时结合实际对两个党支部所属科室进行了调整，选齐配强支部委员；全年发展入党积极分子1名、发展预备党员1名、转正预备党员1名；严格落实“三会一课”和“5+X”制度；组织开展“清明祭扫 缅怀先烈”“绿化植树”等主题党日活动52次，及时完成党费核算和全年收缴工作。

•• 站党委组织开展主题党日活动

•• 党支部组织开展主题党日活动

•• 参加厅系统庆祝建党 100 周年歌咏比赛、党史知识竞赛

●深入开展打造铁军“先锋队”活动。

认真落实厅铁军建设“五项行动”目标任务和要求，指导所属5个党支部以党员同志为骨干，深入践行环保铁军精神，紧扣“服务中心、建设队伍”两大核心任务，积极对接生态环境保护管理、决策和群众需求，立足岗位争先创优作贡献。

•• 青年干部开展文明城市创建志愿服务活动

●夯实廉洁自律风险防线。

认真梳理查摆廉政风险点，修订完善站《廉政风险防控手册》，层层签订《党风廉政建设责任书》，严格落实《重大项目采购廉政谈话提醒制度》，深入开展以案促改廉政警示教育，持续开展形式主义、官僚主义和“四风”问题的监督检查，强化行风、作风建设并不断夯实廉洁自律风险防线。

业务工作

●重点做好环境质量监测工作。

组织完成全年全区城市环境空气质量、水、土壤、声、农村等环境质量监测工作；积极开展重点区域及城市环境空气质量预测预报工作，及时提出重污染预警建议6次；在秋冬季重污染期间及自治区十次党代会等重要会议召开期间开展应急走航监测10余次；加强监测数据统计分析及综合报告编制，全年共报送200余份月报、季报、年报、简报、专报、预警报告、考核排名报告等。

•• 开展乌伦古湖、台特玛湖水环境质量监测

●认真做好生态质量监测工作。

完成全区2455景遥感影像质量检查、矢量数据解译及全区生态质量遥感监测及评价工作；利用MODIS卫星影像数据完成全区植被盖度监测；聘请疆内植物分类专家现场指导完成全区五大山地草原区生态环境地面监测工作；组织完成全区59个重点生态功能区县域生态环境质量监测数据的收集、汇总与审核及相关报告的编制与报送，现场指导21个县域规范开展监测工作及编制考核自查报告。

•• 开展山地草原生态地面监测及“基础点”土壤环境质量监测

●扎实做好污染源执法监测和应急监测工作。

组织完成全区528家次重点污染源执法监测工作，承担完成51家次重点污染源执法监测质控抽测及4家大型煤化工企业综合执法监测工作；积极配合自治区环保督察组及执法局对伊犁州、塔城地区、乌鲁木齐市等地开展了13次执法监测工作；组织开展了1次水突发环境事件应急监测演练。

•• 开展污染源执法监测及质控抽测

•• 开展突发环境事件应急监测演练，自治区生态环境厅党组成员、副厅长孙旺生到场指导

●质量管理水平取得新提升。

制定并实施站《2021年度质量管理工作计划》，组织完成1次全要素内审和1次管理评审；参加国家认监委和中国环境监测总站组织的10个项目能力验证考核，满意率为100%；加大业务培训力度，累计培训全区监测技术人员1700余人次；组织完成对10个地市站及26个县级监测站315人次持证上岗考核；对10个地市站开展了29次现场指导帮扶，促进和加强了全区监测工作的规范性。

•• 开展监测业务培训，邀请中国环境监测总站康晓风主任授课

●监测工作能力再上新台阶。

顺利通过了国家级检验检测机构资质认定复评审及监测技术人员持证上岗考核，认证项目、人员持证项次均创造了新高；配合编制完成《自治区“十四五”生态环境监测规划》，为全区监测能力提升奠定基础；实施完成VOCs在线监测和土

壤监测能力补短板建设项目，构建了“奎独乌”区域VOCs监测网、提升了全区承担土壤样品测试分析任务的6个监测站土壤环境监测能力；协助自治区生态环境厅与总站签订战略合作协议，推动新疆生态环境应急监测支援分中心建设。

●监测科研工作取得新成果。

成功申报实施1个自治区自然科学基金项目；配合中国环境科学研究院实施3个重大科研项目，完成年度现场监测及调查相关工作；承担完成2项国家环境监测标准方法、1项国家应急监测工作指南、6项地方环境监测标准的制定；刊发工作信息30余篇，公开发表科技论文22篇；获得实用新型发明专利1项、软件著作权2项；作为主要研究单位之一完成的1项科研项目研究成果通过鉴定，成果水平评为“国内领先”。

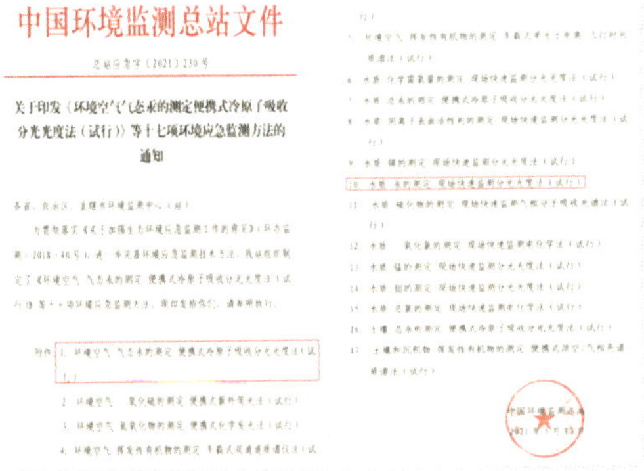
中国环境监测总站文件

总站应急字〔2021〕230号

关于印发《环境空气 气态汞的测定 便携式冷原子吸收分光光度法（试行）》等十七项环境应急监测方法的通知

••承担完成 2 项国家应急监测方法的制定

••编制发布 6 项自治区环境监测方法标准

荣誉奖励

新疆维吾尔自治区生态环境监测总站获生态环境部全国重点行业企业用地土壤污染状况调查“表现突出集体”，赵磊、李刚等8名同志被评为“表现突出个人”；《新疆维吾尔自治区“十三五”生态环境质量报告书》被生态环境部评为“良好”等级，新疆维吾尔自治区生态环境监测总站及郭宇宏、王海林等6名主要编写人员受到生态环境部通报表扬；生态环境部第二批生态环境监测“三五”人才评选中，1名职工（李新琪）入选“一流专家”、12名职工（李媛、綦振华等）入选“技术骨干”；2名职工（徐涛、安海燕）被评为正高级工程师，6名职工（苏前、胡安·哈力汗等）被评为高级工程师；1名职工（陈静）荣获“自治区巾帼建功标兵”称号，1名职工（白金凤）家庭荣获“自治区最美家庭”称号。

•• 站党委获得“自治区直属机关先进基层党组织”荣誉称号

•• 陈静被授予“自治区巾帼建功标兵”荣誉称号

•• 白金凤家庭被评选为“自治区最美家庭”

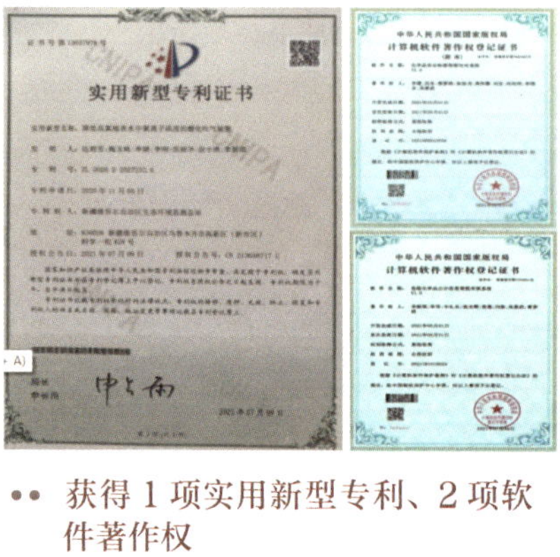

•• 获得 1 项实用新型专利、2 项软件著作权

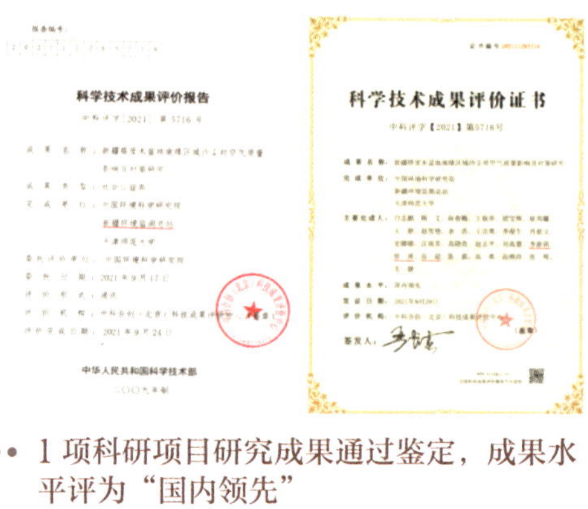

•• 1 项科研项目研究成果通过鉴定，成果水平评为“国内领先”

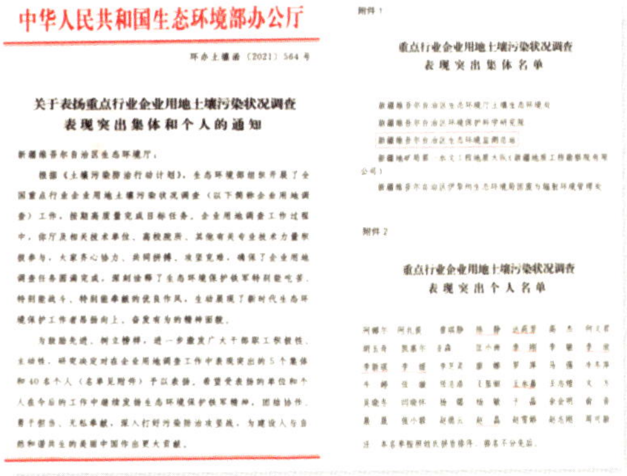

中华人民共和国生态环境部办公厅

环办土壤函〔2021〕564号

关于表扬重点行业企业用地土壤污染状况调查表现突出集体和个人的通知

新疆维吾尔自治区生态环境厅：

根据《土壤污染防治行动计划》，生态环境部组织开展了全国重点行业企业用地土壤污染状况调查（以下简称企业用地调查）工作，按期高质量完成目标任务。企业用地调查工作过程中，你厅及相关技术单位、高校院所、其他有关专业技术力量积极参与，大家齐心协力、共同拼搏、攻坚克难，确保了企业用地调查任务圆满完成，深刻诠释了生态环境保护铁军特别能吃苦、特别能战斗、特别能奉献的优良作风，生动展现了新时代生态环境保护工作者昂扬向上、奋发有为的精神面貌。

为鼓励先进、树立榜样，进一步激发广大干部职工积极性、主动性，研究决定对在企业用地调查工作中表现突出的5个集体和40名个人（名单见附件）予以表扬。希望受表扬的单位和个人在今后的工作中继续发扬生态环境保护铁军精神，团结协作、勇于担当、无私奉献，深入打好污染防治攻坚战，为建设人与自然和谐共生的美丽中国作出更大贡献。

附件1

重点行业企业用地土壤污染状况调查表现突出集体名单

新疆维吾尔自治区生态环境厅土壤生态环境处

新疆维吾尔自治区环境保护科学研究院

新疆维吾尔自治区生态环境监测总站

新疆地矿局第一水文工程地质大队（新疆地质工程勘察院有限公司）

新疆维吾尔自治区伊犁州生态环境局固废与辐射环境管理处

附件2

重点行业企业用地土壤污染状况调查表现突出个人名单

注：本名单按照姓氏拼音排序，排名不分先后。

•• 重点行业企业用地土壤污染状况调查表现突出集体、个人

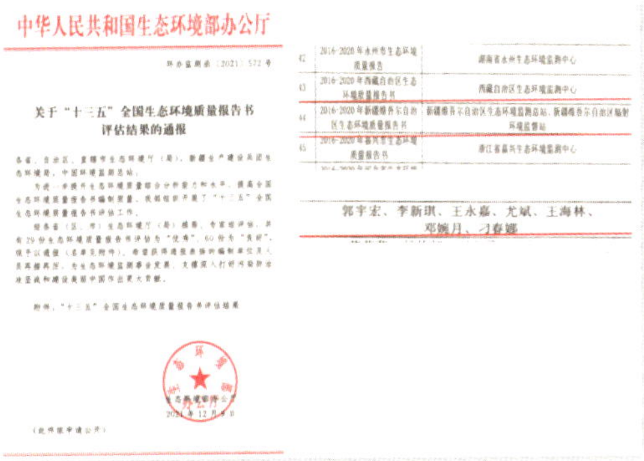

中华人民共和国生态环境部办公厅

环办监测函〔2021〕572号

关于"十三五"全国生态环境质量报告书评估结果的通报

44	2016-2020年新疆维吾尔自治区生态环境质量报告书	新疆维吾尔自治区生态环境监测总站、新疆维吾尔自治区辐射环境监督站

郭宇宏、李新琪、王永嘉、尤斌、王海林、邓婉月、刁春娜

•• 《"十三五"生态环境质量报告书》被评为"良好"等级

•• 13人入选生态环境部第二批生态环境监测"三五"人才

2022年，新疆维吾尔自治区生态环境监测总站将进一步深入学习贯彻习近平生态文明思想，紧紧围绕新疆维吾尔自治区生态环境保护中心工作及重点任务，贯彻落实“监测先行、监测灵敏、监测准确”的工作要求，主动作为、奋勇争先、开拓创新，努力发挥好“五个中心”及“顶梁柱”“生命线”作用，做好“五个持续”（持续加强党的政治建设、持续加强作风建设、持续做好生态环境监测管理体制改革工作、持续加强生态环境监测能力建设、持续做好各项生态环境监测业务工作），不断提升全区生态环境监测能力和水平，有力支持全区生态环境质量持续改善和减污降碳协同增效，以优异的成绩迎接党的二十大胜利召开。

2021

新疆生产建设兵团
生态环境监测站这一年

2021年，新疆生产建设兵团生态环境监测站在兵团生态环境局党组的正确领导下，在总站的业务指导下，深入贯彻落实习近平生态文明思想，立足新发展阶段，有序开展新冠肺炎疫情防控各项生态环境应急监测工作，全面提升监测能力和水平，为新疆生产建设兵团污染防治攻坚战和生态环境管理提供有力的技术支撑。

党建工作

●抓党员思想政治教育，提高队伍素质。

以开展“党史学习教育”为抓手，学习党的十九大和十九届历次全会精神、深入学习习近平系列讲话精神，学习《中国共产党简史》《改革开放简史》《社会主义发展简史》《兵团精神》等内容，每周常态化开展政治理论和业务培训。

●抓党风廉政建设，强化底线思维。

制定党风廉政目标管理方案和反腐倡廉建设责任分工方案，常态化进行廉洁警示，狠抓作风建设，纠正“四风”，反对铺张浪费，专项资金按使用计划实行专款专用，严格控制“三公”经费，加强对监测车辆、实验设备、试剂耗材、办公用品及固定资产管理等的监督力度。

●抓队伍建设，筑牢基层战斗堡垒。

党员利用学习强国、新疆生产建设兵团党员教育平台进行政治理论学习，积极参加建党100周年系列活动、演讲比赛、趣味运动会等活动，新疆生产建设兵团生态环境第一监测站人员的政治意识不断增强，政治领悟力、政治判断力、政治执行

••参加工会组织的庆国庆文体活动

••党史学习教育主题党日活动

力不断提高，新疆生产建设兵团生态环境第一监测站内人员的凝聚力进一步增强，形成想干事、干好事的工作氛围，突出党建引领作用，打造环境监测“顶梁柱”的作用。

•• 扎实开展基层服务工作

•• 重温入党誓词

业务工作

●巩固提升水环境质量。

完成新疆生产建设兵团14个国控考核断面水质监测工作，编制地表水环境质量月报，为环境管理提供数据支撑。完成重点污染源地下水环境监测现状调查，并以第七师为试点开展监测。

•• 地下水采样

•• 湖库浮船在线监测

●持续改善环境空气质量。

持续做好城市环境空气质量数据联网与审核。组织完成10个兵团城市环境空气自动站点上传的数据审核。根据总站对兵团4个环境空气直连站点联网反馈结果，兵团数据入库率高，全国排名第二。

•• 环境空气采样

●不断推进土壤污染防治。

组织各师市监测人员完成48个基础点位样品的采集，监测样点覆盖13个师，分析指标涵盖理化、重金属和有机污染物13项指标。编制完成《2021年兵团国家网土壤环境质量报告》《2021年兵团国家网土壤环境质量质控报告》。

•• 半山坡土壤采样

•• 初春土壤采样

●扎实服务农村环境质量监测。

完成兵团34个连队的环境空气质量、地表水环境质量、土壤环境质量、农田灌溉水和日处理20吨及以上污水处理设施监测。结果显示兵团农村环境质量数据总体较好。

•• 污水处理厂采样

●助力减消噪声，回归自然安宁。

科学布设新疆生产建设兵团城市噪声监测点位，组织完成阿拉尔市、铁门关市、图木舒克市、石河子市和北屯市声环境质量监测数据分析。

●未雨绸缪，严密监测污染源。

持续开展重点排污单位的抽测，并对在线设备进行比对监测，为新疆生产建设兵团重点排污企业达标排放情况及第三方运维公司日常维护成效提供数据支撑；完成涉VOCs重点企业的抽测工作，为新疆生产建设兵团掌握VOCs治理提供数据参考。

•• 涉 VOCs 企业监测

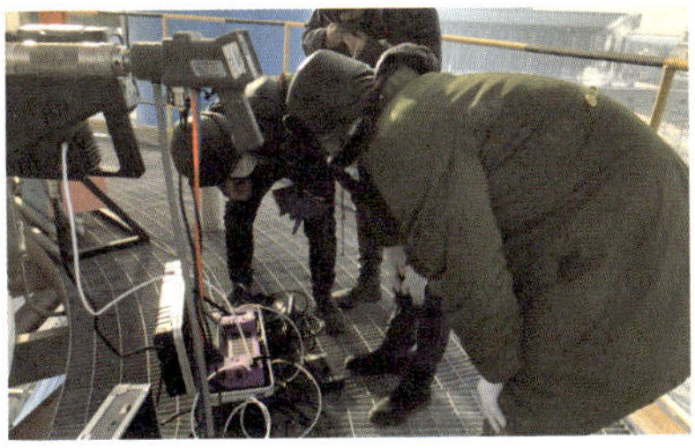

•• 污染源企业抽测

●加强监控系统建设考核，强化在线监控数据应用。

组织完成重点排污企业缺失及异常的数据人工修约；组织排查重点监控企业的超标情况，超标报表报送执法局；组织完成新疆生产建设兵团重点监控企业自动监控系统工作，新疆生产建设兵团198家重点排污单位安装率及联网率为96.5%，根据生态环境部污染源监控中心网站显示，2021年新疆生产建设兵团在线监测数据有效传输率达到97.93%。

●持续推进废弃农膜抽测。

依托废弃农膜考核管理系统，组织完成了13个师、142个团场、710个连队和3550个点位布设、数据审核，编制《兵团2021年废弃农膜考核抽测报告》。

•• 废弃农膜抽测

●组织完成重点生态功能区县域考核。

持续开展重点生态功能区县域考核，建成新疆生产建设兵团重点生态功能区考核评价系统，组织完成3个新疆生产建设兵团重点功能区县域的现场核查，审核并上报县域环境质量监测数据。

●夯实基础数据，做好环境统计。

组织完成2020年度新疆生产建设兵团生态环境排放源统计年报工作。监督指导排放源企业和师市生态环境部门填报与污染物核算工作；组织完成新疆生产建设兵团生活源、农业源和机动车的填报与核算工作；组织完成2021年度重点排污单位名录确定工作；组织完成2021年度新疆生产建设兵团重点排污单位季报工作。

●稳步开展持久性有机物调查工作。

依据《关于持久性有机污染物的斯德哥尔摩公约》和《中国履行〈关于持久性有机污染物的斯德哥尔摩公约〉国家实施计划》，组织完成新疆生产建设兵团辖区内全氟辛基磺酸类化合物、六溴环十二烷、十溴二苯醚、氯化石蜡、全氟辛酸及其盐类和相关化合物以及汞或汞化合物的生产和加工使用企业统计调查工作。POPs统计调查企业6家，汞统计调查企业8家。

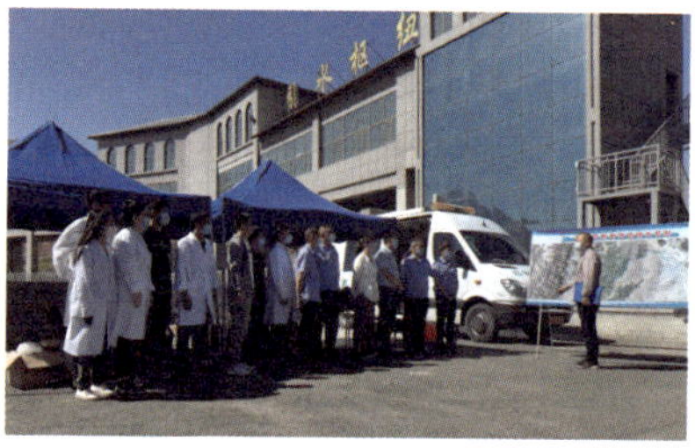

•• 应急演练

荣誉奖励

获得总站表扬信；

2021年实验室能力考核的结果为优秀；

获得“重点行业企业用地土壤污染状况调查表现突出集体”称号。

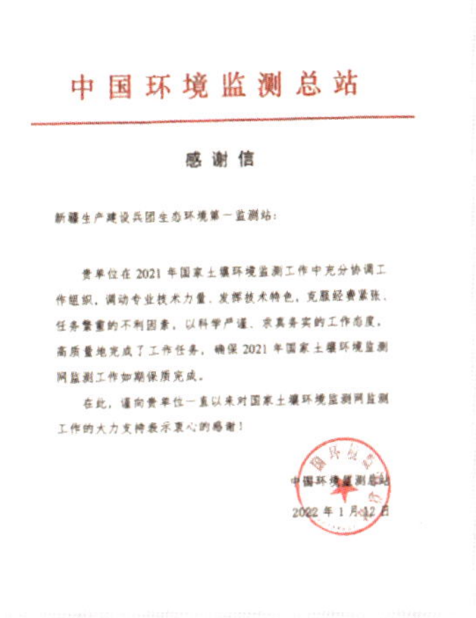

中国环境监测总站

感谢信

新疆生产建设兵团生态环境第一监测站：

贵单位在2021年国家土壤环境监测工作中充分协调工作组织，调动专业技术力量、发挥技术特色，克服经费紧张、任务繁重的不利因素，以科学严谨、求真务实的工作态度，高质量地完成了工作任务，确保2021年国家土壤环境监测网监测工作如期保质完成。

在此，谨向贵单位一直以来对国家土壤环境监测网监测工作的大力支持表示衷心的感谢！

中国环境监测总站

2022年1月12日

•• 感谢信

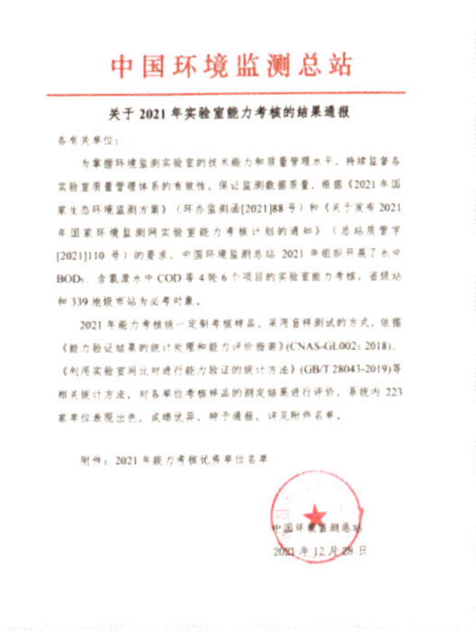

中国环境监测总站

关于2021年实验室能力考核的结果通报

各有关单位：

为掌握环境监测实验室的技术能力和质量管理水平，持续监督各实验室质量管理体系的有效性，保证监测数据质量，根据《2021年国家生态环境监测方案》（环办监测函[2021]88号）和《关于发布2021年国家环境监测网实验室能力考核计划的通知》（总站质管字[2021]110号）的要求，中国环境监测总站2021年组织开展了水中BOD_5、含氯废水中COD等4轮6个项目的实验室能力考核，省级站和339地级市站为必考对象。

2021年能力考核统一定制考核样品，采用盲样测试的方式，依据《能力验证结果的统计处理和能力评价指南》(CNAS-GL002: 2018)、《利用实验室间比对进行能力验证的统计方法》(GB/T 28043-2019)等相关统计方法，对各单位考核样品的测定结果进行评价，系统内223家单位表现出色，成绩优异，特予通报，详见附件名单。

附件：2021年能力考核优秀单位名单

中国环境监测总站

2021年12月28日

•• 关于2021年实验室能力考核的结果通报

中华人民共和国生态环境部办公厅

关于表扬重点行业企业用地土壤污染状况调查表现突出集体和个人的通知

附件1

重点行业企业用地土壤污染状况调查表现突出集体名单

附件2

重点行业企业用地土壤污染状况调查表现突出个人名单

•• 获重点行业企业用地土壤污染状况调查表现突出集体

凡是过往，皆为序章。2022年，新疆生产建设兵团生态环境第一监测站以深化环境质量改善为目标，继续按照国家及兵团的要求持续开展生态环境质量监测及质量控制工作：

抓好环境质量监测。持续开展兵团城市空气、水、土壤、地下水环境质量监测及质量控制，掌握兵团环境质量现状，编制《2021年生态环境质量报告》。

加强环境监测质控管理。加大对空气自动站的比对，持续开展重点排污单位的抽测，积极参加认监委及总站组织的能力验证和能力考核，开展监测人员持证上岗考核。

继续做好重点生态功能区环境质量监测、评价与考核工作。开展32个县域环境质量和数据质控、数据审核等工作。

污染源监控工作。坚持向执法监督局报送在线监测超标报表，对重点监控企业数据传输缺失及异常的情况进行人工修约及报告录入。

应急监测。落实《应急监测能力建设指南》，加强装备配置，提升应急监测能力，开展应急演练，提高应急监测能力水平。

加强队伍建设。常态化组织理论学习，广泛开展培训活动，强化作风建设，坚持以严的总基调，严格落实中央八项规定及其实施细则，突出党建引领作用，打造环境监测“顶梁柱”的作用。